国家自然科学基金项目（U1504105)资助出版

脉冲系统和时滞系统的有限时间稳定性与滤波

陈绍东　著

图书在版编目(CIP)数据

脉冲系统和时滞系统的有限时间稳定性与滤波/陈绍东著.—武汉:武汉大学出版社,2020.11
ISBN 978-7-307-21859-8

Ⅰ.脉…　Ⅱ.陈…　Ⅲ.脉冲系统—研究　Ⅳ.O231

中国版本图书馆 CIP 数据核字(2020)第 205095 号

责任编辑:杨晓露　　　责任校对:汪欣怡　　　版式设计:马　佳

出版发行:**武汉大学出版社**　(430072　武昌　珞珈山)
(电子邮箱:cbs22@ whu.edu.cn 网址:www.wdp.com.cn)
印刷:武汉邮科印务有限公司
开本:787×1092　1/16　印张:10　字数:234 千字　插页:1
版次:2020 年 11 月第 1 版　　2020 年 11 月第 1 次印刷
ISBN 978-7-307-21859-8　　定价:30.00 元

序　言

稳定性是系统的一个基本结构特性。稳定性问题研究是系统控制理论中的一个重要课题。无论是调节器理论、观测器理论还是滤波预测，都不可避免地要涉及系统的稳定性问题，控制领域内的绝大部分技术与稳定性相关。对大多数情形，稳定是控制系统能够正常运行的前提。人们通常关心的是一个系统的 Lyapunov 稳定性、渐近稳定性等稳定性行为，其中以渐近稳定性研究得最多，成为当前控制领域的研究热点之一。1974 年，Rosenbrock 在研究复杂的电网络系统时首次提出了奇异系统模型。奇异系统是一类更为一般的系统，并具有广泛的实际背景，在工业系统和社会经济系统中均具有重要的应用。时滞也普遍存在于各类工业系统中，如皮带传输和复杂的在线分析仪等均存在时滞现象。一般地，一个系统中原料或信息的传输也往往会导致时滞现象的产生，因此，通信系统、化工过程系统、冶金过程系统和电力系统等都是典型的时滞系统。时滞的存在使得系统的分析和综合变得更加复杂和困难，同时时滞的存在也往往是系统性能变差甚至不稳定的根源。本书在前人工作的基础上，研究了一类奇异系统的降维滤波问题，首次使用显式构造的方法解决非凸优化问题，并实现滤波器的降维设计，提出了一个计算方法来求得相应矩阵不等式方程组的可行解，然后研究中立系统的 H_∞ 滤波问题，最后把奇异系统和中立系统结合起来，研究了奇异中立系统的降维 H_∞ 滤波问题。

通常情况下，渐近稳定能够满足实际工程的要求。但是渐近稳定刻画的是一个系统的稳态性能，它并不能反映系统的暂态性能，所以有时候也会存在一个渐近稳定的系统，具有很坏的暂态性能，因而在工程中造成很坏的影响，甚至根本无法应用。在实际工程中，对于那些工作时间短暂的系统(例如导弹系统、通信网络系统、机器人操控系统等)，人们除了对其稳定性感兴趣外，更关心的常常是系统应满足一定的暂态性能要求(例如满足系统轨线对于平衡点的一定偏离范围的要求)。为了研究系统的暂态性能，Kamenkov 于 1953 年首次提出了有限时间稳定这个概念。在现实世界中，存在许多实际的工程和自然系统，在某些时间区间连续渐变，而又由于某种原因，在某些时刻内系统状态遭到突然的改变。由于变化时间往往非常短，其突变或跳跃过程可以视为在某时刻瞬间发生，我们把这种现象称为脉冲现象。生态学中的种群增长、传染病防治，数字通信系统和金融、经济学中的优化控制问题等都具有这种脉冲现象。这种现象不能单靠传统的连续或者离散系统来刻画。这样就很自然地提出了用脉冲系统来描述这类具有脉冲现象的动力系统。一般来说，一个脉冲系统包括三个元素：一个连续的微分系统，控制系统在脉冲或重置事件间的动态行为；一个离散的差分系统，在脉冲或重置事件发生的时候，状态瞬间改变的情况；一个判据，决定什么时候发生重置事件。这些特点使得它的研究方法与一般系统相比较大不相同，且已有的成熟的研究方法不能直接被用来研究脉冲系统，需要发展适用于脉冲系统的研究方法。目前有限时间稳定性和滤波的研究多集中于确定性的动力系统，而对于脉冲系统的研究则相对少见。本书将就几类脉冲系统的有限时间稳定和滤波问题展开研究，利用李雅普诺夫稳定性理论，分别考察了脉冲系统、脉冲奇异系统、分段脉冲系统和不确定脉冲系统的有限时间稳定性和滤波问题，并用数值方法加以验证。

本书的结构和主要内容如下：

第1章　绪论。主要概述了李雅普诺夫稳定性、有限时间稳定性和 H_∞ 滤波的一些基本知识，特别是有限时间稳定性和 H_∞ 滤波研究的历史、主要的文献以及研究的主要方法，并在本章中给出了后面章节需要的一些基本定义、重要定理以及基本的理论方法。

第2章　奇异系统的 H_∞ 滤波器。首先使用显式构造的方法实现连续奇异系统滤波器的降维，提出了降维滤波器维数的一个新的上界，并给出了相应的降维算法。降维滤波器问题可解性的充要条件是矩阵不等式和非凸秩约束所组成的方程组的可解性。对于该矩阵不等式方程组，不能够使用 MATLAB 中的 LMI 工具箱来直接求解，书中将它等价变换到一个新的线性矩阵不等式方程组，这样就可以使用工具箱方便地求解出对应的可行解。接下来讨论了一类含有不确定状态时滞的中立系统的鲁棒滤波问题。基于 Lyapunov 稳定性理论，利用 Lyapunov 第二方法，通过构造合适的 Lyapunov 函数，给出了以 LMI 表示的鲁棒滤波器的设计方法，从而得出了滤波器存在的充分条件，使得滤波误差系统是渐近稳定的，所设计的滤波器满足给定的性能指标要求，达到了根据系统不确定性和时滞来设计滤波器的目的。最后研究了奇异中立系统的 H_∞ 滤波器设计问题，不仅给出了滤波误差系统渐近稳定和满足性能要求的充分条件，而且给出了滤波问题可解的充分条件和滤波器的设计方法，并以参数显示化的形式给出了所需滤波器的具体形式，同时还分别考虑了降维问题。最后通过数值模拟表明方法的可行性。

第3章　线性脉冲系统的有限时间滤波。首先分别研究了离散时间和连续时间线性脉冲系统的有限时间滤波问题，给出了系统有限时间稳定和满足滤波性能要求的充分条件，最后给出了滤波问题可解的充分条件。由于结论中的变量是耦合的，因而不能用 MATLAB 直接求解，为了避免上述情况，又给出了两个相对实用的结果。接下来研究了脉冲切换正时滞系统的异步有限时间稳定性和控制问题，利用模型依赖平均驻留时间切换信号，给出了输入 $u(k)$ 为零时系统有限时间稳定的一个充分条件。然后对于开环系统，寻找一类具有模型依赖平均驻留时间的切换信号和一类状态反馈控制器，建立闭环系统有限时间稳定的充分条件。最后通过数据模拟表明方法的可行性和可靠性。

第4章　脉冲奇异系统的有限时间稳定性。在第3章的基础上，把有限时间滤波问题从线性系统推广到奇异系统。首先给出了广义线性脉冲系统有限时间稳定的定义以及有限时间滤波问题的描述，然后利用 Lyapunov 方法分别给出了离散时间和连续时间广义脉冲系统有限时间稳定以及满足性能要求的一些充分条件，并给出了滤波器的设计方法。针对线性时变奇异脉冲系统，采用 Lyapunov 方法研究了它的有限时间稳定和增益问题。给出了系统有限时间稳定和具有 L_2 增益的充分条件。且在研究其有限时间稳定性的过程中利用了松弛变量方法，降低了结论的保守性。数值算例表明了该方法具有更大的适用范围。与定常的扰动相比，具有时变扰动的系统更能真实反映现实世界，因而就有必要来研究具有时变扰动的脉冲奇异系统的有限时间问题。接下来把系统中的扰动 ω 是一个常量这个条件放松为一个可导的函数，研究了具有时变扰动脉冲奇异系统是有限时间稳定问题。对于不同特点的扰动，分别给出了相应的结论。如果扰动是定常的，利用松弛变量降低了结论的保守性。最后对于不同的扰动，通过数值算例表明了结论的可行性。

第5章　分段脉冲系统的有限时间稳定性与滤波。本章分别研究了离散时间和连续时间分段脉冲仿射系统的有限时间滤波问题。为了避免分段脉冲系统可能会出现子系统之间跳跃左右为难的情况，首先给分段脉冲系统增加了一个附加条件。然后利用 Lyapunov 函数和 LMI 方法给出了系统有限时间稳定的几个充分条件；并且给出了系统有限时间滤波问题可解的充分条件以及滤波器的设计方法。最后通过数值模拟表明了方法的可行性和有效性。

第6章　不确定脉冲系统的鲁棒有限时间稳定性与滤波。由于不确定性存在于任何的现实系统当中，因而第6章分别研究了连续时间和离散时间不确定脉冲系统的鲁棒有限时间稳定性和滤波问题。首先建立了几个滤波误差系统有限时间稳定的充分条件，然后给出了滤波器的具体形式，为了避免耦合，取 $\boldsymbol{P}$ 为分块对角形式，给出了利用 LMI 可解的结论。

目　　录

第1章 绪 论

由于本书主要研究的是系统的有限时间稳定性和 H_∞ 滤波，所以为了顺利阅读本书后面的章节，本章介绍了控制理论中系统稳定性与滤波的相关知识。本章 1.1 节介绍了 Lyapunov 稳定性，1.2 节简要介绍了有限时间稳定性及其发展历史，1.3 节介绍了 H_∞ 滤波和降维 H_∞ 滤波研究发展史及现状，1.4 节介绍了关于有限时间滤波的研究现状，1.5 节介绍了线性矩阵不等式的相关知识，1.6 节介绍了本书的主要工作。

1.1 Lyapunov 稳定性

稳定性是系统的一个基本结构特性。稳定性问题研究是系统控制理论中的一个重要课题。无论是调节器理论、观测器理论还是滤波预测，都不可避免地要涉及系统的稳定性问题，控制领域内的绝大部分技术与稳定性相关。对大多数情形，稳定是控制系统能够正常运行的前提。系统运动稳定性可分类为基于输入输出描述的外部稳定性和基于状态空间描述的内部稳定性。在一定条件下，内部稳定性和外部稳定性才存在等价关系。随着控制理论与工程所涉及的领域由线性定常系统扩展为时变系统、时滞系统、奇异系统、中立系统、随机系统和非线性系统，稳定性分析的繁杂程度也在急剧增长。到目前为止，虽然有许多可应用于线性定常系统或其他各类问题中的判据，以判断系统稳定情况，但能同时有效地适用于线性、非线性、定常、时变、时滞、不确定等各类系统的方法，则是由俄国数学家 Lyapunov 于 19 世纪所提出的方法。他在 1892 年发表的博士论文中首次提出运动稳定性的一般理论。这一理论把由常微分方程组描述的动力学系统的稳定性分析方法区分为本质上不同的两种方法，现今称为 Lyapunov 第一方法和第二方法。Lyapunov 方法既适用于线性系统和非线性系统，时变系统和时不变系统，也适用于连续时间系统和离散时间系统。Lyapunov 第一方法也称为 Lyapunov 间接法，属于小范围稳定性分析方法。第一方法的基本思路为，将非线性自治系统运动方程在足够小邻域内进行泰勒展开导出一次近似线性化系统，再根据线性化系统特征值在复平面上的分布推断非线性系统在邻域内的稳定性。若线性化系统特征值均具有负实部，则非线性系统在邻域内稳定；若线性化系统包含正实部特征值，则非线性系统在邻域内不稳定；若线性化系统除负实部特征值外包含零实部单特征值，则非线性系统在邻域内是否稳定需通过高次项分析进行判断。经典控制理论中对稳定性的讨论正是建立在 Lyapunov 间接法思路基础上的。

Lyapunov 第二方法也称为 Lyapunov 直接法，属于直接根据系统结构判断内部稳定性的方法。第二方法直接面对非线性系统，基于引入具有广义能量属性的 Lyapunov 函数和分析 Lyapunov 函数导数的定号性，建立判断系统稳定性的相应结论。直接法概念直观，理论严谨，方法具有一般性，物理含义清晰。因此，当 Lyapunov 第二方法在 1960 年前后被引入系统控制理论后，很快显示出其在理论上和应用上的重要性，成为现代系统控制理论中研究系统稳定性的主要工具。同时，随着研究的深入，第二方法在领域和方法上也得到了进一步的拓展，如系统大范围稳定性分析、线性系统 Lyapunov 判据等。
Lyapunov 稳定性概念如下：

给定一个系统

$$\dot{\boldsymbol{x}}(t)=f(\boldsymbol{x}(t),\ t),\ \boldsymbol{x}(t_0)=\boldsymbol{x}_0,\ t\in[t_0,\ +\infty), \tag{1.1.1}$$

其中，$\boldsymbol{x}$ 为 n 维状态，$\boldsymbol{x}(t)$ 为显含时间变量 t 的 n 维向量函数，平衡点为 $\boldsymbol{x}_e=0$。

定义 1.1.1[1]　称自治系统(1.1.1) 的孤立平衡状态 $\boldsymbol{x}_e=0$ 在时刻 t_0 为 Lyapunov 意义下稳定，如果对任给一个实数 $\varepsilon>0$，都对应存在另一依赖于 ε 和 t_0 的实数 $\delta(\varepsilon,\ t_0)>0$，使得满足不等式

$$\|\boldsymbol{x}_0-\boldsymbol{x}_e\|<\delta(\varepsilon,\ t_0), \tag{1.1.2}$$

任一初始状态 $\boldsymbol{x}_0$ 出发的受扰运动 $\boldsymbol{x}(t,\ \boldsymbol{x}_0,\ t_0)$ 都满足不等式

$$\|\boldsymbol{x}(t,\ \boldsymbol{x}_0,\ t_0)-\boldsymbol{x}_e\|<\varepsilon,\ \forall t\geqslant t_0。 \tag{1.1.3}$$

定义 1.1.2[1]　称自治系统(1.1.1) 的孤立平衡状态 $\boldsymbol{x}_e=0$ 在时刻 t_0 为渐近稳定，如果

(Ⅰ) $\boldsymbol{x}_e=0$ 在时刻 t_0 为 Lyapunov 意义下稳定；

(Ⅱ) 对实数 $\delta(\varepsilon,\ t_0)>0$ 和任给实数 $\mu>0$，都对应地存在实数 $T(\mu,\ \delta,\ t_0)>0$，使得满足不等式(1.1.2) 的任一初始状态 $\boldsymbol{x}_0$ 出发的受扰运动 $\boldsymbol{x}(t,\ \boldsymbol{x}_0,\ t_0)$ 都满足不等式

$$\|\boldsymbol{x}(t,\ \boldsymbol{x}_0,\ t_0)-\boldsymbol{x}_e\|<\mu,\ \forall t\geqslant t_0+T(\mu,\ \delta,\ t_0)。 \tag{1.1.4}$$

在渐近稳定定义中，若取 $\mu\to 0$，则对应地有 $T(\mu,\ \delta,\ t_0)\to\infty$。基于此，可进而对渐近稳定引入等价定义，以更为直观的形式反映稳定过程的渐近特征。等价定义可表述为，称自治系统(1.1.1) 的孤立平衡状态 $\boldsymbol{x}_e=0$ 在时刻 t_0 为渐近稳定，如果：

(1) 由满足(1.1.2) 的任一初始状态 $\boldsymbol{x}_0$ 出发的受扰运动 $\boldsymbol{x}(t,\ \boldsymbol{x}_0,\ t_0)$ 相对于平衡状态 $\boldsymbol{x}_e=0$ 对所有 $t\in[t_0,\ \infty)$ 均为有界。

(2) 受扰运动相对于平衡状态 $\boldsymbol{x}_e=0$ 满足渐近性，即对满足(1.1.2) 的任一状态 $\boldsymbol{x}_0$ 成立

$$\lim_{t\to\infty}\boldsymbol{x}(t,\ \boldsymbol{x}_0,\ t_0)=0。$$

迄今为止，关于稳定性问题，特别是渐近稳定性问题的研究已有很多成果，无论是线性系统[2-4]、非线性系统[5-7]、不确定系统[7-10]、时滞系统[9-17]，还是奇异系统[8, 18-20]、脉冲系统[21-23]、随机系统[24-29]。

1.2　有限时间稳定性

人们通常关心的是一个系统的 Lyapunov 稳定性、渐近稳定性等稳定性行为，其中以渐近稳定性研究得最多。通常情况下，渐近稳定能够满足实际工程的要求，但是渐近稳定刻画的是一个系统的稳态性能，它并不能反映系统的暂态性能，所以有时候也会存在一个

渐近稳定的系统，具有很坏的暂态性能，因而在工程中造成很坏的影响，甚至根本无法应用。在实际工程中，对于那些工作时间短暂的系统(例如导弹系统、通信网络系统、机器人操控系统等)，人们除了对其稳定性(通常是 Lyapunov 意义下的)感兴趣外，更关心的常常是系统应满足一定的暂态性能要求(例如满足系统轨线对于平衡点的一定偏离范围的要求)。为了研究系统的暂态性能，Kamenkov 于 1953 年在俄国期刊 PPM 上首次提出了有限时间稳定(finite-time stability)这个概念。随后不久，这个期刊上也出现了类似的其他文章，早期的关于有限时间稳定的文章主要是由俄国人写的，涉及了线性系统以及非线性系统。

1961 年，出现了一些研究线性时变系统的有限时间稳定性的文章，比如 Dorato 写的 *short-time stability in linear time-varying systems*[30] 使用了"短时间稳定"这个概念，"短时间稳定"这个概念与"有限时间稳定"实质上是一样的，只不过后来更常用的是"有限时间稳定"这个词。同样在 1961 年，LaSalle 和 Lefschetz 在著作 *stability by Lyapunov's direct methods: with applications*[31] 中提出了"实用稳定性"概念。"有限时间稳定""实用稳定性"这两个概念都要求在有限时间内是有界的，只不过两者研究的时间区间的长短稍有不同。1965 年，Weiss 和 Infante 发表了全面分析非线性系统有限时间稳定性的文章[32]，提出了"有限时间收缩稳定性"的概念。随后不久，两人更进一步研究了非线性系统在有摄动情况下的有限时间稳定，这导致了一个新的概念"有限时间有界输入有界输出(BIBO)稳定性"(finite-time BIBO stability)的产生，这一概念演变成现在的"有限时间有界稳定(FTB)"(finite-time bounded stability)。Michel 和 Wu[33] 于 1969 年在已有的众多有关研究成果之上，把有限时间稳定由连续时间拓展到离散时间系统中去。在 1965 年到 1975 年的十余年间，出现了大量有关有限时间稳定的文章。但所有这些文章局限于分析给定的系统，而没有给出控制设计的方法。

1969 年，Garrard[34] 研究了非线性系统的有限时间控制系统综合分析法。1972 年，Van Mellaert 和 Dorato[35] 给出了有限时间稳定性的设计，主要是针对随机系统的。在这期间，San Filippo 和 Dorato[36] 研究了基于线性二次型以及有限时间稳定的线性系统鲁棒控制的设计，并且把成果应用于飞行器的控制问题。Grujic[37] 把有限时间稳定的概念应用于自适应系统的设计中。在 1969—1976 年间所提出的设计技巧都需要复杂的运算。在实际应用过程中，系统的运行状态没有绝对理想的情况，系统在运行时会经常受到外部干扰等因素的影响，为了能够更好地解决系统在有外部扰动下的稳定性问题，意大利控制论学者 Amato 给出了"有限时间稳定(finite-time stability)"和"有限时间有界(finite-time boundedness)"的概念，进而有效地避免了系统的外部扰动。鉴于有限时间稳定性具有了如此重要的实际应用意义，近年来越来越多的科研工作者致力于有限时间问题的研究[38-46]。

有限时间稳定是人们为了研究系统的暂态性能而提出的与通常意义下稳定截然不同的一个稳定性概念。所谓有限时间稳定，就是给出系统初始条件的一个界，它的状态(权重)范数在一个给定的有限时间区间(通常选为 $[0, T]$)内不超过一个确定的阈值。下面通过把它与其他的一些稳定性概念作比较以加深对此概念的理解：

(1)它不同于通常意义下的稳定(这里指 Lyapunov 稳定，渐近稳定等)，主要表现在两个方面：首先，它研究的是系统在有限的时间区间内的状态行为，因此，要研究一个系统是否为有限时间稳定，需要预先给出要考察的时间区间。通常意义下的稳定研究的是系统在无穷时间区间内的状态行为。其次，研究有限时间稳定需要对系统的状态轨线预先给定界限(通常是依据实际的应用要求给定的)，不能单纯地讨论一个系统是否为有限时间稳定。而通常意义下的稳定虽然也要求系统的状态轨线有界，但这个界限不是预先给定的固定值。

(2) 有限时间稳定与实际稳定的相同之处是对系统状态轨线都有预先给定的界限，不同之处是考察的时间范围不同，后者考察的是系统在无限时间区间内的状态有界行为。

(3) 这里的有限时间稳定，主要适用于那些工作时间比较短暂、系统状态偏离平衡点(即超调量)不能过大的领域，例如导弹系统、机器人操控、通信网络系统等。

目前关于有限时间稳定问题的研究工作，国内外的广大科研工作者已经取得了一定的成果。1997年，Dorato等[47]在第36届IEEE CDC会议上发表了一篇关于线性系统鲁棒有限时间稳定控制设计的文章。该文章首次运用线性矩阵不等式(LMI)给出了系统状态反馈有限时间镇定的控制律，从而把LMI理论引入对线性系统的有限时间稳定性分析与控制设计研究中。2002年，Abdallah等[48]在对线性系统的静态输出反馈有限时间稳定设计方面引入了统计学习的方法。最近，离散系统的有限时间稳定设计方法被应用到ATM网络等网络控制系统中。2001年，Amato等[38]针对一类具有外部扰动的不确定性线性系统的有限时间控制问题进行了研究，并给出了状态反馈控制器作用下的闭环系统有限时间稳定的充分条件，这些充分条件可用LMI的方法判断求解，最后用数值算例验证了结论的有效性和可行性。2005年，Amato等[49]进一步讨论了具有外部干扰输入的离散时间系统的有限时间控制问题，并给出了相应的状态反馈控制器和静态输出反馈控制器存在的充分条件等。2006年，Amato等[50]研究了时变线性系统的有限时间有界的动态输出反馈控制器的设计问题。2009年，Amato等[51]研究了具有有限跳的连续时间线性时变系统的有限时间稳定问题。2010年，Amato等[44-52]分别研究了基于多面体Lyapunov函数的线性系统的有限时间稳定问题以及非线性二次型系统的有限时间稳定与镇定的充分条件等问题。2011年，Amato等[53-54]分别研究了脉冲动态线性系统的有限时间可稳定问题和具有范数界不确定的脉冲动态线性系统的鲁棒有限时间稳定问题。2013年，Amato等[55]给出了脉冲动态线性系统有限时间稳定的充要条件。2017年，Amato等[56]研究了线性系统的有限时间可稳定、可观测和动态输出反馈有限时间可稳定问题。同年，Nguyen等[57]利用奇异值分解方法和一般化的Jensen不等式研究了具有时间间隔时变时滞奇异系统的鲁棒有限时间可稳定问题。2018年，Nguyen等[58]研究了线性正微分代数时滞方程的有限时间稳定性问题。2019年，Nguyen等人利用拉普拉斯变换和“inf-sup”方法建立了具有时变时滞和非线性扰动的分数阶系统有限时间稳定性新的时滞依赖条件[59]；然后利用同样方法继续研究了具有时滞的奇异中立分数阶系统的有限时间稳定性切换率的设计问题[60]。与此同时，国内的一些学者也开始了对有限时间稳定问题的研究工作，沈艳军等[61-64]学者，分别对不确定的线性奇异系统、线性离散时间系统、具有外部干扰输入的线性离散时间系统以及具有外部扰动的时变离散系统的有限时间问题进行了深入研究，并取得了较好的结果。此外，Feng等[65]针对一类具有外部扰动的参数不确定性广义系统的有限时间控制问题进行了研究，并参照线性系统的有限时间稳定和有限时间有界的概念进一步提出了线性广义系统的有限时间稳定和有界的概念。孙甲冰等[66]研究了一类不确定线性广义系统的有限时间控制问题，并利用广义系统的受限等价变换和状态-控制对的满秩变换等方法，将广义系统模型转化成为相应的线性系统模型，最后利用前人所得到的关于线性系统的有限时间稳定的结论，进而得到广义系统的有限时间稳定的充分条件。2012 年，Zhang 等[67]研究了一类具有马尔科夫跳的不确定奇异系统的鲁棒有限时间可稳定问题。2013 年，Wang 等[68]研究了同时具有非线性扰动和脉冲影响的切换系统的有限时间稳定问题，利用代数矩阵理论和平均驻留时间方法，给出了系统的状态轨迹在一个给定的时间区间内不超过给定阈值的充分条件，并且指出系统至少有一个子系统是稳定的，来保证系统是渐近稳定的条件是不必要的。Lin 等[69]利用平均驻留时间方法研究了一类离散时间线性切换系统的有限时间有界和有限时间增益分析问题。龚文振[70]研究了一类离散广义系统的有限时间控制问题。高在瑞等[71]研究了一类离散时间切换广义系统的一致有限时间稳定性。杨坤等[72]把结论推广到不确定离散时间切换广义系统上去，利用 Lyapunov-like 和 LMI 方法给出了不确定离散时间切换广义系统有限时间有界和有限时间稳定的充分条件和状态反馈控制器的设计方法。程桂芳等[45]基于 Filippov 微分包含和非光滑的 Lyapunov-Krasovskii 泛函，提出自治非光滑时滞系统有限时间稳定的定义和比较原理，并给出有限时间稳定的 Lyapunov 定理；2017 年，Song 等[73]构造适当的滑模律研究了一类非线性系统的有限时间可稳定问题。2018 年，Ye 等[74]利用 Arrstein 变换研究了具有输入饱和和输入时滞双积分器的有限时间可稳定问题；李博和沃松林[75]研究了具有外部干扰的不确定连续广义系统的有限时间鲁棒镇定问题，采用线性矩阵不等式方法，对具有外部干扰的不确定连续广义系统的有限时间鲁棒有界和状态反馈控制器鲁棒镇定；Zhang 等[76]研究了基于逻辑选择脉冲影响的非线性系统的有限时间稳定性问题。2019 年，Zhang 等[77]研究了在一个预定有限时间段范数有界状态约束的脉冲切换系统的有限时间输出稳定性问题；冯娜娜等[78]研究了基于事件触发的切换奇异系统的输入输出有限时间稳定性问题，利用 Lyapunov 函数和平均驻留时间方法，得到切换奇异闭环系统输入输出有限时间稳定的充分条件。

这里需要指出的是，有限时间稳定性分为两类：一类就是前面提到的有限时间稳定性。另一类定义如下：系统的状态在有限时间内到达系统的平衡点。实际上它是比渐近稳定更强的一种稳定性。为了避免混乱，有的文献把上面我们讨论的有限时间稳定称为有限时间有界(finite-time boundedness)，后一种有限时间稳定称为有限时间吸引(finite-time attractiveness)。关于有限时间吸引问题的研究也有了很多成果[79-98]。无论是线性系统[79-84]、切换系统[85]、不确定系统[85-89]、脉冲系统[90]，还是非线性系统[86-89,91-95]、随机系统[93-98]。本书研究的有限时间稳定性指的是有限时间有界(finite-time boundedness)。

1.3 H_∞滤波

滤波问题就是如何从被噪声污染的观测信号中过滤噪声，尽可能消除噪声的影响，求未知真实信号或系统状态的估计。这类问题广泛出现在通信、信号处理和控制领域。噪声污染源或来自信号检测仪器，或来自检测装置本身的误差，或来自其他的干扰。由于系统的特性不同，所采用的滤波手段也不同。对于确定信号，其具有确定的频谱特性，可根据信号与噪声所处频带的不同，设计具有相应频率特性的滤波器，它使有用信号无衰减地通过，而噪声信号受到抑制。这种滤波器可以是低通的，也可以是高通或带通的。这要根据有用信号及噪声的相对频率而定。对确定信号的滤波处理通常称为常规滤波。对于随机信号，其具有确定的功率谱特性，可根据有用信号和噪声信号的功率谱密度的不同设计滤波器。此类滤波器在对信号进行选通和抑制上与常规滤波器是相似的。但是当信号谱与噪声谱相互重叠时，这种常规滤波器方法失效。这个问题首先被 Wiener(1949)和 Kolmogorov(1941)所研究，他们采用统计和频率域的思想，提出了经典的 Wiener 滤波理论。由于 Wiener 当时是为了研究火炮控制系统的需要才提出的 Wiener 滤波理论，但由于军事保密的原因，直到1949年才公开发表这个理论。Wiener 滤波是采用频域法，仅能处理平稳随机过程。它通过功率谱分解和平稳随机过程的谱展式解决了随机系统的最优滤波问题。所得的 Wiener 滤波器是物理上不可实现的。为了得到物理上可实现的 Wiener 滤波器，需要求解维纳-霍普方程，计算量较大，需要大量的存储空间来存储全部的历史数据。上述的缺点及其局限限制了 Wiener 滤波在工程上的应用。到了20世纪60年代初，随着空间技术和电子技术的发展及高速电子计算机的出现，要求处理复杂的多变量系统、时变系统及非平稳随机过程，要求滤波器具有实时、快速计算能力。1960年，Kalman 突破了经典 Wiener 滤波理论和方法的局限性，提出了离散 Kalman 滤波；次年，他与 Bucy 合作，把这一滤波方法推广到连续时间系统，从而形成了 Kalman 滤波估计理论。这种滤波方法采用了与 Wiener 滤波相同的估计准则。但是，Kalman 滤波是一种时域滤波方法，采用状态空间方法描述系统，算法采用递推形式，数据存储量少，不仅可以处理平稳随机过程，也可以处理多维和非平稳随机过程。由于 Kalman 滤波具有上述的一些优点，因此一经推出，立即被应用到实际工程中。阿波罗登月计划和 C-5A 飞机导航系统的设计是早期应用中最成功的实例。目前，Kalman 滤波理论作为一种重要的最优估计理论被广泛应用到各种领域，例如惯性导航、组合导航、制导系统、全球定位系统、目标跟踪、通信与信号处理、金融和电机等[99-100]。

虽然 Kalman 滤波被广泛应用，但是它的缺点也是十分明显的，原因之一是它要求对噪声有先验的了解，这在许多场合不易实现，这就促使一些学者开始在极小化范数的意义下研究最优滤波器的设计。当系统噪声(包括过程噪声和测量噪声)的统计性能难以确定时，可以将其看作是具有有限能量的任意信号，而不必是高斯信号。因此，可以用噪声输入到估计误差的传递函数的 H_∞ 范数作为滤波器的性能指标，通过使这一性能指标小于某个给定的值来设计系统的 H_∞ 滤波器。H_∞ 滤波实际上是一个极大极小估计问题，通常是指当所有噪声的能量达到最大时，信号估计误差的能量达到最小。可以证明当外部信号的能量谱密度具有不确定性时，H_∞ 性能是最理想的性能指标。与 Kalman 滤波相比，H_∞ 滤波的优点如下：

(1) 不需要对噪声信号做任何的统计假设，且使得最坏噪声情况下估计误差最小。在大多数实际过程中噪声信号的统计特性是未知的，或是时变的，或是有色噪声，H_∞ 滤波器仍能够收敛且具有很高的估计精度。这意味着 H_∞ 滤波将比 Kalman 滤波具有更好的鲁棒性。

(2) 传统的 Kalman 滤波是 H_∞ 滤波的一种特例，当噪声抑制水平 $\gamma \rightarrow \infty$ 时，H_∞ 滤波所满足的 Riccati 递推方程简化为 Kalman 滤波的递推方程，这就暗示传统的 Kalman 滤波器的 H_∞ 范数将变得很大，同时鲁棒性较差。

(3) 当模型中存在诸如测量噪声、时滞和结构不确定等外部不确定时，H_∞ 滤波器具有一定的鲁棒性。

H_∞ 滤波器的实现有五种方法：多项式技术(Polynomial Equation)[101]，插值法(Interpolation)[102]，代数 Riccati 方程[103-105](ARE：the Algebraic Riccati Equation)，对策理论[106-107](Game Theoretic)和线性矩阵不等式方法[108](LMI：Linear Matrix Inequality)。其中多项式技术和插值法都是直接利用传递函数，因此属于频域方法。当系统的频域信息如零点、极点、带宽等已知时，这两种方法特别适用。但是频域法的表达式形式特别复杂，特别是在有多变量的情况时特别突出。而代数 Riccati 方程和 LMI 方法采用状态空间法，因此是一种时域求解算法。Riccati 方程求解简单，因此为早期常用的一种主要方法。尽管 Riccati 方程的处理方法可以给出控制器和滤波器的结构形式，便于进行一些理论诊断，但是在实施这一方法之前，往往需要设计者根据事先确定的一些待定参数，这些参数的选取不仅影响到结论的好坏，而且还会影响到问题的可解性。但在现有的 Riccati 方程处理方法中，还缺乏寻找这些参数最优值的方法，参数的人为确定方法给分析和综合结果带来了很大的保守性。另一方面，Riccati 型矩阵方程本身的求解也还存在一定的问题。目前存在很多求解矩阵方程的方法，但多为迭代方法，这些方法的收敛性不能保证。近年来，随着求解凸优化问题的内点法的提出，LMI 再一次受到控制界的关注，并被应用到系统和控制的各个领域中。许多控制问题或滤波问题可以转化为一个 LMI 系统的可行性问题，或者是一个具有 LMI 约束的凸优化问题。由于有了求解凸优化问题的内点法，使得这些问题可以得到有效的解决。LMI 方法可以克服 Riccati 方程处理方法中存在的许多不足之处，因而利用 LMI 来研究系统的 H_∞ 滤波问题的方法得到了极大的发展[109-124]。

1.4 有限时间 H_∞ 滤波

由于对有限时间稳定越来越多的关注以及 H_∞ 滤波器的广泛应用，近些年来，一些学者就开始研究系统的 H_∞ 有限时间滤波问题。有限时间滤波问题不同于有限水平滤波问题。有限时间滤波问题不仅研究系统的有限时间稳定性，而且要设计系统的一个滤波器，使得对于给定的扰动预测水平，估计误差输出满足 H_∞ 性能限制。有限时间滤波的概念由 Luan 等提出，在文献[125]中他们研究了一类跃迁几率部分已知的非线性随机系统的有限时间滤波问题，以 LMI 的形式给出了设计一个全维滤波器的充分条件，它保证滤波误差系统是有限时间有界且满足给定的 H_∞ 衰减水平。2011 年，陈珺等[126]研究了一类复杂非线性系统的有限时间 H_∞ 滤波问题。针对由 Takagi-Sugeno 模糊模型描述的复杂非线性系统，同时考虑其存在参数不确定性以及时变时滞的情形，给出系统有限时间有界的充分条件。在一般传统 H_∞ 滤波器设计的基础上，结合有限时间有界的概念，导出保证系统在有限时间内，其滤波误差能量小于一个给定上界的 H_∞ 滤波器设计方法。通过构造一个适当的 Lyapunov-Krasovskii 函数，并引入自由权矩阵，得到基于线性矩阵不等式的有限时间 H_∞

滤波器参数的求解方法。2012 年，严志国等[127]研究了一类非线性随机不确定系统的有限时间稳定问题。在文献[128]中，孙继涛等给出了有限时间稳定性的更一般的定义，也以线性矩阵不等式的形式给出了一类离散时间线性脉冲系统有限时间滤波问题可解的充分条件。2013 年，Zhang 等[129]研究了一类具有时变范数界扰动的离散时间马尔科夫跳系统的有限时间 H_∞ 滤波问题，给出了在给定的有限时间区间内，保证滤波误差系统是随机有限时间有界和满足给定的衰减水平的 H_∞ 滤波器的设计方法。Cheng 等[130]研究了切换随机系统关于 H_∞ 滤波的有限时间可稳定问题，给出了系统满足有限时间稳定和 H_∞ 滤波有限时间稳定的充分条件。基于平均驻留时间方法和随机特性，闭环系统的轨迹一直停留在事前指定的界内。2014 年到 2018 年，Tong 等[131-138]研究了确定和不确定脉冲系统的有限时间滤波问题。2019 年，Wang 等[139]和李振璧[140]分别研究了非齐次马尔科夫跳奇异系统和切换奇异时滞系统的有限时间滤波问题。

1.5　预备知识：线性矩阵不等式

为了后面研究方便，介绍几种书中要用到的方法[141]。

近 10 年来，线性矩阵不等式被广泛用来解决系统与控制中的一些问题。随着解决线性矩阵不等式的内点法的提出，MATLAB 软件中 LMI 工具箱的推出，线性矩阵不等式这一工具越来越受到人们的注意和重视，应用线性矩阵不等式来解决系统与控制问题已成为这些领域的一大研究热点。

本节主要介绍线性矩阵不等式的一些基本概念、求解线性矩阵不等式的主要算法以及应用线性矩阵不等式来解决系统与控制问题时要用到的一些基本结论。

1.5.1　线性矩阵不等式的表示式

1. 线性矩阵不等式的一般表示

一个线性矩阵不等式就是具有形式

$$\boldsymbol{F}(\boldsymbol{x}) = \boldsymbol{F}_0 + x_1\boldsymbol{F}_1 + \cdots + x_m\boldsymbol{F}_m < 0 \tag{1.5.1}$$

的一个表达式。其中 x_1，…，x_m 是 m 个实数变量，称为线性矩阵不等式(1.5.1)的决策变量，$\boldsymbol{x} = (x_1, \cdots, x_m)^{\mathrm{T}} \in \mathbf{R}^m$ 是由决策变量构成的向量，称为决策向量。$\boldsymbol{F}_i = \boldsymbol{F}_i^{\mathrm{T}} \in \mathbf{R}^{n\times n}$，$i = 0, 1, \cdots, m$ 是一组给定的实对称矩阵，式(1.5.1)中的不等号"<"指的是矩阵 $\boldsymbol{F}(\boldsymbol{x})$ 是负定的，即对所有非零的向量 $\boldsymbol{v} \in \mathbf{R}^n$，$\boldsymbol{v}^{\mathrm{T}}\boldsymbol{F}(\boldsymbol{x})\boldsymbol{v} < 0$，或者 $\boldsymbol{F}(\boldsymbol{x})$ 的最大特征值小于零。

如果把 $\boldsymbol{F}(\boldsymbol{x})$ 看成从 $\mathbf{R}^m$ 到实对称矩阵集 $\boldsymbol{S}^n = \{\boldsymbol{M}: \boldsymbol{M} = \boldsymbol{M}^{\mathrm{T}} \in \mathbf{R}^{n\times n}\}$ 的一个映射，则可以看出 $\boldsymbol{F}(\boldsymbol{x})$ 并不是一个线性函数，而只是一个仿射函数。因此，更确切地说，不等式(1.5.1)应该称为一个仿射矩阵不等式。但由于历史原因，目前线性矩阵不等式这一名词已被广泛接受和使用。

在许多系统与控制问题中，问题的变量是以矩阵的形式出现的。例如 Lyapunov 矩阵不等式：

$$F(X)=A^{\mathrm{T}}X+XA+Q<0, \tag{1.5.2}$$

其中A，$Q\in\mathbf{R}^{n\times n}$是给定的常数矩阵，且$Q$是对称的，$X\in\mathbf{R}^{n\times n}$是对称的未知矩阵变量，因此该矩阵不等式中的变量是一个矩阵。设E_1，E_2，…，E_M是S^n中的一组基，则对任意对称矩阵$X\in\mathbf{R}^{n\times n}$，存在$x_1$，$x_2$，…，$x_M$，使得$X=\sum_{i=1}^{M}x_iE_i$。因此，

$$\begin{aligned}F(X)&=F\left(\sum_{i=1}^{M}x_iE_i\right)=A^{\mathrm{T}}\left(\sum_{i=1}^{M}x_iE_i\right)+\left(\sum_{i=1}^{M}x_iE_i\right)A+Q\\&=Q+x_1(A^{\mathrm{T}}E_1+E_1A)+\cdots+x_M(A^{\mathrm{T}}E_M+E_MA)<0,\end{aligned}$$

即 Lyapunov 矩阵不等式(1.5.2)写成了线性矩阵不等式的一般形式(1.5.1)。

如果在式(1.5.1)中用“≤”代替“<”，则相应的矩阵不等式称为非严格的线性矩阵不等式。对$\mathbf{R}^m\to S^n$的任意仿射函数$F(x)$和$G(x)$，$F(x)>0$，$F(x)<G(x)$也是线性矩阵不等式，因为它们可以等价地写成$-F(x)<0$，$F(x)-G(x)<0$。

所有满足线性矩阵不等式(1.5.1)的x的全体构成一个凸集，这就是以下的引理1.5.1。

引理 1.5.1　$\Phi=\{x:F(x)<0\}$是一个凸集。

证明　对任意的x_1，$x_2\in\Phi$和任意的$\alpha\in(0,1)$，由于$F(x_1)<0$，$F(x_2)<0$以及$F(x)$是一个仿射函数，故

$$F(\alpha x_1+(1-\alpha)x_2)=\alpha F(x_1)+(1-\alpha)F(x_2)<0,$$

所以$\alpha x_1+(1-\alpha)x_2\in\Phi$，即$\Phi$是凸的。从而引理1.5.1得证。

引理1.5.1说明了线性矩阵不等式(1.5.1)这个约束条件定义了自变量空间中的一个凸集，因此是自变量的一个凸约束。正是线性矩阵不等式的这一性质使得可以应用解决凸优化问题的有效方法来求解相关的线性矩阵不等式问题。

2. 可转化成线性矩阵不等式表示的问题

系统与控制中的许多问题初看起来不是一个线性矩阵不等式问题，或不具有式(1.5.1)的形式，但可以通过适当的处理将问题转换成具有式(1.5.1)形式的一个线性矩阵不等式问题。下面给出这方面的一些典型例子。

(1) 多个线性矩阵不等式

$$F_1(x)<0,\ \cdots,\ F_k(x)<0$$

称为一个线性矩阵不等式系统。引进$F(x)=\mathrm{diag}\{F_1(x),\cdots,F_k(x)\}$，则$F_1(x)<0$，…，$F_k(x)<0$同时成立当且仅当$F(x)<0$。因此一个线性矩阵不等式系统也可以用一个单一的线性矩阵不等式来表示。

(2) 考虑问题

$$\begin{cases}F(x)<0,\\Ax=b,\end{cases}$$

其中，F：$\mathbf{R}^m\to S^n$是一个仿射函数，$A\in\mathbf{R}^{n\times m}$和$b\in\mathbf{R}^n$是给定的常数矩阵和向量。由于$Ax=b$的解向量的全体构成了$\mathbf{R}^m$中的一个线性子空间，因此可以考虑更一般的问题：

$$\begin{cases}F(x)<0,\\x\in M,\end{cases} \tag{1.5.3}$$

其中，M 是 $\mathbf{R}^m$ 中的一个仿射集，即

$$M = \boldsymbol{x}_0 + M_0 = \{\boldsymbol{x}_0 + \boldsymbol{m} \mid \boldsymbol{m} \in M_0\}。$$

上式中，$\boldsymbol{x}_0 \in \mathbf{R}^m$，$M_0$ 是 $\mathbf{R}^m$ 中的一个线性子空间。以下证明这样一个多约束问题可以转化成一个单一的线性矩阵不等式约束。

设 $\boldsymbol{e}_1, \cdots, \boldsymbol{e}_k \in \mathbf{R}^m$ 是线性空间 M_0 的一组基，而仿射函数 $\boldsymbol{F}(\boldsymbol{x})$ 可以分解成 $\boldsymbol{F}(\boldsymbol{x}) = F_0 + T(\boldsymbol{x})$，其中 $T(\boldsymbol{x})$ 是一个线性函数。由于对任意的 $\boldsymbol{x} \in M$，$\boldsymbol{x}$ 可以表示成 $\boldsymbol{x} = \boldsymbol{x}_0 + \sum_{i=1}^{k} \boldsymbol{x}_i \boldsymbol{e}_i$。因此，问题(1.5.3)成立当且仅当

$$\begin{aligned} 0 > F(\boldsymbol{x}) &= \boldsymbol{F}_0 + T(\boldsymbol{x}_0 + \sum_{i=1}^{k} x_i \boldsymbol{e}_i) \\ &= \boldsymbol{F}_0 + T(\boldsymbol{x}_0) + \sum_{i=1}^{k} x_i T(\boldsymbol{e}_i) \\ &= \tilde{\boldsymbol{F}}_0 + x_1 \tilde{\boldsymbol{F}}_1 + \cdots + x_k \tilde{\boldsymbol{F}}_k \\ &= \tilde{\boldsymbol{F}}(\tilde{\boldsymbol{x}}) \end{aligned}$$

其中：$\tilde{\boldsymbol{F}}_0 = \tilde{\boldsymbol{F}}_0 + T(\boldsymbol{x}_0)$，$\tilde{\boldsymbol{F}}_i = T(\boldsymbol{e}_i)$，$\tilde{\boldsymbol{x}} = [x_1, \cdots, x_k]^{\mathrm{T}}$。注意，$\tilde{\boldsymbol{x}}$ 的维数要小于 $\boldsymbol{x}$ 的维数。

(3) 在许多将一些非线性矩阵不等式转化成线性矩阵不等式的问题中，我们常常用到矩阵的 Schur 补性质。考虑一个矩阵 $\boldsymbol{S} \in \mathbf{R}^{n \times n}$，并将 $\boldsymbol{S}$ 进行分块：

$$\boldsymbol{S} = \begin{bmatrix} \boldsymbol{S}_{11} & \boldsymbol{S}_{12} \\ \boldsymbol{S}_{21} & \boldsymbol{S}_{22} \end{bmatrix}$$

其中的 $\boldsymbol{S}_{11}$ 是 $r \times r$ 维的。假定 $\boldsymbol{S}_{11}$ 是非奇异的，则 $\boldsymbol{S}_{22} - \boldsymbol{S}_{21}\boldsymbol{S}_{11}^{-1}\boldsymbol{S}_{12}$ 称为 $\boldsymbol{S}_{11}$ 在 $\boldsymbol{S}$ 中的 Schur 补。以下引理给出了矩阵的 Schur 补性质。

引理 1.5.2 对给定的对称矩阵 $\boldsymbol{S} = \begin{bmatrix} \boldsymbol{S}_{11} & \boldsymbol{S}_{12} \\ \boldsymbol{S}_{21} & \boldsymbol{S}_{22} \end{bmatrix}$，其中 $\boldsymbol{S}_{11}$ 是 $r \times r$ 维的，以下三个条件是等价的：

(i) $\boldsymbol{S} < 0$;

(ii) $\boldsymbol{S}_{11} < 0$, $\boldsymbol{S}_{22} - \boldsymbol{S}_{12}^{\mathrm{T}}\boldsymbol{S}_{11}^{-1}\boldsymbol{S}_{12} < 0$;

(iii) $\boldsymbol{S}_{22} < 0$, $\boldsymbol{S}_{11} - \boldsymbol{S}_{12}\boldsymbol{S}_{22}^{-1}\boldsymbol{S}_{12}^{\mathrm{T}} < 0$。

证明 (i)⇔(ii) 由于 $\boldsymbol{S}$ 是对称的，故有 $\boldsymbol{S}_{11} = \boldsymbol{S}_{11}^{\mathrm{T}}$，$\boldsymbol{S}_{22} = \boldsymbol{S}_{22}^{\mathrm{T}}$，$\boldsymbol{S}_{21} = \boldsymbol{S}_{12}^{\mathrm{T}}$。应用矩阵块的初等运算，可以得到

$$\begin{bmatrix} \boldsymbol{I} & \boldsymbol{0} \\ -\boldsymbol{S}_{21}\boldsymbol{S}_{11}^{-1} & \boldsymbol{I} \end{bmatrix} \begin{bmatrix} \boldsymbol{S}_{11} & \boldsymbol{S}_{12} \\ \boldsymbol{S}_{21} & \boldsymbol{S}_{22} \end{bmatrix} \begin{bmatrix} \boldsymbol{I} & \boldsymbol{0} \\ -\boldsymbol{S}_{21}\boldsymbol{S}_{11}^{-1} & \boldsymbol{I} \end{bmatrix}^{\mathrm{T}} = \begin{bmatrix} \boldsymbol{S}_{11} & \boldsymbol{0} \\ \boldsymbol{0} & \boldsymbol{S}_{22} - \boldsymbol{S}_{21}\boldsymbol{S}_{11}^{-1}\boldsymbol{S}_{12} \end{bmatrix},$$

因此，

$$\boldsymbol{S} < 0 \Leftrightarrow \begin{bmatrix} \boldsymbol{I} & \boldsymbol{0} \\ -\boldsymbol{S}_{21}\boldsymbol{S}_{11}^{-1} & \boldsymbol{I} \end{bmatrix} \begin{bmatrix} \boldsymbol{S}_{11} & \boldsymbol{S}_{12} \\ \boldsymbol{S}_{21} & \boldsymbol{S}_{22} \end{bmatrix} \begin{bmatrix} \boldsymbol{I} & \boldsymbol{0} \\ -\boldsymbol{S}_{21}\boldsymbol{S}_{11}^{-1} & \boldsymbol{I} \end{bmatrix}^{\mathrm{T}} < 0$$

$$\Leftrightarrow\begin{bmatrix} \boldsymbol{S}_{11} & \boldsymbol{0} \\ \boldsymbol{0} & \boldsymbol{S}_{22}-\boldsymbol{S}_{21}\boldsymbol{S}_{11}^{-1}\boldsymbol{S}_{12} \end{bmatrix}<0$$

$$\Leftrightarrow(\text{ii})$$

这就证明了结论(i) 和结论(ii) 是等价的。

(i)$\Leftrightarrow$(iii) 注意到

$$\begin{bmatrix} \boldsymbol{I} & -\boldsymbol{S}_{12}\boldsymbol{S}_{22}^{-1} \\ \boldsymbol{0} & \boldsymbol{I} \end{bmatrix}\begin{bmatrix} \boldsymbol{S}_{11} & \boldsymbol{S}_{12} \\ \boldsymbol{S}_{21} & \boldsymbol{S}_{22} \end{bmatrix}\begin{bmatrix} \boldsymbol{I} & -\boldsymbol{S}_{12}\boldsymbol{S}_{22}^{-1} \\ \boldsymbol{0} & \boldsymbol{I} \end{bmatrix}^{\mathrm{T}}=\begin{bmatrix} \boldsymbol{S}_{11}-\boldsymbol{S}_{12}\boldsymbol{S}_{22}^{-1}\boldsymbol{S}_{12}^{\mathrm{T}} & \boldsymbol{0} \\ \boldsymbol{0} & \boldsymbol{S}_{22} \end{bmatrix}。$$

类似于前面的证明即可以得到这一部分的结论。

综合以上两部分的证明，可得引理的结论。

对线性矩阵不等式$\boldsymbol{F}(\boldsymbol{x})<0$，其中$\boldsymbol{F}(\boldsymbol{x})=\begin{bmatrix} \boldsymbol{F}_{11}(\boldsymbol{x}) & \boldsymbol{F}_{12}(\boldsymbol{x}) \\ \boldsymbol{F}_{21}(\boldsymbol{x}) & \boldsymbol{F}_{22}(\boldsymbol{x}) \end{bmatrix}$，$\boldsymbol{F}_{11}(\boldsymbol{x})$是方阵。则应用矩阵的 Schur 补性质可以得到：$\boldsymbol{F}(\boldsymbol{x})<0$当且仅当

$$\begin{cases} \boldsymbol{F}_{11}(\boldsymbol{x})<0, \\ \boldsymbol{F}_{22}(\boldsymbol{x})-\boldsymbol{F}_{12}^{\mathrm{T}}(\boldsymbol{x})\boldsymbol{F}_{11}^{-1}(\boldsymbol{x})\boldsymbol{F}_{12}(\boldsymbol{x})<0, \end{cases} \tag{1.5.4}$$

或

$$\begin{cases} \boldsymbol{F}_{22}(\boldsymbol{x})<0, \\ \boldsymbol{F}_{11}(\boldsymbol{x})-\boldsymbol{F}_{12}(\boldsymbol{x})\boldsymbol{F}_{22}^{-1}(\boldsymbol{x})\boldsymbol{F}_{12}^{\mathrm{T}}(\boldsymbol{x})<0。 \end{cases} \tag{1.5.5}$$

注意到式(1.5.4) 或式(1.5.5) 中的第二个不等式是一个非线性矩阵不等式，因此以上的等价关系也说明了应用矩阵的 Schur 补性质，一些非线性矩阵不等式可以转化成线性矩阵不等式。另一方面，这一等价关系也说明了式(1.5.4) 或式(1.5.5) 中的非线性矩阵不等式也定义了一个关于变量$\boldsymbol{x}$的凸约束。

在一些控制问题中，经常遇到二次型矩阵不等式：

$$\boldsymbol{A}^{\mathrm{T}}\boldsymbol{P}+\boldsymbol{P}\boldsymbol{A}+\boldsymbol{P}\boldsymbol{B}\boldsymbol{R}^{-1}\boldsymbol{B}^{\mathrm{T}}\boldsymbol{P}+\boldsymbol{Q}<0, \tag{1.5.6}$$

其中，$\boldsymbol{A}$，$\boldsymbol{B}$，$\boldsymbol{Q}=\boldsymbol{Q}^{\mathrm{T}}>0$，$\boldsymbol{R}=\boldsymbol{R}^{\mathrm{T}}>0$是给定的适当维数的常数矩阵，$\boldsymbol{P}$是对称矩阵变量，则应用引理 1.5.2，可以将矩阵不等式(1.5.6) 的可行性问题转化成一个等价的矩阵不等式

$$\begin{bmatrix} \boldsymbol{A}^{\mathrm{T}}\boldsymbol{P}+\boldsymbol{P}\boldsymbol{A}+\boldsymbol{Q} & \boldsymbol{P}\boldsymbol{B} \\ \boldsymbol{B}^{\mathrm{T}}\boldsymbol{P} & -\boldsymbol{R} \end{bmatrix}<0 \tag{1.5.7}$$

的可行性问题，而后者是一个关于矩阵变量$\boldsymbol{P}$的线性矩阵不等式。

3. 复线性矩阵不等式的处理

前面讨论的线性矩阵不等式问题和 LMI 工具箱中的线性矩阵不等式求解器只能处理实线性矩阵不等式。为了处理复线性矩阵不等式，我们需要将它们转化成实线性矩阵不等式的形式。注意到映射

$$a+\mathrm{j}b\rightarrow\begin{bmatrix} a & -b \\ -b & a \end{bmatrix}$$

已经建立起了复数空间 C 和实矩阵空间 $\boldsymbol{R}^{2\times 2}$ 之间的一个同构关系。因此，一个复矩阵 $\boldsymbol{M}=\boldsymbol{A}+\mathrm{j}\boldsymbol{B}$ 可以等价地用一个增维的实矩阵 $\begin{bmatrix} \boldsymbol{A} & -\boldsymbol{B} \\ -\boldsymbol{B} & \boldsymbol{A} \end{bmatrix}$ 来表示。对一些复矩阵的关系式，只要用复矩阵的等价实矩阵表示来替代其中的复矩阵，就可以得到相应等价的实矩阵表示式。例如：两个复矩阵 $\boldsymbol{M}=\boldsymbol{A}+\mathrm{j}\boldsymbol{B}$ 和 $\boldsymbol{N}=\boldsymbol{C}+\mathrm{j}\boldsymbol{D}$ 的乘积 $\boldsymbol{P}=\boldsymbol{X}+\mathrm{j}\boldsymbol{Y}$ 可以通过以下实矩阵之间的乘法运算得到，即

$$\begin{bmatrix} \boldsymbol{X} & -\boldsymbol{Y} \\ -\boldsymbol{Y} & \boldsymbol{X} \end{bmatrix}=\begin{bmatrix} \boldsymbol{A} & -\boldsymbol{B} \\ -\boldsymbol{B} & \boldsymbol{A} \end{bmatrix}\begin{bmatrix} \boldsymbol{C} & -\boldsymbol{D} \\ -\boldsymbol{D} & \boldsymbol{C} \end{bmatrix}。$$

埃尔米特矩阵 $\boldsymbol{P}=\boldsymbol{X}+\mathrm{j}\boldsymbol{Y}$ 是正定的当且仅当 $\begin{bmatrix} \boldsymbol{X} & -\boldsymbol{Y} \\ -\boldsymbol{Y} & \boldsymbol{X} \end{bmatrix}>0$。

例 1.5.1 求复值仿射矩阵函数 $\boldsymbol{M}(\boldsymbol{x})$ 的最大奇异值。

解 这个问题可以通过求解以下的优化问题得到：

$$\min_{x,\,\gamma}\gamma$$

$$\begin{bmatrix} -\gamma\boldsymbol{I} & \boldsymbol{M}^{\mathrm{H}}(\boldsymbol{x}) \\ \boldsymbol{M}(\boldsymbol{x}) & -\gamma\boldsymbol{I} \end{bmatrix}\leqslant 0,$$

显然这是一个具有复线性矩阵不等式约束的优化问题。应用前面介绍的将复线性矩阵不等式转化成实线性矩阵不等式的方法，并记 $\boldsymbol{M}_{\mathrm{R}}=\mathrm{Re}(\boldsymbol{M})$，$\boldsymbol{M}_{\mathrm{I}}=\mathrm{Im}(\boldsymbol{M})$，可得等价的具有线性矩阵不等式约束的优化问题：

$$\min_{x,\,\gamma}\gamma$$

$$\begin{bmatrix} -\gamma\boldsymbol{I} & \boldsymbol{0} & \boldsymbol{M}_{\mathrm{R}}^{\mathrm{T}}(\boldsymbol{x}) & -\boldsymbol{M}_{\mathrm{I}}^{\mathrm{T}}(\boldsymbol{x}) \\ \boldsymbol{0} & -\gamma\boldsymbol{I} & \boldsymbol{M}_{\mathrm{I}}^{\mathrm{T}}(\boldsymbol{x}) & \boldsymbol{M}_{\mathrm{R}}^{\mathrm{T}}(\boldsymbol{x}) \\ \boldsymbol{M}_{\mathrm{R}}(\boldsymbol{x}) & \boldsymbol{M}_{\mathrm{I}}(\boldsymbol{x}) & -\gamma\boldsymbol{I} & \boldsymbol{0} \\ -\boldsymbol{M}_{\mathrm{I}}(\boldsymbol{x}) & \boldsymbol{M}_{\mathrm{R}}(\boldsymbol{x}) & \boldsymbol{0} & -\gamma\boldsymbol{I} \end{bmatrix}\leqslant 0,$$

该问题可以应用 LMI 工具箱中标准的线性矩阵不等式求解器直接求解。

4. 非严格线性矩阵不等式

在许多应用问题中，正如例 1.5.1，我们常常会遇到非严格线性矩阵不等式。既包含严格线性矩阵不等式，也包含非严格线性矩阵不等式的混合线性矩阵不等式系统。对非严格线性矩阵不等式，我们有时将它当成严格的线性矩阵不等式来处理，这样的处理在大多数情况下是正确的，但并不总是正确的。

考虑在非严格线性矩阵不等式 $\boldsymbol{F}(\boldsymbol{x})\leqslant 0$ 约束下的优化问题 $\min \boldsymbol{c}^{\mathrm{T}}\boldsymbol{x}$。如果 $\boldsymbol{F}(\boldsymbol{x})<0$ 是可行的，则非严格的线性矩阵不等式 $\boldsymbol{F}(\boldsymbol{x})\leqslant 0$ 的可行集是严格线性矩阵不等式 $\boldsymbol{F}(\boldsymbol{x})<0$ 的可行集的闭包。因此，

$$\inf\{\boldsymbol{c}^{\mathrm{T}}x:\ \boldsymbol{F}(\boldsymbol{x})\leqslant 0\}=\inf\{\boldsymbol{c}^{\mathrm{T}}\boldsymbol{x}:\ \boldsymbol{F}(\boldsymbol{x})<0\}。$$

在这种情况下，可以用相应的严格线性矩阵不等式替代非严格线性矩阵不等式的方法来处理非严格线性矩阵不等式问题。

如果 $\boldsymbol{F}(\boldsymbol{x})\leqslant 0$ 不是严格可行的，则严格和非严格的线性矩阵不等式问题是不同的。

例如，

$$F(x)=\begin{bmatrix} x & 0 \\ 0 & -x \end{bmatrix} \leqslant 0$$

是可行的，$x=0$ 是它的一个可行解，但它不是严格可行的。

对于一般的非严格的线性矩阵不等式，总可以通过消去一些隐含的等式约束，将其转化为一个等价的严格线性矩阵不等式。

1.5.2 一些标准的严格的线性矩阵不等式问题

本节介绍三类标准的线性矩阵不等式问题。在 MATLAB 的 LMI 工具箱中给出了这三类问题的求解器。假定其中的 F、G 和 H 是对称的矩阵值仿射函数，c 是一个给定的常数向量。

(1) 可行性问题(LMIP)：对给定的线性矩阵不等式 $F(x)<0$，检验是否存在 x，使得 $F(x)<0$ 成立的问题称为一个线性矩阵不等式的可行性问题。如果存在这样的 x，则该线性矩阵不等式是可行的，否则这个线性矩阵不等式就是不可行的。

(2) 特征值问题(EVP)：该问题是在一个线性矩阵不等式约束下，求矩阵 $G(x)$ 的最大特征值的最小化问题或确定问题的约束是不可行的。它的一般形式是：

$$\min\lambda \tag{1.5.8}$$

$$\begin{cases} G(x)<\lambda I; \\ H(x)<0。\end{cases}$$

这样一个问题也可以转化成以下的一个等价问题：

$$\min c^{\mathrm{T}}x \tag{1.5.9}$$

$$F(x)<0。$$

这也是 LMI 工具箱中特征值问题求解器所要处理问题的标准形式。问题(1.5.8)和问题(1.5.9)的相互转化是因为：一方面，

$$\begin{pmatrix} \min c^{\mathrm{T}}x \\ F(x)<0 \end{pmatrix} \Leftrightarrow \begin{pmatrix} \min\lambda \\ c^{\mathrm{T}}x<\lambda \\ F(x)<0 \end{pmatrix}$$

另一方面，定义 $\hat{x}=[x^{\mathrm{T}},\ \lambda]^{\mathrm{T}}$，$\bar{F}(\hat{x})=\mathrm{diag}\{G(x)-\lambda I,\ H(x)\}$，$c=[0^{\mathrm{T}},\ 1]^{\mathrm{T}}$，则 $\bar{F}(\hat{x})$ 是 $\hat{x}$ 的一个仿射函数，且问题(1.5.8)可以写成：

$$\min c^{\mathrm{T}}\hat{x}$$

$$\bar{F}(\hat{x})<0。$$

一个线性矩阵不等式 $F(x)<0$ 的可行性问题也可以写成一个 EVP：

$$\min\lambda$$

$$F(x)-\lambda I<0,$$

显然对任意的 x，只要选取足够大的 λ，$(x,\ \lambda)$ 就是上述问题的一个可行解，因此上述问题一定有解，若其最小值 $\lambda^{*}\leqslant 0$，则线性矩阵不等式 $F(x)<0$ 是可行的。

(3) 广义特征值问题(GEVP)：在一个线性矩阵不等式约束下，求两个仿射矩阵函数

的最大广义特征值的最小化问题。

对给定的两个相同维数的对称矩阵 $\boldsymbol{G}$ 和 $\boldsymbol{F}$，对标量 λ，如果存在非零向量 $\boldsymbol{y}$，使得 $\boldsymbol{Gy}=\lambda\boldsymbol{Fy}$，则 λ 称为矩阵 $\boldsymbol{G}$ 和 $\boldsymbol{F}$ 的广义特征值。矩阵 $\boldsymbol{G}$ 和 $\boldsymbol{F}$ 的最大广义特征值的计算问题可以转化成一个具有线性矩阵不等式约束的优化问题。

事实上，假定矩阵 $\boldsymbol{F}$ 是正定的，则对充分大的标量 λ，有 $\boldsymbol{G}-\lambda\boldsymbol{F}<0$。随着 λ 的减小，并在某个适当的值，$\boldsymbol{G}-\lambda\boldsymbol{F}$ 将变为奇异的。因此，存在非零向量 $\boldsymbol{y}$ 使得 $\boldsymbol{Gy}=\lambda\boldsymbol{Fy}$。这样的一个 λ 就是矩阵 $\boldsymbol{G}$ 和 $\boldsymbol{F}$ 的广义特征值。根据这样的思想，矩阵 $\boldsymbol{G}$ 和 $\boldsymbol{F}$ 的最大广义特征值可以通过以下优化问题得到：

$$\min\lambda$$
$$\boldsymbol{G}-\lambda\boldsymbol{F}<0。$$

当矩阵 $\boldsymbol{G}$ 和 $\boldsymbol{F}$ 是 $\boldsymbol{x}$ 的一个仿射函数时，在一个线性矩阵不等式约束下，求矩阵函数 $\boldsymbol{G}(\boldsymbol{x})$ 和 $\boldsymbol{F}(\boldsymbol{x})$ 的最大广义特征值的最小化问题的一般形式如下：

$$\min\lambda$$
$$\begin{cases}\boldsymbol{G}(\boldsymbol{x})<\lambda\boldsymbol{F}(\boldsymbol{x});\\ \boldsymbol{F}(\boldsymbol{x})>0;\\ \boldsymbol{H}(\boldsymbol{x})<0。\end{cases}$$

注意到上述问题中的约束条件关于 $\boldsymbol{x}$ 和 λ 并不同时是线性的。

以下通过一些例子来说明这些问题。

例 1.5.2 稳定性问题

考虑线性自治系统

$$\dot{\boldsymbol{x}}(t)=\boldsymbol{Ax}(t) \tag{1.5.10}$$

的渐进稳定性问题，其中 $\boldsymbol{A}\in\mathbf{R}^{n\times n}$。Lyapunov 稳定性理论告诉我们：这个系统是渐进稳定的当且仅当存在一个对称矩阵 $\boldsymbol{X}\in\mathbf{R}^{n\times n}$，使得 $\boldsymbol{X}>0$，$\boldsymbol{A}^{\mathrm{T}}\boldsymbol{X}+\boldsymbol{XA}<0$。因此系统(1.5.10)的渐进稳定性问题等价于线性矩阵不等式

$$\begin{bmatrix}-\boldsymbol{X} & \boldsymbol{0}\\ \boldsymbol{0} & \boldsymbol{A}^{\mathrm{T}}\boldsymbol{X}+\boldsymbol{XA}\end{bmatrix}<0$$

的可行性问题。

例 1.5.3 μ 分析问题

在 μ 分析中，通常要求确定一个对角矩阵 $\boldsymbol{D}$，使得 $\|\boldsymbol{DED}^{-1}\|<1$，其中 $\boldsymbol{E}$ 是一个给定的常数矩阵。由于

$$\begin{aligned}\|\boldsymbol{DED}^{-1}\|<1&\Leftrightarrow\boldsymbol{D}^{-T}\boldsymbol{E}^{\mathrm{T}}\boldsymbol{D}^{\mathrm{T}}\boldsymbol{DED}^{-1}<\boldsymbol{I}\\ &\Leftrightarrow\boldsymbol{E}^{\mathrm{T}}\boldsymbol{D}^{\mathrm{T}}\boldsymbol{DE}<\boldsymbol{D}^{\mathrm{T}}\boldsymbol{D}\\ &\Leftrightarrow\boldsymbol{E}^{\mathrm{T}}\boldsymbol{XE}-\boldsymbol{X}<0,\end{aligned}$$

其中的 $\boldsymbol{X}=\boldsymbol{D}^{\mathrm{T}}\boldsymbol{D}>0$。因此，使得 $\|\boldsymbol{DED}^{-1}\|<1$ 成立的对角矩阵 $\boldsymbol{D}$ 的存在性问题等价于线性矩阵不等式 $\boldsymbol{E}^{\mathrm{T}}\boldsymbol{XE}-\boldsymbol{X}<0$ 的可行性问题。

例 1.5.4 最大奇异值问题

考虑最小化问题 $\min f(\boldsymbol{x})=\sigma_{\max}(\boldsymbol{F}(\boldsymbol{x}))$，其中 $\boldsymbol{F}(\boldsymbol{x})$：$\mathbf{R}^m\to\mathbf{S}^n$ 是一个仿射的矩阵值函数。由于

$$\sigma_{\max}(\boldsymbol{F}(\boldsymbol{x})) < \gamma \Leftrightarrow \boldsymbol{F}^{\mathrm{T}}(\boldsymbol{x})\boldsymbol{F}(\boldsymbol{x}) - \gamma^2\boldsymbol{I} < 0,$$

根据矩阵的 Schur 补性质，

$$\boldsymbol{F}^{\mathrm{T}}(\boldsymbol{x})\boldsymbol{F}(\boldsymbol{x}) - \gamma^2\boldsymbol{I} < 0 \Leftrightarrow \begin{bmatrix} -\gamma\boldsymbol{I} & \boldsymbol{F}^{\mathrm{T}}(\boldsymbol{x}) \\ \boldsymbol{F}(\boldsymbol{x}) & -\gamma\boldsymbol{I} \end{bmatrix} < 0,$$

因此，可以通过求解

$$\min_{x,\ \gamma}\gamma \tag{1.5.11}$$

$$\begin{bmatrix} -\gamma\boldsymbol{I} & \boldsymbol{F}^{\mathrm{T}}(\boldsymbol{x}) \\ \boldsymbol{F}(\boldsymbol{x}) & -\gamma\boldsymbol{I} \end{bmatrix} < 0$$

来求得所求问题的解。显然，问题(1.5.11)是一个具有线性矩阵不等式约束的线性目标函数的最优化问题。

例 1.5.5 系统性能指标的求值问题

考虑线性指标的自治系统

$$\dot{\boldsymbol{x}}(t) = \boldsymbol{A}\boldsymbol{x}(t),\ \boldsymbol{x}(0) = \boldsymbol{x}_0 \tag{1.5.12}$$

和二次型性能指标

$$J = \int_0^{\infty} \boldsymbol{x}^{\mathrm{T}}(t)\boldsymbol{Q}\boldsymbol{x}(t)\,\mathrm{d}t,$$

其中，$\boldsymbol{A} \in \mathbf{R}^{n\times n}$ 是给定的系统状态矩阵，$\boldsymbol{x}_0$ 是已知的初始状态向量，$\boldsymbol{Q} = \boldsymbol{Q}^{\mathrm{T}} \in \mathbf{R}^{n\times n}$ 是给定的加权半正定矩阵。假定考虑的系统是渐进稳定的，则该系统的任意状态向量均是平方可积的，因此 $J < \infty$。

由于系统(1.5.12)是渐进稳定的，因此线性矩阵不等式

$$\boldsymbol{A}^{\mathrm{T}}\boldsymbol{X} + \boldsymbol{X}\boldsymbol{A} + \boldsymbol{Q} \leqslant 0$$

有对称正定解 X。沿系统(1.5.12)的任意轨线，函数 $\boldsymbol{x}^{\mathrm{T}}(t)\boldsymbol{X}\boldsymbol{x}(t)$ 关于时间的导数是：

$$\frac{\mathrm{d}}{\mathrm{d}t}[\boldsymbol{x}^{\mathrm{T}}(t)\boldsymbol{X}\boldsymbol{x}(t)] = \boldsymbol{x}^{\mathrm{T}}(t)[\boldsymbol{A}^{\mathrm{T}}\boldsymbol{X} + \boldsymbol{X}\boldsymbol{A}]\boldsymbol{x}(t) \leqslant -\boldsymbol{x}^{\mathrm{T}}(t)\boldsymbol{Q}\boldsymbol{x}(t),$$

在以上不等式的两边分别从 $t = 0$ 到 $t = T$ 积分，可得

$$\boldsymbol{x}^{\mathrm{T}}(T)\boldsymbol{X}\boldsymbol{x}(T) - \boldsymbol{x}^{\mathrm{T}}(0)\boldsymbol{X}\boldsymbol{x}(0) \leqslant -\int_0^T \boldsymbol{x}^{\mathrm{T}}(t)\boldsymbol{Q}\boldsymbol{x}(t)\,\mathrm{d}t。$$

由于 $\boldsymbol{x}^{\mathrm{T}}(T)\boldsymbol{X}\boldsymbol{x}(T) \geqslant 0$，从上式可得

$$\int_0^T \boldsymbol{x}^{\mathrm{T}}(t)\boldsymbol{Q}\boldsymbol{x}(t)\,\mathrm{d}t \leqslant \boldsymbol{x}_0^{\mathrm{T}}\boldsymbol{X}\boldsymbol{x}_0,$$

上式对所有的 T 都成立，因此

$$J = \int_0^{\infty} \boldsymbol{x}^{\mathrm{T}}(t)\boldsymbol{Q}\boldsymbol{x}(t)\,\mathrm{d}t \leqslant \boldsymbol{x}_0^{\mathrm{T}}\boldsymbol{X}\boldsymbol{x}_0。$$

性能指标 J 的最小上界可以通过求解以下优化问题

$$\min \boldsymbol{x}_0^{\mathrm{T}}\boldsymbol{X}\boldsymbol{x}_0 \tag{1.5.13}$$

$$\begin{cases} \boldsymbol{X} > 0; \\ \boldsymbol{A}^{\mathrm{T}}\boldsymbol{X} + \boldsymbol{X}\boldsymbol{A} + \boldsymbol{Q} \leqslant 0 \end{cases}$$

得到。显然问题(1.5.13)是一个 EVP。

该例中提出的处理方法可以用来处理不确定系统的保性能控制问题。

1.5.3 关于矩阵不等式的一些结论

本节将讨论一些在用线性矩阵不等式方法来研究系统与控制问题时遇到的矩阵不等式问题。

1. 矩阵变量的消去法

一个矩阵不等式往往包含多个变量，若能将这样一个矩阵不等式转化成一个只包含较少变量的等价不等式，则往往会使得矩阵不等式的求解变得更加容易和方便。这一小节将主要介绍这方面的内容。这里介绍的方法和结果在控制系统输出反馈控制器的设计中起着很重要的作用。

在给出主要的结论前，首先给出以下的一个结论。

引理 1.5.3 设 $\boldsymbol{Z}$ 是一个对称矩阵，且被分解成 3 行 3 列的分块矩阵形式，则存在矩阵 $\boldsymbol{X}$，使得

$$\begin{bmatrix} \boldsymbol{Z}_{11} & \boldsymbol{Z}_{12} & \boldsymbol{Z}_{13} \\ \boldsymbol{Z}_{12}^{\mathrm{T}} & \boldsymbol{Z}_{22} & \boldsymbol{Z}_{23}+\boldsymbol{X}^{\mathrm{T}} \\ \boldsymbol{Z}_{13}^{\mathrm{T}} & \boldsymbol{Z}_{23}^{\mathrm{T}}+\boldsymbol{X} & \boldsymbol{Z}_{33} \end{bmatrix} < 0, \tag{1.5.14}$$

当且仅当

$$\begin{bmatrix} \boldsymbol{Z}_{11} & \boldsymbol{Z}_{12} \\ \boldsymbol{Z}_{12}^{\mathrm{T}} & \boldsymbol{Z}_{22} \end{bmatrix} < 0,\ \begin{bmatrix} \boldsymbol{Z}_{11} & \boldsymbol{Z}_{13} \\ \boldsymbol{Z}_{13}^{\mathrm{T}} & \boldsymbol{Z}_{33} \end{bmatrix} < 0。 \tag{1.5.15}$$

如果式(1.5.15)成立，则使得不等式(1.5.14)成立的一个矩阵 $\boldsymbol{X}$ 如下：

$$\boldsymbol{Z} = \boldsymbol{Z}_{13}^{\mathrm{T}}\boldsymbol{Z}_{11}^{-1}\boldsymbol{Z}_{12} - \boldsymbol{Z}_{23}^{\mathrm{T}}。$$

证明 如果不等式(1.5.14)有解，则根据矩阵负定性的性质可知：式(1.5.14)左边矩阵中各个主子式所对应的矩阵也是负定的，由此可得式(1.5.15)成立。

反之，假定式(1.5.15)成立，则可得 $\boldsymbol{Z}_{11} < 0$，应用矩阵的 Schur 补性质，式(1.5.14)等价于

$$\begin{bmatrix} \boldsymbol{Z}_{22} & \boldsymbol{Z}_{23}+\boldsymbol{X}^{\mathrm{T}} \\ \boldsymbol{Z}_{23}^{\mathrm{T}}+\boldsymbol{X} & \boldsymbol{Z}_{33} \end{bmatrix} - \begin{bmatrix} \boldsymbol{Z}_{12}^{\mathrm{T}} \\ \boldsymbol{Z}_{13}^{\mathrm{T}} \end{bmatrix} \boldsymbol{Z}_{11}^{-1} [\boldsymbol{Z}_{12} \quad \boldsymbol{Z}_{13}] < 0。 \tag{1.5.16}$$

由式(1.5.15)可得上式左边矩阵中对角线上的矩阵均是负定的。如果取 $\boldsymbol{X} = \boldsymbol{Z}_{13}^{\mathrm{T}}\boldsymbol{Z}_{11}^{-1}\boldsymbol{Z}_{12} - \boldsymbol{Z}_{23}^{\mathrm{T}}$，则可以将上式左边矩阵中非对角线上的矩阵化为零。因此，对角线上矩阵的负定性保证了式(1.5.16)成立，所以这样一个 $\boldsymbol{X}$ 是不等式(1.5.14)的解。引理得证。

定理 1.5.1 设 $\boldsymbol{P}$，$\boldsymbol{Q}$ 和 $\boldsymbol{H}$ 是给定的适当维数矩阵，且 $\boldsymbol{H}$ 是对称的，$\boldsymbol{N}_P$ 和 $\boldsymbol{N}_Q$ 分别是由核空间 $\ker(\boldsymbol{P})$ 和 $\ker(\boldsymbol{Q})$ 的任意一组基向量作为列向量构成的矩阵，则存在一个矩阵 $\boldsymbol{X}$，使得

$$\boldsymbol{H} + \boldsymbol{P}^{\mathrm{T}}\boldsymbol{X}^{\mathrm{T}}\boldsymbol{Q} + \boldsymbol{Q}^{\mathrm{T}}\boldsymbol{X}\boldsymbol{P} < 0, \tag{1.5.17}$$

当且仅当

$$N_P^{\mathrm{T}}HN_P < 0,\ N_Q^{\mathrm{T}}HN_Q < 0。\tag{1.5.18}$$

证明 必要性：由矩阵N_P和N_Q的构造，可得$PN_P=0$，$QN_Q=0$。若存在矩阵X，使得矩阵不等式(1.5.17)成立，则对式(1.5.17)左端的矩阵分别左乘矩阵N_P^{T}和右乘矩阵N_P，可得$N_P^{\mathrm{T}}HN_P < 0$。同理可得$N_Q^{\mathrm{T}}HN_Q < 0$。

充分性：我们将用一个构造性的方法来证明这一部分。

设V_1是由$\ker(P)\cap\ker(Q)$的任意一组基向量作为列向量所构成的矩阵，则存在矩阵V_2和V_3，使得

$$\mathrm{Im}([V_1\quad V_2])=\ker(P),\ \mathrm{Im}([V_1\quad V_3])=\ker(Q),$$

不失一般性，可以假定V_2和V_3是满列秩的。由线性代数中的知识可知，V_1、V_2和V_3中的列向量构成了$\ker(P)\oplus\ker(Q)$中的一组基，因此可以将这一组列向量进一步扩充成整个空间中的一组基，即存在矩阵V_4使得$V=[V_1\quad V_2\quad V_3\quad V_4]$是方阵，且是非奇异的。利用矩阵$V$可得矩阵不等式(1.5.17)成立当且仅当

$$V^{\mathrm{T}}HV+V^{\mathrm{T}}P^{\mathrm{T}}X^{\mathrm{T}}QV+V^{\mathrm{T}}Q^{\mathrm{T}}JPV<0,\tag{1.5.19}$$

根据矩阵V的构造，有

$$PV=[0\quad 0\quad P_1\quad P_2],\ QV=[0\quad Q_1\quad 0\quad Q_2]。$$

按矩阵V的分块方式，将$V^{\mathrm{T}}HV$分块：

$$V^{\mathrm{T}}HV=\begin{bmatrix}H_{11} & H_{12} & H_{13} & H_{14}\\ H_{12}^{\mathrm{T}} & H_{22} & H_{23} & H_{24}\\ H_{13}^{\mathrm{T}} & H_{23}^{\mathrm{T}} & H_{33} & H_{34}\\ H_{14}^{\mathrm{T}} & H_{24}^{\mathrm{T}} & H_{34}^{\mathrm{T}} & H_{44}\end{bmatrix},$$

定义矩阵

$$Y=\begin{bmatrix}Y_{11} & Y_{12}\\ Y_{21} & Y_{22}\end{bmatrix}=\begin{bmatrix}P_1^{\mathrm{T}}\\ P_2^{\mathrm{T}}\end{bmatrix}X^{\mathrm{T}}[Q_1\ Q_2],\tag{1.5.20}$$

根据矩阵P_1、P_2、Q_1和Q_2的定义，有$\ker([P_1\quad P_2])=0$，$\ker([Q_1\quad Q_2])=0$。因此，对任意给定的矩阵Y，存在一个适当的矩阵X，使得式(1.5.20)成立。

利用以上各个分块矩阵，矩阵不等式(1.5.19)可以写成

$$\begin{bmatrix}H_{11} & H_{12} & H_{13} & H_{14}\\ * & H_{22} & H_{23}+Y_{11}^{\mathrm{T}} & H_{24}+Y_{21}^{\mathrm{T}}\\ * & * & H_{33} & H_{34}+Y_{12}\\ * & * & * & H_{44}+Y_{22}+Y_{22}^{\mathrm{T}}\end{bmatrix}<0,\tag{1.5.21}$$

对上式左边矩阵中左上角的3×3块子矩阵应用矩阵的Schur补性质，可得上式成立当且仅当以下的两个矩阵不等式成立：

$$\bar{H}=\begin{bmatrix}H_{11} & H_{12} & H_{13}\\ * & H_{22} & H_{23}+Y_{11}^{\mathrm{T}}\\ * & * & H_{33}\end{bmatrix}<0,\tag{1.5.22}$$

$$H_{44}+Y_{22}+Y_{22}^{\mathrm{T}}-\begin{bmatrix}H_{14}\\ H_{24}+Y_{21}^{\mathrm{T}}\\ H_{34}+Y_{12}\end{bmatrix}^{\mathrm{T}}\bar{H}^{-1}\begin{bmatrix}H_{14}\\ H_{24}+Y_{21}^{\mathrm{T}}\\ H_{34}+Y_{12}\end{bmatrix}<0, \tag{1.5.23}$$

如果能选取一个适当的 Y_{11}，使得不等式(1.5.22)成立，则总可以选取适当的 Y_{12}、Y_{21} 和 Y_{22}，使得不等式(1.5.23)成立。因此，存在一个矩阵 Y，使得不等式(1.5.22)和不等式(1.5.23)成立当且仅当存在一个适当的矩阵 Y_{11}，使得 $\bar{H}<0$。

另一方面，由于

$$\ker(PV)=\mathrm{Im}\begin{bmatrix}I&0\\0&I\\0&0\\0&0\end{bmatrix},\quad \ker(QV)=\mathrm{Im}\begin{bmatrix}I&0\\0&0\\0&I\\0&0\end{bmatrix}。$$

由条件(1.5.18)推出

$$\begin{bmatrix}H_{11}&H_{12}\\H_{12}^{\mathrm{T}}&H_{22}\end{bmatrix}<0,\quad \begin{bmatrix}H_{11}&H_{13}\\H_{13}^{\mathrm{T}}&H_{33}\end{bmatrix}<0。$$

因此，应用引理1.5.3可得：在条件(1.5.18)下，存在矩阵 Y_{11}，使得 $\bar{H}<0$，进而可得存在矩阵 Y，使得不等式(1.5.21)成立。由于对任意的矩阵 Y，都存在满足式(1.5.20)的矩阵 X，因此进一步可得矩阵不等式(1.5.17)存在解矩阵 X。

综合以上两方面，得证定理。

如果 $\ker(P)$ 或 $\ker(Q)$ 中有一个是零空间时，则可以删去相应的一个矩阵不等式条件。例如，当 $\ker(P)=0$ 时，$N_Q^{\mathrm{T}}HN_Q<0$ 就是矩阵不等式(1.5.17)可解的一个充分必要条件。

2. S-procedure

在控制系统的鲁棒分析和鲁棒综合中，我们常常要用S-procedure来将一些不是凸约束的问题转化成线性矩阵不等式约束。

对 $k=0, 1, 2, \cdots, N$，设 σ_k: $V\to\mathbf{R}$ 是定义在一个线性向量空间 V(例如 $V=\mathbf{R}^m$)上的实值泛函，考虑以下两个条件：

S_1：对使得 $\sigma_k(y)\geq 0$，$k=1, 2, \cdots, N$ 的所有 $y\in V$，有 $\sigma_0(y)\geq 0$；

S_2：存在标量 $\tau_k\geq 0$，$k=1, 2, \cdots, N$，使得对任意的 $y\in V$，

$$\sigma_0(y)-\sum_{k=1}^{N}\tau_k\sigma_k(y)\geq 0。$$

容易看到由条件 S_2 可以推出条件 S_1。S-procedure就是通过判断条件 S_2 的真实性来验证条件 S_1 成立与否。一般来说，条件 S_2 比条件 S_1 要更容易检验，因此，通过应用S-procedure可以找到检验条件 S_1 成立与否的一个更加有效的方法。

考虑二次型函数的情况：

$$\sigma_k(y)=y^{\mathrm{T}}Q_ky+2s_k^{\mathrm{T}}y+r_k,\quad k=0, 1, \cdots, N,$$

其中：$\boldsymbol{y} \in V = \mathbf{R}^m$，$\boldsymbol{Q}_k \in \mathbf{R}^{m\times m}$，$\boldsymbol{s}_k \in \mathbf{R}^m$，$\boldsymbol{r}_k \in \mathbf{R}$，$\boldsymbol{Q}_k$ 是对称的。由于：

(1) σ_0 一般不是一个凸函数；

(2) 约束集 $\Omega = \{y \in \mathbf{R}^m: \sigma_k(y) \geqslant 0, k = 1, 2, \cdots, N\}$ 一般也不是凸的。

因此条件 S_1 相当于要求一个非凸函数在一个非凸集上的最小值是非负的，即 $\min\limits_{y\in\Omega}\sigma_0(\boldsymbol{y}) \geqslant 0$。这是一个 NP 困难的问题。

另一方面，由于：

条件 $\mathrm{S}_2 \Leftrightarrow$ 存在 $\tau_k \geqslant 0$，使得对任意的 $\boldsymbol{y} \in \mathbf{R}^m$，$\sigma_0(\boldsymbol{y}) - \sum\limits_{k=1}^{N}\tau_k\sigma_k(\boldsymbol{y}) \geqslant 0$；

$\Leftrightarrow$ 存在 $\tau_k \geqslant 0$，使得对任意的 $\boldsymbol{y} \in \mathbf{R}^m$，

$$\begin{bmatrix} \boldsymbol{y} \\ 1 \end{bmatrix}^{\mathrm{T}} \begin{bmatrix} \boldsymbol{Q}_0 + \sum \tau_k \boldsymbol{Q}_k & \boldsymbol{s}_0 + \sum \tau_k \boldsymbol{s}_k \\ \boldsymbol{s}_0^{\mathrm{T}} + \sum \tau_k \boldsymbol{s}_k^{\mathrm{T}} & \boldsymbol{r}_0 + \sum \tau_k \boldsymbol{r}_k \end{bmatrix} \begin{bmatrix} \boldsymbol{y} \\ 1 \end{bmatrix} \geqslant 0;$$

$\Leftrightarrow$ 存在 $\tau_k \geqslant 0$，使得

$$\begin{bmatrix} \boldsymbol{Q}_0 & \boldsymbol{s}_0 \\ \boldsymbol{s}_0^{\mathrm{T}} & \boldsymbol{r}_0 \end{bmatrix} + \sum_{k=1}^{N} \tau_k \begin{bmatrix} \boldsymbol{Q}_k & \boldsymbol{s}_k \\ \boldsymbol{s}_k^{\mathrm{T}} & \boldsymbol{r}_k \end{bmatrix} \geqslant 0。$$

因此，条件 S_2 表示成了一个等价的线性矩阵不等式的可行性问题，可以应用求解线性矩阵不等式的有效方法来方便地判断这个线性矩阵不等式问题是否是可行的。S-procedure 告诉我们可以通过检验上面这个线性矩阵不等式问题的可行性来检验条件 S_1 是否成立。

条件 S_1 和条件 S_2 一般是不等价的，当这两个条件等价时，我们称这个 S-procedure 是无损的，否则称为是有损的。

在应用中，使用的 S-procedure 常常是有损的。如在控制系统稳定性的检验中，应用有损的 S-procedure 所导出的检验条件只是稳定性的一个充分条件，而不能保证是必要的。这种稳定性条件的保守性的引进换来的是检验和计算上的方便和有效性。

以下结论在鲁棒控制中是很有用的。

定理 1.5.2 (1) 对 $\sigma_1(\boldsymbol{y}) = \boldsymbol{y}^{\mathrm{T}}Q_1\boldsymbol{y} + 2\boldsymbol{s}_1^{\mathrm{T}}\boldsymbol{y} + \boldsymbol{r}_1 \geqslant 0$，假定存在一个 $\tilde{\boldsymbol{y}} \in \mathbf{R}^m$，使得 $\sigma_1(\tilde{\boldsymbol{y}}) > 0$，则以下两个条件是等价的。

$\mathrm{S}_1^{(1)}$：对使得 $\sigma_1(y) \geqslant 0$ 的所有 $\boldsymbol{y} \in \mathbf{R}^m$，$\sigma_0(\boldsymbol{y}) = \boldsymbol{y}^{\mathrm{T}} Q_0\boldsymbol{y} + 2\boldsymbol{s}_0^{\mathrm{T}}\boldsymbol{y} + \boldsymbol{r}_0 \geqslant 0$；

$\mathrm{S}_2^{(1)}$：存在 $\tau \geqslant 0$，使得以下的线性矩阵不等式是可行的：

$$\begin{bmatrix} \boldsymbol{Q}_0 & \boldsymbol{s}_0 \\ \boldsymbol{s}_0^{\mathrm{T}} & \boldsymbol{r}_0 \end{bmatrix} + \tau \begin{bmatrix} \boldsymbol{Q}_1 & \boldsymbol{s}_1 \\ \boldsymbol{s}_1^{\mathrm{T}} & \boldsymbol{r}_1 \end{bmatrix} \geqslant 0。$$

(2) 对 $\sigma_1(\boldsymbol{y}) = \boldsymbol{y}^{\mathrm{T}}\boldsymbol{Q}_1\boldsymbol{y} \geqslant 0$，假定存在一个 $\tilde{\boldsymbol{y}} \in \mathbf{R}^m$，使得 $\sigma_1(\tilde{\boldsymbol{y}}) > 0$，则以下两个条件是等价的。

$\mathrm{S}_1^{(2)}$：对使得 $\sigma_1(\boldsymbol{y}) \geqslant 0$ 的所有非零 $\boldsymbol{y} \in \mathbf{R}^m$，$\boldsymbol{y}^{\mathrm{T}} \boldsymbol{Q}_0\boldsymbol{y} > 0$；

$\mathrm{S}_2^{(2)}$：存在 $\tau \geqslant 0$，使得 $\boldsymbol{Q}_0 - \tau\boldsymbol{Q}_1 > 0$。

以下给出一个应用 S-procedure 的例子。

利用定理 1.5.2 可以知道：存在对称矩阵 $\boldsymbol{P} > 0$，使得对满足 $\boldsymbol{\pi}^{\mathrm{T}}\boldsymbol{\pi} \leqslant \boldsymbol{\xi}^{\mathrm{T}}\boldsymbol{C}^{\mathrm{T}}\boldsymbol{C}\boldsymbol{\xi}$ 的所有

$\boldsymbol{\xi} \neq 0$ 和 $\boldsymbol{\pi}$，

$$\begin{bmatrix} \boldsymbol{\xi} \\ \boldsymbol{\pi} \end{bmatrix}^{\mathrm{T}} \begin{bmatrix} \boldsymbol{A}^{\mathrm{T}}\boldsymbol{P} + \boldsymbol{P}\boldsymbol{A} & \boldsymbol{P}\boldsymbol{B} \\ \boldsymbol{B}^{\mathrm{T}}\boldsymbol{P} & \boldsymbol{0} \end{bmatrix} \begin{bmatrix} \boldsymbol{\xi} \\ \boldsymbol{\pi} \end{bmatrix} < 0$$

成立当且仅当存在标量 $\tau \geqslant 0$ 和对称矩阵 $\boldsymbol{P} > 0$，使得

$$\begin{bmatrix} \boldsymbol{A}^{\mathrm{T}}\boldsymbol{P} + \boldsymbol{P}\boldsymbol{A} + \tau \boldsymbol{C}^{\mathrm{T}}\boldsymbol{C} & \boldsymbol{P}\boldsymbol{B} \\ \boldsymbol{B}^{\mathrm{T}}\boldsymbol{P} & -\tau \boldsymbol{I} \end{bmatrix} < 0。$$

显然，上面的不等式是一个关于矩阵 $\boldsymbol{P}$ 和标量 τ 的线性矩阵不等式。

1.6 本书拟研究的内容

第 2 章首先使用显式构造的方法实现连续奇异系统滤波器的降维，提出了降维滤波器维数的一个新的上界，并给出了相应的降维算法。降维滤波器问题的可解性的充要条件是矩阵不等式和非凸秩约束所组成的方程组的可解性。对于该矩阵不等式方程组，不能够使用 MATLAB 中的 LMI 工具箱来直接求解，书中将它等价变换到一个新的线性矩阵不等式方程组，这样就可以使用工具箱方便地求解出对应的可行解。接下来讨论了一类含有不确定状态时滞的中立系统的鲁棒滤波问题。基于 Lyapunov 稳定性理论，利用 Lyapunov 第二方法，通过构造合适的 Lyapunov 函数，给出了以 LMI 表示的鲁棒滤波器的设计方法，从而得出了滤波器存在的充分条件，使得滤波误差系统是渐近稳定的，所设计的滤波器满足给定的性能指标要求，达到了根据系统不确定性和时滞来设计滤波器的目的。最后研究了奇异中立系统的 H_∞ 滤波器设计问题，以参数显示化的形式给出了所需滤波器的具体形式。

第 3 章首先分别研究了离散时间和连续时间线性脉冲系统的有限时间滤波问题，给出了系统有限时间稳定和满足滤波性能要求的充分条件，最后给出滤波问题可解的充分条件。由于结论中的变量是耦合的，因而不能用 MATLAB 直接求解，为了避免上述情况，又给出了两个相对实用的结果。接下来研究了脉冲切换正时滞系统的异步有限时间稳定性和控制问题，利用模型依赖平均驻留时间切换信号，给出了输入 $u(k)$ 为零时系统有限时间稳定的一个充分条件，然后对于开环系统，寻找一类具有模型依赖平均驻留时间的切换信号和一类状态反馈控制器，建立闭环系统有限时间稳定的充分条件。

第 4 章把有限时间滤波问题推广到奇异系统。首先给出了脉冲奇异系统有限时间稳定的概念以及奇异系统有限时间滤波问题的描述，利用 Lyapunov 方法分别给出了离散时间和连续时间线性奇异脉冲系统有限时间稳定以及满足性能要求的充分条件。然后研究时变奇异脉冲系统的有限时间稳定性和 L_2 增益分析问题。如果扰动是定常的，利用松弛变量降低了结论的保守性。与定常的扰动相比，具有时变扰动的系统更能真实反映现实世界，对于不同特点的扰动，分别给出了相应的结论。

第 5 章分别研究了离散时间和连续时间分段脉冲仿射系统的有限时间滤波问题，利用 Lyapunov 函数和 LMI 方法给出了系统有限时间稳定的几个充分条件；并且给出了系统有限时间滤波问题可解的充分条件以及滤波器的设计方法。最后通过数值模拟表明了本书方法的可行性。

由于不确定性存在于任何的现实系统当中，因而第6章分别研究了连续时间和离散时间不确定脉冲系统的鲁棒有限时间稳定性和滤波问题。首先建立了几个滤波误差系统有限时间稳定的充分条件，然后给出了滤波器的具体形式，为了避免耦合，取 $\boldsymbol{P}$ 为分块对角形式，给出了利用 LMI 可解的结论。

第 2 章　奇异系统的 H_∞ 滤波器

2.1　引言

Kalman 滤波器已经被广泛地应用于控制和信号处理领域。Kalman 滤波方法要求系统是用一个特定的模型来描述的，对外部噪声也有统计特性上的要求，但在实际应用中通常是不能够满足这些要求的。当一个系统模型存在参数不确定性时，标准的 Kalman 滤波算法并不能够保证实现满意的性能。为了克服以上这些困难，出现了一个替代的方法，称为 H_∞ 滤波。H_∞ 滤波器的设计目标是要求使误差系统是稳定的，并且系统的 H_∞ 范数要低于事先确定的指标。H_∞ 滤波技术与 Kalman 滤波方法相比的优点是，H_∞ 滤波对于干扰噪声没有统计特性上的要求，而且拥有更好的鲁棒性。这些良好的特性也使得它在实际应用中有着很好的前景。许多文献中都提出了关于 H_∞ 滤波的相关结论。

另外，对降维滤波器设计的研究在过去的几十年里受到了更多的关注。对于这个问题的研究有其实际的应用背景，维数过高的滤波器不仅不利于实现，而且还可能会引起时滞等因素从而导致系统滤波品质恶化。当然，可以直接使用优化的算法实现滤波器的降维，但是这种方法有它的缺点，即存在着较大的不确定性，有许多因素决定着最后的计算结果。

由于奇异系统在电力系统中的建模和控制，以及在经济上和其他领域中的广泛应用，使它得到了深入的研究。关于奇异系统的滤波问题也被许多学者所研究[142,143]。但是到目前为止，对于奇异系统的降维 H_∞ 滤波问题还未被充分地研究，仍然有很多问题亟待解决。

本节关注的是奇异系统的降维 H_∞ 滤波器的设计算法，在此只考虑连续的情形。本节是在文献[144]研究结果的基础上进行降维 H_∞ 滤波器的设计。由文献[144]可知，降维滤波器问题的可解性的充要条件是矩阵不等式和非凸秩约束所组成的方程组的可解性。求解降维滤波器问题的主要困难在于这个非凸秩约束的存在。这使得所研究的优化问题成为一个非凸优化问题，但是对于非凸优化问题并没有统一的较好解决方法。书中在此是使用显式构造的方法解决这个非凸优化问题，并实现滤波器的降维设计，然后提出了一个计算方法来求得相应矩阵不等式方程组的可行解。使用构造性方法来实现 H_∞ 滤波器降维的优点是比较直观清楚，减少了不确定性。

2.2　奇异系统的降维 H_∞ 滤波器

为了方便叙述，我们做如下约定：$\mathrm{Sym}(\boldsymbol{E},\ \boldsymbol{X},\ \boldsymbol{F}) := \boldsymbol{EXF} + (\boldsymbol{EXF})^{\mathrm{T}}$。$\boldsymbol{A}^{\perp}$ 代表了满

足如下性质的矩阵：$\mathrm{Ker}(\boldsymbol{A}^{\perp})=\mathrm{Im}(\boldsymbol{A})$，且$\boldsymbol{A}^{\perp}(\boldsymbol{A}^{\perp})^{\mathrm{T}}>0$，其中，$\mathrm{Ker}(\boldsymbol{A})$和$\mathrm{Im}(\boldsymbol{A})$代表矩阵$\boldsymbol{A}$的核空间和值域。$L_2[0,\infty)$代表了在$[0,\infty)$上平方可积的函数空间。$\boldsymbol{I}$代表单位矩阵。

2.2.1 准备工作

考虑如下线性连续奇异系统

$$\begin{cases}\boldsymbol{E}\dot{\boldsymbol{x}}(t)=\boldsymbol{A}\boldsymbol{x}(t)+\boldsymbol{B}\boldsymbol{w}(t),\\ \boldsymbol{y}(t)=\boldsymbol{C}\boldsymbol{x}(t),\\ \boldsymbol{z}(t)=\boldsymbol{L}\boldsymbol{x}(t),\end{cases}\tag{2.2.1}$$

其中，$\boldsymbol{x}(t)\in\mathbf{R}^n$，$\boldsymbol{y}(t)\in\mathbf{R}^m$，$z(t)\in\mathbf{R}^q$，$\boldsymbol{w}(t)\in\mathbf{R}^p$，分别是系统状态、测量输出、待估计的信号和干扰输入，且$\boldsymbol{w}(t)$属于$L_2[0,\infty)$，$\boldsymbol{E}\in\mathbf{R}^{n\times n}$，$\mathrm{rank}(\boldsymbol{E})=r\leqslant n$。$\boldsymbol{A}$，$\boldsymbol{B}$，$\boldsymbol{C}$和$\boldsymbol{L}$是已知实矩阵。

在干扰$\boldsymbol{w}(t)=0$的情况下，奇异系统(2.2.1)可以写成

$$\boldsymbol{E}\dot{\boldsymbol{x}}(t)=\boldsymbol{A}\boldsymbol{x}(t)。\tag{2.2.2}$$

对连续奇异系统(2.2.2)，使用如下的定义。

定义 2.2.1[145]

(1) 系统(2.2.2)被称为正则的，如果关于s的特征多项式$\det(s\boldsymbol{E}-\boldsymbol{A})\neq 0$；

(2) 系统(2.2.2)被称为无脉冲，如果$\deg(\det(s\boldsymbol{E}-\boldsymbol{A}))=\mathrm{rank}\boldsymbol{E}$；

(3) 系统(2.2.2)被称为稳定的，如果$\det(s\boldsymbol{E}-\boldsymbol{A})=0$的所有特征根均具有负实部；

(4) 系统(2.2.2)被称为容许的，如果它是正则的、稳定的且无脉冲。

现在考虑如下的滤波器，以作为$z(t)$的估计值：

$$\begin{cases}\dot{\xi}(t)=\hat{\boldsymbol{A}}\boldsymbol{\xi}(t)+\hat{\boldsymbol{B}}\boldsymbol{y}(t),\\ \hat{z}(t)=\hat{\boldsymbol{C}}\boldsymbol{\xi}(t)+\hat{\boldsymbol{D}}\boldsymbol{y}(t),\end{cases}\tag{2.2.3}$$

其中，$\xi(t)\in\mathbf{R}^{\hat{n}}$，$\hat{z}(t)\in\mathbf{R}^q$且$\hat{n}\leqslant n$。$\hat{\boldsymbol{A}}\in\mathbf{R}^{\hat{n}\times\hat{n}}$，$\hat{\boldsymbol{B}}\in\mathbf{R}^{\hat{n}\times m}$，$\hat{\boldsymbol{C}}\in\mathbf{R}^{q\times\hat{n}}$和$\hat{\boldsymbol{D}}\in\mathbf{R}^{q\times m}$均是待定参数矩阵。

由系统(2.2.1)和滤波器(2.2.3)所组成的滤波误差动态系统可以描述为

$$\begin{cases}\tilde{\boldsymbol{E}}\dot{\boldsymbol{\eta}}(t)=\tilde{\boldsymbol{A}}\eta(t)+\tilde{\boldsymbol{B}}\boldsymbol{w}(t),\\ \tilde{z}(t)=\tilde{\boldsymbol{C}}\boldsymbol{\eta}(t),\end{cases}\tag{2.2.4}$$

其中，$\boldsymbol{\eta}(t)=[\boldsymbol{x}(t)^{\mathrm{T}}\boldsymbol{\xi}(t)^{\mathrm{T}}]^{\mathrm{T}}$，$\tilde{z}(t)=z(t)-\hat{z}(t)$，且

$$\tilde{\boldsymbol{E}}=\begin{bmatrix}\boldsymbol{E}&\boldsymbol{0}\\ \boldsymbol{0}&I\end{bmatrix},\ \tilde{\boldsymbol{A}}=\begin{bmatrix}\boldsymbol{A}&\boldsymbol{0}\\ \hat{\boldsymbol{B}}\boldsymbol{C}&\hat{\boldsymbol{A}}\end{bmatrix},\ \tilde{\boldsymbol{B}}=\begin{bmatrix}\boldsymbol{B}\\ \boldsymbol{0}\end{bmatrix},\ \tilde{\boldsymbol{C}}=[\boldsymbol{L}-\hat{\boldsymbol{D}}\boldsymbol{C}\ -\hat{\boldsymbol{C}}]。$$

降维H_∞滤波问题可以表述为：给定连续奇异系统(2.2.1)和一个H_∞范数界$\gamma>0$，需要求解出一个形式为(2.2.3)的滤波器满足下述条件：

(1) 所得到的形式为(2.2.4)的误差动态系统是容许的；

(2) 误差动态系统(2.2.4) 的传递函数 $\tilde{G}_{cf}(s)$ 满足 $\|\tilde{G}_{cf}(s)\|_\infty < \gamma$，其中，$\tilde{G}_{cf}(s) = \tilde{C}(s\tilde{E} - \tilde{A})^{-1}\tilde{B} + \tilde{D}$。

注 2.2.1　对于误差动态系统(2.2.4) 要求是容许的，就保证了奇异系统(2.2.1) 和滤波器(2.2.3) 也都是容许的。

引理 2.2.1[146]　给定矩阵 $\boldsymbol{E} \in \mathbf{R}^{m\times n}$，$\boldsymbol{F} \in \mathbf{R}^{n\times k}$，则

$$\operatorname{rank}(\boldsymbol{EF}) = \operatorname{rank}(\boldsymbol{F}) - \dim(\operatorname{Ker}(\boldsymbol{E}) \cap \operatorname{Im}(\boldsymbol{F}))。\tag{2.2.5}$$

引理 2.2.2[144]　连续奇异系统(2.2.1) 存在形式为(2.2.3) 的一个 $\hat{n}$ 维滤波器(2.2.3)，使得降维 H_∞ 滤波问题可解的充分必要条件是存在矩阵变量 $\boldsymbol{X} \geqslant 0$ 和 $\boldsymbol{Y}$ 满足

$$\begin{bmatrix} \boldsymbol{Y}^{\mathrm{T}}\boldsymbol{A} + \boldsymbol{A}^{\mathrm{T}}\boldsymbol{Y} & \boldsymbol{Y}^{\mathrm{T}}\boldsymbol{B} \\ \boldsymbol{B}^{\mathrm{T}}\boldsymbol{Y} & -\gamma\boldsymbol{I} \end{bmatrix} < 0, \tag{2.2.6}$$

$$\begin{bmatrix} \boldsymbol{N}[(\boldsymbol{XE}+\boldsymbol{Y})^{\mathrm{T}}\boldsymbol{A} + \boldsymbol{A}^{\mathrm{T}}(\boldsymbol{XE}+\boldsymbol{Y})]\boldsymbol{N}^{\mathrm{T}} & \boldsymbol{N}(\boldsymbol{XE}+\boldsymbol{Y})^{\mathrm{T}}\boldsymbol{B} & \boldsymbol{N}\boldsymbol{L}^{\mathrm{T}} \\ \boldsymbol{B}^{\mathrm{T}}(\boldsymbol{XE}+\boldsymbol{Y})\boldsymbol{N}^{\mathrm{T}} & -\gamma\boldsymbol{I} & \boldsymbol{0} \\ \boldsymbol{L}\boldsymbol{N}^{\mathrm{T}} & \boldsymbol{0} & -\gamma\boldsymbol{I} \end{bmatrix} < 0, \tag{2.2.7}$$

$$\boldsymbol{E}^{\mathrm{T}}\boldsymbol{Y} = \boldsymbol{Y}^{\mathrm{T}}\boldsymbol{E} \geqslant 0, \tag{2.2.8}$$

$$\operatorname{rank}\boldsymbol{X} \leqslant \hat{n}, \tag{2.2.9}$$

其中，$\boldsymbol{N} = (\boldsymbol{C}^{\mathrm{T}})^{\perp}$。

在上述滤波问题可解的情况下，对应于其中一个可行解 $(\boldsymbol{X}, \boldsymbol{Y})$ 的 $\hat{n}$ 维滤波器(2.2.3) 的各矩阵参数为

$$\begin{bmatrix} \hat{\boldsymbol{D}} & \hat{\boldsymbol{C}} \\ \hat{\boldsymbol{B}} & \hat{\boldsymbol{A}} \end{bmatrix} = [-\hat{\boldsymbol{W}}^{-1}\boldsymbol{\Psi}^{\mathrm{T}}\boldsymbol{\Lambda}\boldsymbol{\Phi}_r^{\mathrm{T}}(\boldsymbol{\Phi}_r\boldsymbol{\Lambda}\boldsymbol{\Phi}_r^{\mathrm{T}})^{-1} + \hat{\boldsymbol{W}}^{-1}\boldsymbol{\Xi}^{1/2}\boldsymbol{\Gamma}(\boldsymbol{\Phi}_r\boldsymbol{\Lambda}\boldsymbol{\Phi}_r^{\mathrm{T}})^{-1/2}]\boldsymbol{\Phi}_l^{+} + \boldsymbol{\Theta}\boldsymbol{\Phi}_r\boldsymbol{\Phi}_l^{+}, \tag{2.2.10}$$

其中，

$$\boldsymbol{\Xi} = \hat{\boldsymbol{W}} - \boldsymbol{\Psi}^{\mathrm{T}}[\boldsymbol{\Lambda} - \boldsymbol{\Lambda}\boldsymbol{\Phi}_r^{\mathrm{T}}(\boldsymbol{\Phi}_r\boldsymbol{\Lambda}\boldsymbol{\Phi}_r^{\mathrm{T}})^{-1}\boldsymbol{\Phi}_r\boldsymbol{\Lambda}]\boldsymbol{\Psi},\ \boldsymbol{\Lambda} = (\boldsymbol{\Psi}\hat{\boldsymbol{W}}^{-1}\boldsymbol{\Psi}^{\mathrm{T}} - \boldsymbol{\Omega})^{-1},$$

$$\boldsymbol{\Omega} = \begin{bmatrix} (\boldsymbol{XE}+\boldsymbol{Y})^{\mathrm{T}}\boldsymbol{A} + \boldsymbol{A}^{\mathrm{T}}(\boldsymbol{XE}+\boldsymbol{Y}) & \boldsymbol{A}^{\mathrm{T}}\boldsymbol{X}_{12} & (\boldsymbol{XE}+\boldsymbol{Y})^{\mathrm{T}}\boldsymbol{B} & \boldsymbol{L}^{\mathrm{T}} \\ * & \boldsymbol{0} & \boldsymbol{X}_{12}^{\mathrm{T}}\boldsymbol{B} & \boldsymbol{0} \\ * & * & -\gamma\boldsymbol{I} & \boldsymbol{0} \\ * & * & * & -\gamma\boldsymbol{I} \end{bmatrix},$$

$$\boldsymbol{\Psi} = \begin{bmatrix} \boldsymbol{0} & \boldsymbol{E}^{\mathrm{T}}\boldsymbol{X}_{12} \\ \boldsymbol{0} & \boldsymbol{X}_{22} \\ \boldsymbol{0} & \boldsymbol{0} \\ -\boldsymbol{I} & \boldsymbol{0} \end{bmatrix},\ \boldsymbol{\Phi} = \begin{bmatrix} \boldsymbol{C} & \boldsymbol{0} & \boldsymbol{0} & \boldsymbol{0} \\ \boldsymbol{0} & \boldsymbol{I} & \boldsymbol{0} & \boldsymbol{0} \end{bmatrix}。$$

$\boldsymbol{\Theta}$ 是具有适当维数的任意矩阵，$\boldsymbol{\Gamma}$ 是满足 $\sigma_{\max}(\boldsymbol{\Gamma}) < 1$ 的任意矩阵；$\boldsymbol{\Phi}_l$ 和 $\boldsymbol{\Phi}_r$ 是满秩矩阵，且 $\boldsymbol{\Phi} = \boldsymbol{\Phi}_l\boldsymbol{\Phi}_r$；而且 $\boldsymbol{X}_{12} \in \mathbf{R}^{n\times\hat{n}}$，$\boldsymbol{X}_{22} \in \mathbf{R}^{\hat{n}\times\hat{n}}$，$\boldsymbol{X}_{22} > 0$，$\hat{\boldsymbol{W}} > 0$ 满足 $\boldsymbol{X} = \boldsymbol{X}_{12}\boldsymbol{X}_{22}^{-1}\boldsymbol{X}_{12}^{\mathrm{T}} \geqslant 0$ 和 $\boldsymbol{\Lambda} > 0$。

2.2.2 降维 H_∞ 滤波器的设计

记$\boldsymbol{M}_L=\begin{bmatrix}\boldsymbol{N}\boldsymbol{A}^{\mathrm{T}}\\ \boldsymbol{B}^{\mathrm{T}}\\ \boldsymbol{0}\end{bmatrix}$，$\boldsymbol{N}_L=[\boldsymbol{E}\boldsymbol{N}^{\mathrm{T}}\quad \boldsymbol{0}\quad \boldsymbol{0}]$，$\boldsymbol{Q}_Y=\begin{bmatrix}\mathrm{Sym}\{\boldsymbol{N}\boldsymbol{A}^{\mathrm{T}},\ \boldsymbol{Y},\ \boldsymbol{N}^{\mathrm{T}}\} & \boldsymbol{N}\boldsymbol{Y}^{\mathrm{T}}\boldsymbol{B} & \boldsymbol{N}\boldsymbol{L}^{\mathrm{T}}\\ * & -\gamma\boldsymbol{I} & \boldsymbol{0}\\ * & * & -\gamma\boldsymbol{I}\end{bmatrix}$，

则线性矩阵不等式(2.2.7)可等价记为

$$L_M(\boldsymbol{X}):=\boldsymbol{M}_L\boldsymbol{X}\boldsymbol{N}_L+(\boldsymbol{M}_L\boldsymbol{X}\boldsymbol{N}_L)^{\mathrm{T}}+\boldsymbol{Q}_Y<0, \tag{2.2.11}$$

其中，将具体的 $\boldsymbol{Y}$ 代入 $\boldsymbol{Q}_Y$ 后，可以将 $\boldsymbol{Q}_Y$ 当作一个常矩阵来进行处理。

记

$$\boldsymbol{M}(\lambda):=-\lambda\boldsymbol{N}_L^{\mathrm{T}}+\boldsymbol{M}_L=\begin{bmatrix}-\lambda\boldsymbol{N}\boldsymbol{E}^{\mathrm{T}}\\ \boldsymbol{0}\\ \boldsymbol{0}\end{bmatrix}+\begin{bmatrix}\boldsymbol{N}\boldsymbol{A}^{\mathrm{T}}\\ \boldsymbol{B}^{\mathrm{T}}\\ \boldsymbol{0}\end{bmatrix},$$

注意到

$$\begin{bmatrix}\boldsymbol{C}^{\mathrm{T}} & \boldsymbol{0}\\ \boldsymbol{0} & \boldsymbol{0}\end{bmatrix}^{\perp}=\begin{bmatrix}\boldsymbol{N} & \boldsymbol{0}\\ \boldsymbol{0} & \boldsymbol{L}\end{bmatrix},$$

则

$$\mathrm{rank}\boldsymbol{M}(\lambda)=\mathrm{rank}\left\{\begin{bmatrix}\boldsymbol{N} & \boldsymbol{0}\\ \boldsymbol{0} & \boldsymbol{L}\end{bmatrix}\begin{bmatrix}-\lambda\boldsymbol{E}^{\mathrm{T}}+\boldsymbol{A}^{\mathrm{T}}\\ \boldsymbol{B}^{\mathrm{T}}\end{bmatrix}\right\}=\mathrm{rank}\left\{\begin{bmatrix}\boldsymbol{C}^{\mathrm{T}} & \boldsymbol{0}\\ \boldsymbol{0} & \boldsymbol{0}\end{bmatrix}^{\perp}\begin{bmatrix}-\lambda\boldsymbol{E}^{\mathrm{T}}+\boldsymbol{A}^{\mathrm{T}}\\ \boldsymbol{B}^{\mathrm{T}}\end{bmatrix}\right\}, \tag{2.2.12}$$

根据引理 2.2.1，有

$$\begin{aligned}&\mathrm{rank}\left\{\begin{bmatrix}\boldsymbol{C}^{\mathrm{T}} & \boldsymbol{0}\\ \boldsymbol{0} & \boldsymbol{0}\end{bmatrix}^{\perp}\begin{bmatrix}-\lambda\boldsymbol{E}^{\mathrm{T}}+\boldsymbol{A}^{\mathrm{T}}\\ \boldsymbol{B}^{\mathrm{T}}\end{bmatrix}\right\}\\
&=\mathrm{rank}\begin{bmatrix}-\lambda\boldsymbol{E}^{\mathrm{T}}+\boldsymbol{A}^{\mathrm{T}}\\ \boldsymbol{B}^{\mathrm{T}}\end{bmatrix}-\dim\left\{\mathrm{Im}\begin{bmatrix}\boldsymbol{C}^{\mathrm{T}} & \boldsymbol{0}\\ \boldsymbol{0} & \boldsymbol{0}\end{bmatrix}\cap\mathrm{Im}\begin{bmatrix}-\lambda\boldsymbol{E}^{\mathrm{T}}+\boldsymbol{A}^{\mathrm{T}}\\ \boldsymbol{B}^{\mathrm{T}}\end{bmatrix}\right\}\\
&=\mathrm{rank}\begin{bmatrix}-\lambda\boldsymbol{E}^{\mathrm{T}}+\boldsymbol{A}^{\mathrm{T}} & \boldsymbol{C}^{\mathrm{T}}\\ \boldsymbol{B}^{\mathrm{T}} & \boldsymbol{0}\end{bmatrix}-\mathrm{rank}\begin{bmatrix}\boldsymbol{C}^{\mathrm{T}}\\ \boldsymbol{0}\end{bmatrix}\\
&=\mathrm{rank}\begin{bmatrix}-\lambda^*\boldsymbol{E}+\boldsymbol{A} & \boldsymbol{B}\\ \boldsymbol{C} & \boldsymbol{0}\end{bmatrix}-\mathrm{rank}\boldsymbol{C},\end{aligned} \tag{2.2.13}$$

由上式可知：$\boldsymbol{M}(\lambda)$ 降维与否取决于矩阵$\begin{bmatrix}-\lambda^*\boldsymbol{E}+\boldsymbol{A} & \boldsymbol{B}\\ \boldsymbol{C} & \boldsymbol{0}\end{bmatrix}$是否降秩。假设 $\boldsymbol{\Lambda}$ 为能够使得矩阵$\begin{bmatrix}-\lambda^*\boldsymbol{E}+\boldsymbol{A} & \boldsymbol{B}\\ \boldsymbol{C} & \boldsymbol{0}\end{bmatrix}$降秩的 λ 的集合，而且满足 $\mathrm{Re}[\lambda]\geqslant 0$，易知线性矩阵不等式(2.2.7)等价于

$$L_M(\boldsymbol{X}):=\boldsymbol{M}\boldsymbol{X}\boldsymbol{N}_L+\boldsymbol{N}_L\boldsymbol{X}\boldsymbol{M}^*+2\mathrm{Re}[\lambda]\boldsymbol{N}_L^{\mathrm{T}}\boldsymbol{X}\boldsymbol{N}_L+\boldsymbol{Q}_Y<0。 \tag{2.2.14}$$

于是，不等式方程组(2.2.6)～(2.2.8)的可解性等价于方程组(2.2.6)、式(2.2.14)和式(2.2.8)的可解性。记

$$\boldsymbol{v}(\lambda)=\mathrm{rank}\boldsymbol{M}(\lambda), \tag{2.2.15}$$

显然

$$\nu(0)=\mathrm{rank}(\boldsymbol{M}_L),\ \nu(\infty)=\mathrm{rank}(\boldsymbol{N}_L)。\tag{2.2.16}$$

对矩阵 $\boldsymbol{M}(\lambda)$ 进行奇异值分解(SVD)：$\boldsymbol{M}=\boldsymbol{U}\begin{bmatrix}\boldsymbol{\Sigma} & \boldsymbol{0}\\ \boldsymbol{0} & \boldsymbol{0}\end{bmatrix}\boldsymbol{V}^*$，其中，$\boldsymbol{\Sigma}\in\mathbf{R}^{\nu\times\nu}$ 是对角正定矩阵，$\boldsymbol{U}$ 和 $\boldsymbol{V}$ 均是正交矩阵。定义

$$\boldsymbol{Z}_k=\begin{bmatrix}\boldsymbol{Z}_{11}(k) & \boldsymbol{Z}_{12}(k)\\ \boldsymbol{Z}_{12}^*(k) & \boldsymbol{Z}_{22}(k)\end{bmatrix}:=\boldsymbol{V}^*\boldsymbol{X}_k\boldsymbol{V},\tag{2.2.17}$$

$$\boldsymbol{\Phi}_{k+1}:=\boldsymbol{X}_k-\boldsymbol{V}\begin{bmatrix}\boldsymbol{0} & \boldsymbol{0}\\ \boldsymbol{0} & \boldsymbol{\Xi}_k\end{bmatrix}\boldsymbol{V}^*,\tag{2.2.18}$$

$$\boldsymbol{X}_{k+1}:=\mathrm{Re}[\boldsymbol{\Phi}_{k+1}],\tag{2.2.19}$$

其中，$\boldsymbol{Z}_{11}(k)\in\boldsymbol{C}^{\nu\times\nu}$，$\boldsymbol{Z}_{22}(k)\in\boldsymbol{C}^{(n-\nu)\times(n-\nu)}$，$\boldsymbol{\Xi}_k=\boldsymbol{Z}_{22}(k)-\boldsymbol{Z}_{12}^*(k)\boldsymbol{Z}_{11}^+(k)\boldsymbol{Z}_{12}(k)$。

引理 2.2.3　假设$(\boldsymbol{X}_0,\ \boldsymbol{Y}_0)$是不等式方程组(2.2.6) ~ (2.2.8)的一个可行解，对任何给定的 $\mathrm{Re}[\lambda]\geqslant 0$，考虑式(2.2.17) ~ 式(2.2.19)中所定义的$\{\boldsymbol{X}_k\}_{k=0}^{\infty}$和$\{\boldsymbol{\Phi}_k\}_{k=1}^{\infty}$：

(1) 当 $k\geqslant 1$ 时，下列关系式成立：

$$\boldsymbol{X}_{k-1}\geqslant\boldsymbol{X}_k>0,\ \mathrm{rank}(\boldsymbol{\Phi}_k)\geqslant\nu(\lambda),\ \boldsymbol{L}_M(\boldsymbol{X}_{k-1})\geqslant\boldsymbol{L}_M(\boldsymbol{X}_k),$$

且$(\boldsymbol{X}_k,\ \boldsymbol{Y}_0)$是不等式方程组(2.2.6) ~ (2.2.8)的一个可行解；

(2) 序列$\{\boldsymbol{X}_k\}_{k=0}^{\infty}$和$\{\boldsymbol{\Phi}_k\}_{k=1}^{\infty}$均收敛到矩阵 $\boldsymbol{X}_f$，而且满足：$\boldsymbol{L}_M(\boldsymbol{X}_0)\geqslant\boldsymbol{L}_M(\boldsymbol{X}_f)$，$(\boldsymbol{X}_f,\ \boldsymbol{Y}_0)$是不等式方程组(2.2.6) ~ (2.2.8)的一个可行解，$\mathrm{rank}(\boldsymbol{X}_f)\leqslant\boldsymbol{\nu}(\lambda)$。

证明　引理 2.2.3 的证明可参见文献[147]和[148]，具体的证明过程是类似的。

定理 2.2.1　对于连续奇异系统(2.2.1)，如果不等式方程组(2.2.6) ~ (2.2.8)是可解的，则存在降维 H_∞ 滤波器，并且它的维数 $\hat{n}$ 满足

$$\hat{n}\leqslant n_f=\min_{\lambda\in\Lambda\cup\{\infty\}}\{\boldsymbol{\nu}(\lambda)\}。\tag{2.2.20}$$

证明　因为已知不等式方程组(2.2.6) ~ (2.2.8)是可解的，不妨设$(\boldsymbol{X}_0,\ \boldsymbol{Y}_0)$是它其中的一个可行解。又 $\lambda\in\Lambda\cup\{\infty\}$ 均满足 $\mathrm{Re}[\lambda]\geqslant 0$，则根据引理 2.2.3 可知存在 $\boldsymbol{X}_f$ 满足：$(\boldsymbol{X}_f,\ \boldsymbol{Y}_0)$是不等式方程组(2.2.6) ~ (2.2.8)的可行解，且 $\mathrm{rank}(\boldsymbol{X}_f)\leqslant\boldsymbol{\nu}(\lambda)$。其中 $\boldsymbol{X}_f$ 是序列$\{\boldsymbol{X}_k\}_{k=0}^{\infty}$的极限。而且如果 λ 是非负实数，则对 $\forall k\geqslant 1$，均有 $\boldsymbol{X}_f=\boldsymbol{X}_k=\boldsymbol{\Phi}_k$ 满足上式。当 $\lambda=\infty$ 时，也是类似于 λ 是非负实数时的情形。则定理得证。

所以，当 λ_0 为实数或 $\lambda_0=\infty$ 时，只需 $k=1$ 就能由$(\boldsymbol{X}_0,\ \boldsymbol{Y}_0)$得到$(\boldsymbol{X}_f,\ \boldsymbol{Y}_0)$。但是，当 λ_0 为复数时，有可能会使得 k 趋近于 ∞。因此，针对此情形，提出下列引理。

引理 2.2.4　设$(\boldsymbol{X},\ \boldsymbol{Y}_0)$是不等式方程组(2.2.6) ~ (2.2.8)的可行解，取常数 $\varepsilon_B>0$ 满足

$$L_M(\boldsymbol{X})+\varepsilon_B\leqslant 0。\tag{2.2.21}$$

将 $\boldsymbol{X}$ 奇异值分解为

$$\boldsymbol{X}=\boldsymbol{T}\mathrm{diag}(\lambda_1,\ \cdots,\ \lambda_l,\ \lambda_{l+1},\ \cdots,\ \lambda_n)\boldsymbol{T}^{\mathrm{T}},\tag{2.2.22}$$

其中，$\boldsymbol{T}$ 是正交矩阵，且 λ_i 是按照降序排列的。

对于 $\varepsilon_r>0$，如果满足：$\varepsilon_r\geqslant\lambda_{l+1}\geqslant\cdots\geqslant\lambda_n$ 和

$$\varepsilon_r < \frac{2\varepsilon_B}{\| \boldsymbol{M}_L + \boldsymbol{N}_L^{\mathrm{T}} \|^2}, \tag{2.2.23}$$

这里 ‖ · ‖ 代表谱范数，则

$$\boldsymbol{X} = \boldsymbol{T}\mathrm{diag}(\lambda_1, \cdots, \lambda_l, 0, \cdots, 0)\boldsymbol{T}^{\mathrm{T}}, \tag{2.2.24}$$

$(\hat{\boldsymbol{X}}, \boldsymbol{Y}_0)$ 也是不等式方程组(2.2.6) ~ (2.2.8) 的可行解，且满足 $\mathrm{rank}\hat{\boldsymbol{X}} = l$。

证明　引理 2.2.4 的证明可参见文献[147]，具体的证明思路是类似的。

根据上述几个引理和定理的证明过程，可以得到以下降维 H_∞ 滤波器的设计：

(1) 如果不等式方程组(2.2.6) ~ (2.2.8) 是可解的，则求出一个可行解(X_0, Y_0)，然后进入下一个步骤。否则，降维 H_∞ 滤波问题是不可解的，停止。

(2) 确定集合 Λ，假设当 $\lambda = \lambda_0$ 时，式(2.2.20) 取得它的最优值。取 $\lambda = \lambda_0$，置 $k = 1$。

(3) 如果 λ_0 是非负实数或 $\lambda_0 = \infty$，则只需要迭代一步即可。根据式(2.2.17) ~ 式(2.2.19) 计算出 $\boldsymbol{X}_1$，取 $\boldsymbol{X}_f = \boldsymbol{X}_1$，跳到 (7)。

(4) 取 $\boldsymbol{X} = \boldsymbol{X}_0$，则存在 $\varepsilon_B > 0$ 满足式(2.2.21)。同样可以找到 $\varepsilon_r > 0$，满足式(2.2.23)。

(5) 根据式(2.2.17) ~ 式(2.2.19) 计算出$\boldsymbol{X}_k$。如果$\mathrm{rank}(\boldsymbol{X}_k, \varepsilon_r) \leqslant n_f$满足，则跳到(6)。否则，$k = k + 1$，重复步骤(5)。

(6) 根据引理 2.2.4，利用$(\boldsymbol{X}_k, \boldsymbol{Y}_0)$ 计算出 $\boldsymbol{X}_k$，取 $\boldsymbol{X}_f = \boldsymbol{X}_k$。

(7) 使用所得到的$(\boldsymbol{X}_f, \boldsymbol{Y}_0)$，代入式(2.2.10) 就可以得到$n_f$维的$H_\infty$ 滤波器，实现了连续奇异系统的 H_∞ 滤波器的降维。

注 2.2.2　步骤(5) 中使用了 MATLAB 中的函数 rank($\boldsymbol{P}$, tol)，该函数返回的是矩阵 $\boldsymbol{P}$ 的大于 tol 的奇异值的个数。

对于矩阵不等式方程组(2.2.6) ~ (2.2.8)，不能够使用 MATLAB 中的 LMI 工具箱来直接求解，必须对它进行一定的数学变换才能够使用工具箱方便地进行求解。根据文献[149] 的思路，不失一般性，假设

$$\boldsymbol{E} = \begin{bmatrix} \boldsymbol{\Sigma} & \boldsymbol{0} \\ \boldsymbol{0} & \boldsymbol{0} \end{bmatrix}, \tag{2.2.25}$$

其中，$\boldsymbol{\Sigma} \in \mathbf{R}^{r\times r}$，$\boldsymbol{\Sigma} = \boldsymbol{\Sigma}^{\mathrm{T}} > 0$。下列矩阵均是按照 $\boldsymbol{E}$ 中相应的维数进行分块的，令 $\boldsymbol{Y} = \begin{bmatrix} \boldsymbol{Y}_{11} & \boldsymbol{Y}_{12} \\ \boldsymbol{Y}_{21} & \boldsymbol{Y}_{22} \end{bmatrix}$，然后将$\boldsymbol{Y}$代入式(2.2.8) 可得：$\boldsymbol{Y}_{12} = 0$，且 $\boldsymbol{\Sigma}\boldsymbol{Y}_{11} = \boldsymbol{Y}_{11}^{\mathrm{T}}\boldsymbol{\Sigma} \geqslant 0$。则亦可以记$\boldsymbol{Y} = \begin{bmatrix} \boldsymbol{Y}_{11} & \boldsymbol{0} \\ & \boldsymbol{Y}_r \end{bmatrix}$。令 $\boldsymbol{P}_Y = \boldsymbol{\Sigma}\boldsymbol{Y}_{11}$，则$\boldsymbol{Y}_{11} = \boldsymbol{\Sigma}^{-1}\boldsymbol{P}_Y$。记 $\boldsymbol{A}^{\mathrm{T}} = \begin{bmatrix} \boldsymbol{A}_{11}^{\mathrm{T}} & \boldsymbol{A}_{21}^{\mathrm{T}} \\ \boldsymbol{A}_{12}^{\mathrm{T}} & \boldsymbol{A}_{22}^{\mathrm{T}} \end{bmatrix}$，$B = \begin{bmatrix} \boldsymbol{B}_1 \\ \boldsymbol{B}_2 \end{bmatrix}$。

现在以 $\boldsymbol{X}$，$\boldsymbol{P}_Y$ 和 $\boldsymbol{Y}_r$ 为未知的矩阵变量，将它们代入式(2.2.6) ~ 式(2.2.8)，则式(2.2.6) 可以等价表述为

$$\begin{bmatrix} \mathrm{Sym}\left\{\begin{bmatrix} \boldsymbol{A}_{11}^{\mathrm{T}} \\ \boldsymbol{A}_{12}^{\mathrm{T}} \end{bmatrix}\boldsymbol{\Sigma}^{-1}, \boldsymbol{P}_Y, [\boldsymbol{I} \quad \boldsymbol{0}]\right\} + \mathrm{Sym}\left\{\begin{bmatrix} \boldsymbol{A}_{21}^{\mathrm{T}} \\ \boldsymbol{A}_{22}^{\mathrm{T}} \end{bmatrix}, \boldsymbol{Y}_r, \boldsymbol{I}\right\} & * \\ \boldsymbol{B}_1^{\mathrm{T}}\boldsymbol{\Sigma}^{-1}\boldsymbol{P}_Y[\boldsymbol{I} \quad \boldsymbol{0}] + \boldsymbol{B}_2^{\mathrm{T}}\boldsymbol{Y}_r & -\gamma\boldsymbol{I} \end{bmatrix} < 0, \tag{2.2.26}$$

式(2.2.7) 可以等价表述为

$$
\begin{bmatrix} \mathrm{Sym}\{\boldsymbol{N}\boldsymbol{A}^{\mathrm{T}},\ \boldsymbol{X},\ \boldsymbol{E}\boldsymbol{N}^{\mathrm{T}}\} & \boldsymbol{N}\boldsymbol{E}^{\mathrm{T}}\boldsymbol{X}\boldsymbol{B} & \boldsymbol{0} \\ \boldsymbol{B}^{\mathrm{T}}\boldsymbol{X}\boldsymbol{E}\,\boldsymbol{N}^{\mathrm{T}} & \boldsymbol{0} & \boldsymbol{0} \\ \boldsymbol{0} & \boldsymbol{0} & \boldsymbol{0} \end{bmatrix} +
$$

$$
\begin{bmatrix} \mathrm{Sym}\left\{\boldsymbol{N}\begin{bmatrix}\boldsymbol{A}_{11}^{\mathrm{T}} \\ \boldsymbol{A}_{12}^{\mathrm{T}}\end{bmatrix}\boldsymbol{\Sigma}^{-1},\ \boldsymbol{P}_Y,\ [\boldsymbol{I}\quad \boldsymbol{0}]\,\boldsymbol{N}^{\mathrm{T}}\right\} + \mathrm{Sym}\left\{\boldsymbol{N}\begin{bmatrix}\boldsymbol{A}_{21}^{\mathrm{T}} \\ \boldsymbol{A}_{22}^{\mathrm{T}}\end{bmatrix},\ \boldsymbol{Y}_r,\ \boldsymbol{N}^{\mathrm{T}}\right\} & * & * \\ \boldsymbol{B}_1^{\mathrm{T}}\boldsymbol{\Sigma}^{-1}\boldsymbol{P}_Y[\boldsymbol{I}\quad \boldsymbol{0}]\,\boldsymbol{N}^{\mathrm{T}} + \boldsymbol{B}_2^{\mathrm{T}}\boldsymbol{Y}_r\boldsymbol{N}^{\mathrm{T}} & -\gamma\boldsymbol{I} & * \\ \boldsymbol{L}\,\boldsymbol{N}^{\mathrm{T}} & \boldsymbol{0} & -\gamma\boldsymbol{I} \end{bmatrix} < 0。 \tag{2.2.27}
$$

式(2.2.8) 也可以等价表述为

$$
\boldsymbol{P}_Y \geqslant 0。 \tag{2.2.28}
$$

注 2.2.3　上述式子中，$*$ 表示对称矩阵中对称位置元素的转置。如果 $\boldsymbol{E}$ 的形式不为式(2.2.25) 所示，则可以使用奇异值分解的方法，再做适当的代数变化即可，故对 $\boldsymbol{E}$ 的假设并不失一般性。综上所述，有如下结论。

定理 2.2.2[150]　下列的表述(1) 和表述(2) 是相互等价的：

(1) 不等式方程组(2.2.6) ~ (2.2.8) 有一个可行解($\boldsymbol{X}$, $\boldsymbol{Y}$)；

(2) 以 $\boldsymbol{X}$, $\boldsymbol{P}_Y$ 和 $\boldsymbol{Y}_r$ 为未知的矩阵变量，线性矩阵不等式方程组(2.2.26) ~ (2.2.28) 的可解性。

注 2.2.4　如果线性矩阵不等式方程组(2.2.26) ~ (2.2.28) 是可解的，则不等式方程组(2.2.6) ~ (2.2.8) 的一个可行解可以表述为

$$
\boldsymbol{X}_{:} = \boldsymbol{X},\ \boldsymbol{Y}_{:} = \begin{bmatrix} \boldsymbol{\Sigma}^{-1}\boldsymbol{P}_Y & \boldsymbol{0} \\ & \boldsymbol{Y}_r \end{bmatrix}。 \tag{2.2.29}
$$

对于表述(2)，我们可以使用 LMI 工具箱很方便地求解出结果，并最终可以得到不等式方程组(2.2.6) ~ (2.2.8) 的一个可行解($\boldsymbol{X}$, $\boldsymbol{Y}$)。

2.2.3　算例

考虑具有如下参数的连续奇异系统

$$
\boldsymbol{E} = \begin{bmatrix} 2 & 0 & 0.5 & 0 & 0 \\ 0 & 1 & 1.7 & 0 & 0 \\ 1 & 0 & -1 & 0 & 0 \\ 2 & 1 & 0 & 0 & 0 \\ -0.5 & 1.5 & 0 & 0 & 0 \end{bmatrix},\ \boldsymbol{A} = \begin{bmatrix} -4 & 0 & -2 & 1 & 1 \\ 0 & -3.5 & -6.8 & 1 & 2 \\ -2 & 0 & 4 & 0.5 & 1 \\ -4 & -3.5 & 0 & 0.5 & 1.5 \\ 1 & -5.25 & 0 & 0.5 & 1 \end{bmatrix},
$$

$$
\boldsymbol{B} = \begin{bmatrix} 0.5 & 1.5 \\ 1.2 & 2 \\ 0.35 & 1.35 \\ 1.25 & 2.5 \\ 1 & 1.05 \end{bmatrix},\ \boldsymbol{C} = [1\quad 0\quad 0\quad 0\quad -1],\ \boldsymbol{L} = [1\quad 0.4\quad 0\quad -0.5\quad 0],
$$

易知$(\boldsymbol{E},\ \boldsymbol{A})$是容许的。取$\gamma = 0.3$，根据定理2.2.2可以得到不等式方程组(2.2.6) ~ (2.2.8)的一个可行解如下：

$$\boldsymbol{X}_0 = \begin{bmatrix} 3.1500 & -1.0441 & -0.3979 & -1.7863 & 1.8027 \\ -1.0441 & 1.6907 & 2.0220 & -0.5956 & -0.9530 \\ -0.3979 & 2.0220 & 3.5111 & -1.7550 & -0.4154 \\ -1.7863 & -0.5956 & -1.7550 & 2.7101 & -1.2300 \\ 1.8027 & -0.9530 & -0.4154 & -1.2300 & 1.9141 \end{bmatrix},$$

$$\boldsymbol{Y}_0 = \begin{bmatrix} 1.4918 & 0.5614 & -0.0209 & -3.1779 & -0.7677 \\ -0.7098 & -0.4209 & 0.1389 & 0.4129 & -0.0820 \\ -0.4708 & -0.4537 & -0.2738 & -0.8871 & -0.5233 \\ -0.4716 & -0.1351 & 0.1224 & 3.0451 & 0.8940 \\ 0.8043 & 0.7479 & -0.1616 & -2.3053 & -0.5414 \end{bmatrix}。$$

这里，$\mathrm{rank}\boldsymbol{X}_0 = 5$，且$\mathrm{rank}\boldsymbol{N}_L = 3 < n$，$\mathrm{rank}\boldsymbol{M}_L = 5 = n$。

根据定理2.2.1，可以得到的降维 H_∞ 滤波器的维数 $\hat{n}$ 为 $\hat{n} \leqslant n_f = \min\limits_{\lambda \in \Lambda \cup \{\infty\}} \{\nu(\lambda)\} = \nu(\infty) = 3$，即当$\lambda = \infty$时，$\nu(\lambda)$取到其最小值3。使用上述降维 H_∞ 滤波器的设计算法，可以得到

$$\boldsymbol{X}_f = \boldsymbol{X}_1 = \begin{bmatrix} 0.5933 & -0.2564 & -0.3372 & 0.2666 & -0.0910 \\ -0.2564 & 0.3974 & 0.2173 & -0.3126 & -0.2795 \\ -0.3372 & 0.2173 & 0.4734 & -0.2474 & -0.2174 \\ 0.2666 & -0.3126 & -0.2474 & 0.2639 & 0.2121 \\ -0.0910 & -0.2795 & -0.2174 & 0.2121 & 0.5045 \end{bmatrix},$$

且$\mathrm{rank}(\boldsymbol{X}_f) = 3 < n$。可知$(\boldsymbol{X}_f,\ \boldsymbol{Y}_0)$也是不等式方程组(2.2.6) ~ (2.2.8)的一个可行解，将它代入式(2.2.10)，由此得到一个3维 H_∞ 滤波器方程为

$$\dot{\boldsymbol{\xi}}(t) = \begin{bmatrix} -6.5189 & 1.8467 & 4.7027 \\ 0.9990 & -5.4273 & 1.7227 \\ 0.8289 & 0.4936 & -8.9167 \end{bmatrix} \boldsymbol{\xi}(t) + \begin{bmatrix} 1.0396 \\ 0.2389 \\ 0.2244 \end{bmatrix} \boldsymbol{y}(t),$$

$$\hat{z}(t) = [0.6588 \quad 0.0486 \quad -0.0593]\, \boldsymbol{\xi}(t) - 0.1265\boldsymbol{y}(t)。$$

上述 H_∞ 滤波器的维数低于连续奇异系统的维数5，这就实现了降维设计的目的。

2.2.4　小结

本节使用显式构造的方法实现连续奇异系统 H_∞ 滤波器的降维，提出了降维 H_∞ 滤波器维数的一个新的上界，并给出了相应的降维算法。降维滤波器问题的可解性的充要条件是矩阵不等式和非凸秩约束所组成的方程组的可解性。对于该矩阵不等式方程组，不能够使用 MATLAB 中的 LMI 工具箱来直接求解，书中将它等价变换到一个新的线性矩阵不等式方程组，这样就可以使用工具箱方便地求解出对应的可行解。最后的例子说明了该降维算法是简单有效的。

2.3　中立系统的 H_∞ 滤波器

在实际的工业生产过程中，系统的精确模型是不易获得的，各种各样的不确定性普遍存在于系统之中，给系统的稳定性造成了一定的影响。本节针对一类同时具有外界扰动和范数有界不确定的状态时滞的时滞中立系统，研究了其鲁棒 H_∞ 滤波问题。利用 Lyapunov 第二方法，通过构造合适的 Lyapunov 函数，给出以线性矩阵不等式表示的滤波器存在的充分条件，最后举例说明了算法的可行性，同时仿真波形也表明了滤波器的有效性。

2.3.1　问题描述

考虑如下形式的时滞中立系统：

$$\begin{cases}\dot{\boldsymbol{x}}(t)-\boldsymbol{C}\dot{\boldsymbol{x}}(t-d)=(\boldsymbol{A}_0+\Delta\boldsymbol{A}_0(t))\boldsymbol{x}(t)+\boldsymbol{A}_1\boldsymbol{x}(t-h)+\boldsymbol{D}\boldsymbol{w}(t),\\ \boldsymbol{y}(t)=(\boldsymbol{B}_0+\Delta\boldsymbol{B}_0(t))\boldsymbol{x}(t)+\boldsymbol{B}_1\boldsymbol{x}(t-h)+\boldsymbol{D}_1\boldsymbol{w}(t),\\ \boldsymbol{z}(t)=\boldsymbol{L}_0\boldsymbol{x}(t),\end{cases}\tag{2.3.1}$$

式中，$\boldsymbol{x}\in\mathbf{R}^n$ 为状态向量；$\boldsymbol{y}\in\mathbf{R}^m$ 为测量输出；$\boldsymbol{w}(t)\in\mathbf{R}^p$ 为扰动输入，且 $\boldsymbol{w}(t)\in L_2[0,\infty)$；$z(t)\in\mathbf{R}^q$ 为待估计信号；d 和 h 为定常时滞；$\boldsymbol{A}_0$、$\boldsymbol{A}_1$、$\boldsymbol{C}$、$\boldsymbol{D}$、$\boldsymbol{D}_1$、$\boldsymbol{B}_0$、$\boldsymbol{B}_1$、$\boldsymbol{L}_0$ 为恰当维数的已知常矩阵。$\Delta\boldsymbol{A}_0(t)$、$\Delta\boldsymbol{B}_0(t)$ 具备：

$$[\Delta\boldsymbol{A}_0(t)\quad\Delta\boldsymbol{B}_0(t)]=[\boldsymbol{M}_1\quad\boldsymbol{M}_2]\boldsymbol{F}(t)\boldsymbol{N}。\tag{2.3.2}$$

式中，$\boldsymbol{M}_1$，$\boldsymbol{M}_2$ 和 $\boldsymbol{N}$ 为恰当维数的常矩阵；$\boldsymbol{F}(t)$ 具有不确定性，且满足$\boldsymbol{F}^{\mathrm{T}}(t)\boldsymbol{F}(t)\leqslant\boldsymbol{I}$。

考虑如下形式的滤波器：

$$\begin{cases}\dot{\hat{\boldsymbol{x}}}(t)-\boldsymbol{C}\dot{\hat{\boldsymbol{x}}}(t-d)=\boldsymbol{A}_0\hat{\boldsymbol{x}}(t)+\boldsymbol{A}_1\hat{\boldsymbol{x}}(t-d)+\boldsymbol{K}[\boldsymbol{y}(t)-\boldsymbol{B}_0\hat{\boldsymbol{x}}(t)-\boldsymbol{B}_1\hat{\boldsymbol{x}}(t-h)],\\ \hat{z}(t)=\boldsymbol{L}_0\hat{\boldsymbol{x}}(t),\end{cases}\tag{2.3.3}$$

式中，$\hat{\boldsymbol{x}}(t)\in\mathbf{R}^n$；$\hat{z}(t)\in\mathbf{R}^q$；$\boldsymbol{K}$ 为待定系数矩阵。

定义 $\boldsymbol{x}_e(t)=\boldsymbol{x}(t)-\hat{\boldsymbol{x}}(t)$，由式(2.3.1) 和式(2.3.3) 构成的滤波误差动态系统为：

$$\begin{cases}\dot{\boldsymbol{\eta}}(t)-\tilde{\boldsymbol{C}}\dot{\boldsymbol{\eta}}(t-d)=\tilde{\boldsymbol{A}}_0(t)\boldsymbol{\eta}(t)+\tilde{\boldsymbol{A}}_1\eta(t-h)+\tilde{\boldsymbol{D}}\boldsymbol{w}(t),\\ \tilde{z}(t)=\tilde{\boldsymbol{L}}\boldsymbol{\eta}(t),\end{cases}\tag{2.3.4}$$

式中，

$$\boldsymbol{\eta}(t)=\begin{bmatrix}\boldsymbol{x}(t)\\ \boldsymbol{x}_e(t)\end{bmatrix},\tag{2.3.5a}$$

$$\tilde{z}=z(t)-\hat{z}(t),\tag{2.3.5b}$$

$$\tilde{\boldsymbol{A}}_0(t)=\tilde{\boldsymbol{A}}_0+\Delta\tilde{\boldsymbol{A}}_0(t),\tag{2.3.5c}$$

$$\Delta\tilde{\boldsymbol{A}}_0(t)=\begin{bmatrix}\Delta\boldsymbol{A}_0(t) & \boldsymbol{0}\\ \Delta\boldsymbol{A}_0(t)-\boldsymbol{K}\Delta\boldsymbol{B}_0(t) & \boldsymbol{0}\end{bmatrix},\tag{2.3.5d}$$

$$\tilde{\boldsymbol{A}}_0=\mathrm{diag}\{\boldsymbol{A}_0,\ \boldsymbol{A}_0-\boldsymbol{K}\boldsymbol{B}_0\},\tag{2.3.5e}$$

$$\tilde{\boldsymbol{A}}_1=\mathrm{diag}\{\boldsymbol{A}_1,\ \boldsymbol{A}_1-\boldsymbol{K}\boldsymbol{B}_1\},\tag{2.3.5f}$$

$$\tilde{\boldsymbol{C}}=\mathrm{diag}\{\boldsymbol{C},\ \boldsymbol{C}\},\tag{2.3.5g}$$

$$\tilde{\boldsymbol{D}}=\begin{bmatrix}\boldsymbol{D}\\ \boldsymbol{D}-\boldsymbol{K}\boldsymbol{D}_1\end{bmatrix},\tag{2.3.5h}$$

$$\tilde{\boldsymbol{L}}=[\boldsymbol{0}\quad \boldsymbol{L}_0]。\tag{2.3.5i}$$

为便于定理的证明，首先引入以下引理。

引理 2.3.1　给定适当维数的矩阵 $\boldsymbol{Y}$、$\boldsymbol{D}$ 和 $\boldsymbol{E}$、$\boldsymbol{Y}$ 是对称的，如果 $\boldsymbol{Y}+\boldsymbol{D}\boldsymbol{F}\boldsymbol{E}+\boldsymbol{E}^{\mathrm{T}}\boldsymbol{F}^{\mathrm{T}}\boldsymbol{D}^{\mathrm{T}}<0$，对于所有满足 $\boldsymbol{F}^{\mathrm{T}}(t)\boldsymbol{F}(t)\leqslant\boldsymbol{I}$ 的矩阵成立，当且仅当存在一个常数 $\varepsilon>0$，使得 $\boldsymbol{Y}+\varepsilon\boldsymbol{D}\boldsymbol{D}^{\mathrm{T}}+\varepsilon^{-1}\boldsymbol{E}^{\mathrm{T}}\boldsymbol{E}<0$。

2.3.2　确定性系统滤波器设计

忽略不确定性时，滤波误差系统(2.3.4) 为

$$\begin{cases}\dot{\boldsymbol{\eta}}(t)-\tilde{\boldsymbol{C}}\dot{\boldsymbol{\eta}}(t-d)=\tilde{\boldsymbol{A}}_0\boldsymbol{\eta}(t)+\tilde{\boldsymbol{A}}_1\eta(t-h)+\tilde{\boldsymbol{D}}\boldsymbol{w}(t),\\ \tilde{z}(t)=\tilde{\boldsymbol{L}}\boldsymbol{\eta}(t)。\end{cases}\tag{2.3.6}$$

定理 2.3.1　对于给定常数 $\gamma>0$，如果存在正定的对称矩阵 $\boldsymbol{P}_1>0$，$\boldsymbol{P}_2>0$，$\boldsymbol{W}_1>0$，$\boldsymbol{W}_2>0$，$\boldsymbol{Z}_1>0$，$\boldsymbol{Z}_2>0$，使得如下线性矩阵不等式(2.3.7) 成立：

$$\begin{bmatrix}\boldsymbol{Y}_{11} & \boldsymbol{Y}_{12} & \boldsymbol{Y}_{13} & \boldsymbol{Y}_{14} & \boldsymbol{Y}_{15} & \boldsymbol{0}\\ * & \boldsymbol{Y}_{22} & \boldsymbol{0} & \boldsymbol{0} & \boldsymbol{0} & \boldsymbol{Y}_{26}\\ * & * & \boldsymbol{Y}_{33} & \boldsymbol{0} & \boldsymbol{0} & \boldsymbol{0}\\ * & * & * & \boldsymbol{Y}_{44} & \boldsymbol{0} & \boldsymbol{0}\\ * & * & * & * & \boldsymbol{Y}_{55} & \boldsymbol{0}\\ * & * & * & * & * & \boldsymbol{Y}_{66}\end{bmatrix}<0,\tag{2.3.7}$$

式中，

$$\boldsymbol{Y}_{11}=\mathrm{diag}\{\boldsymbol{P}_1\boldsymbol{A}_0+\boldsymbol{A}_0^{\mathrm{T}}\boldsymbol{P}_1+\boldsymbol{W}_1+\boldsymbol{Z}_1,\ \boldsymbol{P}_2\boldsymbol{A}_0-\boldsymbol{Y}\boldsymbol{B}_0+\boldsymbol{A}_0^{\mathrm{T}}\boldsymbol{P}_2-\boldsymbol{B}_0^{\mathrm{T}}\boldsymbol{Y}^{\mathrm{T}}+\boldsymbol{W}_2+\boldsymbol{Z}_2\},$$

$$\boldsymbol{Y}_{12}=\mathrm{diag}\{(\boldsymbol{P}_1\boldsymbol{A}_0+\boldsymbol{W}_1+\boldsymbol{Z}_1)\boldsymbol{C},\ (\boldsymbol{L}_0^{\mathrm{T}}\boldsymbol{L}_0+\boldsymbol{P}_2\boldsymbol{A}_0-\boldsymbol{Y}\boldsymbol{B}_0+\boldsymbol{W}_2+\boldsymbol{Z}_2)\boldsymbol{C}\},$$

$$\boldsymbol{Y}_{13}=\mathrm{diag}\{\boldsymbol{P}_2\boldsymbol{A}_1,\ \boldsymbol{P}_2\boldsymbol{A}_1-\boldsymbol{Y}\boldsymbol{B}_1\},\ \boldsymbol{Y}_{14}=\begin{bmatrix}\boldsymbol{P}_1\boldsymbol{D} & \boldsymbol{0}\\ \boldsymbol{P}_2\boldsymbol{D}-\boldsymbol{Y}\boldsymbol{D}_1 & \boldsymbol{0}\end{bmatrix},\ \boldsymbol{Y}_{15}=\begin{bmatrix}\boldsymbol{0} & \boldsymbol{0}\\ \boldsymbol{L}_0^{\mathrm{T}} & \boldsymbol{0}\end{bmatrix},$$

$$\boldsymbol{Y}_{26}=\begin{bmatrix}\boldsymbol{0} & \boldsymbol{0}\\ \boldsymbol{C}^{\mathrm{T}}\boldsymbol{L}_0^{\mathrm{T}} & \boldsymbol{0}\end{bmatrix},\ \boldsymbol{Y}_{22}=\mathrm{diag}\{\boldsymbol{C}^{\mathrm{T}}(\boldsymbol{W}_1+\boldsymbol{Z}_1)\boldsymbol{C}-\boldsymbol{W}_1,\ \boldsymbol{C}^{\mathrm{T}}(\boldsymbol{W}_2+\boldsymbol{Z}_2)\boldsymbol{C}-\boldsymbol{W}_2\},$$

$\boldsymbol{Y}_{33}=\mathrm{diag}\{-\boldsymbol{Z}_1,\ -\boldsymbol{Z}_2\},\quad \boldsymbol{Y}_{55}=\boldsymbol{Y}_{66}=-\boldsymbol{I}$,

则在零初始条件下，滤波误差系统渐进稳定且满足 $J(\boldsymbol{w})<0$，滤波器参数为 $\boldsymbol{K}=\boldsymbol{P}_2^{-1}\boldsymbol{Y}$。

证明：令 $\boldsymbol{D}(\boldsymbol{\eta}_t)=\boldsymbol{\eta}_t-\tilde{\boldsymbol{C}}\eta(t-d)$，取 Lyapunov 函数

$$V(t)=V_1(t)+V_2(t)+V_3(t),$$

$$V_1(t)=\boldsymbol{D}^{\mathrm{T}}(\boldsymbol{\eta}_t)\boldsymbol{P}\boldsymbol{D}(\boldsymbol{\eta}_t),$$

$$V_2(t)=\int_{t-d}^{t}\boldsymbol{\eta}^{\mathrm{T}}(s)\boldsymbol{W}\boldsymbol{\eta}(s)\mathrm{d}s,$$

$$V_3(t)=\int_{t-h}^{t}\boldsymbol{\eta}^{\mathrm{T}}(s)\boldsymbol{Z}\boldsymbol{\eta}(s)\mathrm{d}s,$$

沿系统 (2.3.6) 的轨迹对 $V_i(t)(i=1,2,3)$ 关于时间 t 求导，有

$$\dot{V}_1(t)=2\boldsymbol{D}^{\mathrm{T}}(\boldsymbol{\eta}_t)\boldsymbol{P}[\tilde{\boldsymbol{A}}_0(t)\boldsymbol{\eta}(t)+\tilde{\boldsymbol{A}}_1\boldsymbol{\eta}(t-h)+\tilde{\boldsymbol{D}}\boldsymbol{w}(t)],$$

$$\dot{V}_2(t)=\boldsymbol{\eta}^{\mathrm{T}}(t)\boldsymbol{W}\boldsymbol{\eta}(t)-\boldsymbol{\eta}^{\mathrm{T}}(t-d)\boldsymbol{W}\boldsymbol{\eta}(t-d),$$

$$\dot{V}_3(t)=\boldsymbol{\eta}^{\mathrm{T}}(t)\boldsymbol{Z}\boldsymbol{\eta}(t)-\boldsymbol{\eta}^{\mathrm{T}}(t-h)\boldsymbol{Z}\boldsymbol{\eta}(t-h),$$

$$\begin{aligned}
\dot{V}(t)&=\dot{V}_1(t)+\dot{V}_2(t)+\dot{V}_3(t)\\
&=2\boldsymbol{D}^{\mathrm{T}}(\boldsymbol{\eta}_t)\boldsymbol{P}[\tilde{\boldsymbol{A}}_0(t)\boldsymbol{\eta}(t)+\tilde{\boldsymbol{A}}_1\boldsymbol{\eta}(t-h)+\tilde{\boldsymbol{D}}\boldsymbol{w}(t)]+\boldsymbol{\eta}^{\mathrm{T}}(t)(\boldsymbol{W}+\boldsymbol{Z})\boldsymbol{\eta}(t)\\
&\quad-\boldsymbol{\eta}^{\mathrm{T}}(t-d)\boldsymbol{W}\boldsymbol{\eta}(t-d)-\boldsymbol{\eta}^{\mathrm{T}}(t-h)\boldsymbol{Z}\boldsymbol{\eta}(t-h)\\
&=2\boldsymbol{D}^{\mathrm{T}}(\boldsymbol{\eta}_t)\boldsymbol{P}\tilde{\boldsymbol{A}}_0\boldsymbol{D}(\boldsymbol{\eta}_t)+2\boldsymbol{D}^{\mathrm{T}}(\boldsymbol{\eta}_t)\boldsymbol{P}\tilde{\boldsymbol{A}}_0\tilde{\boldsymbol{C}}\boldsymbol{\eta}(t-d)+\boldsymbol{D}^{\mathrm{T}}(\boldsymbol{\eta}_t)\boldsymbol{P}\tilde{\boldsymbol{A}}_1\boldsymbol{\eta}(t-h)\\
&\quad+2\boldsymbol{D}^{\mathrm{T}}(\boldsymbol{\eta}_t)\boldsymbol{P}\tilde{\boldsymbol{D}}\boldsymbol{w}(t)+[\boldsymbol{D}(\boldsymbol{\eta}_t)+\tilde{\boldsymbol{C}}\boldsymbol{\eta}(t-d)]^{\mathrm{T}}(\boldsymbol{W}+\boldsymbol{Z})[\boldsymbol{D}(\boldsymbol{\eta}_t)+\tilde{\boldsymbol{C}}\boldsymbol{\eta}(t-d)]\\
&\quad-\boldsymbol{\eta}^{\mathrm{T}}(t-d)\boldsymbol{W}\boldsymbol{\eta}(t-d)-\boldsymbol{\eta}^{\mathrm{T}}(t-h)\boldsymbol{Z}\boldsymbol{\eta}(t-h)\\
&=\begin{bmatrix}\boldsymbol{D}(\boldsymbol{\eta}_t)\\ \boldsymbol{\eta}(t-d)\\ \boldsymbol{\eta}(t-h)\\ \boldsymbol{w}(t)\end{bmatrix}^{\mathrm{T}}
\begin{bmatrix}\boldsymbol{\Phi} & \boldsymbol{P}\tilde{\boldsymbol{A}}_0\tilde{\boldsymbol{C}}+(\boldsymbol{W}+\boldsymbol{Z})\tilde{\boldsymbol{C}} & \boldsymbol{P}\tilde{\boldsymbol{A}}_1 & \boldsymbol{P}\tilde{\boldsymbol{D}}\\
* & \tilde{\boldsymbol{C}}^{\mathrm{T}}(\boldsymbol{W}+\boldsymbol{Z})\tilde{\boldsymbol{C}}-\boldsymbol{W} & \boldsymbol{0} & \boldsymbol{0}\\
* & * & -\boldsymbol{Z} & \boldsymbol{0}\\
* & * & * & -\gamma^2\boldsymbol{I}\end{bmatrix}
\begin{bmatrix}\boldsymbol{D}(\boldsymbol{\eta}_t)\\ \boldsymbol{\eta}(t-d)\\ \boldsymbol{\eta}(t-h)\\ \boldsymbol{w}(t)\end{bmatrix},
\end{aligned}$$

其中，$\boldsymbol{\Phi}=\boldsymbol{P}\tilde{\boldsymbol{A}}_0+\tilde{\boldsymbol{A}}_0^{\mathrm{T}}\boldsymbol{P}+\boldsymbol{W}+\boldsymbol{Z}$。引进 H_∞ 性能指标：

$$J(\boldsymbol{w})=\int_0^{\infty}[\tilde{z}^{\mathrm{T}}(t)\tilde{z}(t)-\gamma^2\boldsymbol{w}^{\mathrm{T}}(t)\boldsymbol{w}(t)]\mathrm{d}t, \tag{2.3.8}$$

则

$$J(\boldsymbol{w})=\int_0^{\infty}[\tilde{z}^{\mathrm{T}}(t)\tilde{z}(t)-\gamma^2\boldsymbol{w}^{\mathrm{T}}(t)\boldsymbol{w}(t)+\dot{V}(t)]\mathrm{d}t-\int_0^{\infty}\dot{V}(t)\mathrm{d}t。$$

在零初始条件下，

$$J(\boldsymbol{w})\leqslant\int_0^{\infty}[\tilde{z}^{\mathrm{T}}(t)\tilde{z}(t)-\gamma^2\boldsymbol{w}^{\mathrm{T}}(t)\boldsymbol{w}(t)+\dot{V}(t)]\mathrm{d}t$$

$$
\begin{aligned}
&= \int_0^\infty [\boldsymbol{\eta}^{\mathrm{T}}(t)\tilde{\boldsymbol{L}}^{T}\tilde{\boldsymbol{L}}\boldsymbol{\eta}(t) - \gamma^2 \boldsymbol{w}^{\mathrm{T}}(t)\boldsymbol{w}(t) + 2\boldsymbol{D}^{\mathrm{T}}(\boldsymbol{\eta}_t)\boldsymbol{P}\tilde{\boldsymbol{A}}_0\boldsymbol{\eta}(t) \\
&\quad + 2\boldsymbol{D}^{\mathrm{T}}(\boldsymbol{\eta}_t)\boldsymbol{P}\tilde{\boldsymbol{A}}_1\boldsymbol{\eta}(t-h) + 2\boldsymbol{D}^{\mathrm{T}}(\boldsymbol{\eta}_t)\boldsymbol{P}\tilde{\boldsymbol{D}}\boldsymbol{w}(t) + \boldsymbol{\eta}^{\mathrm{T}}(t)\boldsymbol{W}\boldsymbol{\eta}(t) \\
&\quad + \boldsymbol{\eta}^{\mathrm{T}}(t)\boldsymbol{Z}\boldsymbol{\eta}(t) - \boldsymbol{\eta}^{\mathrm{T}}(t-d)\boldsymbol{W}\boldsymbol{\eta}(t-d) - \boldsymbol{\eta}^{\mathrm{T}}(t-h)\boldsymbol{Z}\boldsymbol{\eta}(t-h)]\mathrm{d}t \\
&= \int_0^\infty [\boldsymbol{\Omega}^{\mathrm{T}}(t)\boldsymbol{\Sigma}_1\boldsymbol{\Omega}(t)]\mathrm{d}t \\
&< 0,
\end{aligned}
$$

其中,

$$
\boldsymbol{\Omega}(t) = \begin{bmatrix} \boldsymbol{D}(\boldsymbol{\eta}_t) \\ \boldsymbol{\eta}(t-d) \\ \boldsymbol{\eta}(t-h) \\ \boldsymbol{w}(t) \end{bmatrix}, \tag{2.3.9}
$$

$$
\boldsymbol{\Sigma}_1 = \begin{bmatrix} \boldsymbol{\Phi} + \tilde{\boldsymbol{L}}^{\mathrm{T}}\tilde{\boldsymbol{L}} & \tilde{\boldsymbol{L}}^{\mathrm{T}}\tilde{\boldsymbol{L}}\tilde{\boldsymbol{C}} + \boldsymbol{P}\tilde{\boldsymbol{A}}_0\tilde{\boldsymbol{C}} + (\boldsymbol{W}+\boldsymbol{Z})\tilde{\boldsymbol{C}} & \boldsymbol{P}\tilde{\boldsymbol{A}}_1 & \boldsymbol{P}\tilde{\boldsymbol{D}} \\ * & \tilde{\boldsymbol{C}}^{\mathrm{T}}\tilde{\boldsymbol{L}}^{\mathrm{T}}\tilde{\boldsymbol{L}}\tilde{\boldsymbol{C}} + \tilde{\boldsymbol{C}}^{\mathrm{T}}(\boldsymbol{W}+\boldsymbol{Z})\tilde{\boldsymbol{C}} - \boldsymbol{W} & \boldsymbol{0} & \boldsymbol{0} \\ * & * & -\boldsymbol{Z} & \boldsymbol{0} \\ * & * & * & -\gamma^2\boldsymbol{I} \end{bmatrix}, \tag{2.3.10}
$$

$\boldsymbol{\Sigma}_1 < 0$ 时, $\boldsymbol{J}(\boldsymbol{w}) < 0$。

对式(2.3.10)应用引理1.5.2, 得

$$
\begin{bmatrix} \boldsymbol{\Phi} & \tilde{\boldsymbol{L}}^{\mathrm{T}}\tilde{\boldsymbol{L}}\tilde{\boldsymbol{C}} + \boldsymbol{P}\tilde{\boldsymbol{A}}_0\tilde{\boldsymbol{C}} + (\boldsymbol{W}+\boldsymbol{Z})\tilde{\boldsymbol{C}} & \boldsymbol{P}\tilde{\boldsymbol{A}}_1 & \boldsymbol{P}\tilde{\boldsymbol{D}} & \tilde{\boldsymbol{L}}^{\mathrm{T}} & \boldsymbol{0} \\ * & \tilde{\boldsymbol{C}}^{\mathrm{T}}\tilde{\boldsymbol{L}}^{\mathrm{T}}\tilde{\boldsymbol{L}}\tilde{\boldsymbol{C}} + \tilde{\boldsymbol{C}}^{\mathrm{T}}(\boldsymbol{W}+\boldsymbol{Z})\tilde{\boldsymbol{C}} - \boldsymbol{W} & \boldsymbol{0} & \boldsymbol{0} & \boldsymbol{0} & \tilde{\boldsymbol{C}}^{\mathrm{T}}\tilde{\boldsymbol{L}}^{\mathrm{T}} \\ * & * & -\boldsymbol{Z} & \boldsymbol{0} & \boldsymbol{0} & \boldsymbol{0} \\ * & * & * & -\gamma^2\boldsymbol{I} & \boldsymbol{0} & \boldsymbol{0} \\ * & * & * & * & -\boldsymbol{I} & \boldsymbol{0} \\ * & * & * & * & * & -\boldsymbol{I} \end{bmatrix} < 0, \tag{2.3.11}
$$

令

$$
\boldsymbol{P} = \begin{bmatrix} \boldsymbol{P}_1 & \boldsymbol{0} \\ \boldsymbol{0} & \boldsymbol{P}_2 \end{bmatrix}, \ \boldsymbol{W} = \begin{bmatrix} \boldsymbol{W}_1 & \boldsymbol{0} \\ \boldsymbol{0} & \boldsymbol{W}_2 \end{bmatrix}, \ \boldsymbol{Z} = \begin{bmatrix} \boldsymbol{Z}_1 & \boldsymbol{0} \\ \boldsymbol{0} & \boldsymbol{Z}_2 \end{bmatrix}, \tag{2.3.12}
$$

把式(2.3.5e) ~ 式(2.3.5i)、式(2.3.12)代入式(2.3.11), 令$\boldsymbol{P}_2\boldsymbol{K} = \boldsymbol{Y}$, 即可得证。

2.3.3 不确定性系统滤波器设计

定理2.3.2 对于给定常数$\gamma > 0$, 如果存在正定的对称矩阵$\boldsymbol{P}_1 > 0$, $\boldsymbol{P}_2 > 0$, $\boldsymbol{W}_1 >$

0，$W_2>0$，$Z_1>0$，$Z_2>0$ 以及标量 $\varepsilon>0$，使得式(2.3.13) 成立，即

$$\begin{bmatrix} X_{11} & X_{12} & X_{13} & X_{14} & X_{15} & 0 & X_{17} & X_{18} \\ * & X_{22} & 0 & 0 & 0 & X_{26} & 0 & X_{28} \\ * & * & X_{33} & 0 & 0 & 0 & 0 & 0 \\ * & * & * & X_{44} & 0 & 0 & 0 & 0 \\ * & * & * & * & X_{55} & 0 & 0 & 0 \\ * & * & * & * & * & X_{66} & 0 & 0 \\ * & * & * & * & * & * & X_{77} & 0 \\ * & * & * & * & * & * & * & X_{88} \end{bmatrix} < 0, \tag{2.3.13}$$

式中，

$$X_{11}=\mathrm{diag}\{P_1A_0+A_0^{\mathrm{T}}P_1+W_1+Z_1,\ P_2A_0-YB_0+A_0^{\mathrm{T}}P_2-B_0^{\mathrm{T}}Y^{\mathrm{T}}+W_2+Z_2\},$$

$$X_{12}=\mathrm{diag}\{(P_1A_0+W_1+Z_1)C+\varepsilon^{-1}N^{\mathrm{T}}NC,\ (L_0^{\mathrm{T}}L_0+P_2A_0-YB_0+W_2+Z_2)C\},$$

$$X_{13}=\mathrm{diag}\{P_2A_1,\ P_2A_1-YB_1\},\ X_{14}=\begin{bmatrix} P_1D & 0 \\ P_2D-YD_1 & 0 \end{bmatrix},\ X_{15}=\begin{bmatrix} 0 & 0 \\ L_0^{\mathrm{T}} & 0 \end{bmatrix},$$

$$X_{17}=\begin{bmatrix} P_1M_1 & 0 \\ P_2M_1-YM_2 & 0 \end{bmatrix},\ X_{18}=\mathrm{diag}\{N^{\mathrm{T}},\ 0\},\ X_{26}=\begin{bmatrix} 0 & 0 \\ C^{\mathrm{T}}L_0^{\mathrm{T}} & 0 \end{bmatrix},$$

$$X_{22}=\mathrm{diag}\{C^{\mathrm{T}}(W_1+Z_1)C-W_1,\ C^{\mathrm{T}}(W_2+Z_2)C-W_2\},\ X_{28}=\begin{bmatrix} 0 & C^{\mathrm{T}}N^{\mathrm{T}} \\ 0 & 0 \end{bmatrix},$$

$$X_{33}=\mathrm{diag}\{-Z_1,\ -Z_2\},\ X_{44}=-\gamma^2I,\ X_{55}=x_{66}=-I,\ X_{77}=-\varepsilon^{-1}I,\ X_{88}=-\varepsilon I,$$

则在零初始条件下，对于任意的 $w(t)\in L_2[0,\infty)$ 以及所有的不确定性，滤波误差系统渐近稳定且满足 $J(w)<0$，滤波器参数为 $K=P_2^{-1}Y$。

证明　考虑不确定性时，滤波误差系统为式(2.3.4) 所示。引进 H_∞ 性能指标，在零初始条件下，有

$$J(w)\leqslant\int_0^\infty[\tilde z^{\mathrm{T}}(t)\tilde z(t)-\gamma^2w^{\mathrm{T}}(t)w(t)+\dot V(t)]\mathrm{d}t=\int_0^\infty[\boldsymbol{\Omega}^{\mathrm{T}}(t)\boldsymbol{\Sigma}_2\boldsymbol{\Omega}(t)]\mathrm{d}t,$$

$$\Sigma_2=\begin{bmatrix} \Phi(t)+\tilde L^{\mathrm{T}}\tilde L & \tilde L^{\mathrm{T}}\tilde L\tilde C+P\tilde A_0(t)\tilde C+(W+Z)\tilde C & P\tilde A_1 & P\tilde D \\ * & \tilde C^{\mathrm{T}}\tilde L^{\mathrm{T}}\tilde L\tilde C+\tilde C^{\mathrm{T}}(W+Z)\tilde C-W & 0 & 0 \\ * & * & -Z & 0 \\ * & * & * & -\gamma^2I \end{bmatrix}<0, \tag{2.3.14}$$

其中，$\Phi(t)=P\tilde A_0(t)+\tilde A_0^{\mathrm{T}}(t)P+W+Z$。对式(2.3.14) 应用引理 1.5.2，得

$$\begin{bmatrix} \Delta(t) & \tilde{L}^{\mathrm{T}}\tilde{L}\tilde{C}+P\tilde{A}_0(t)\tilde{C}+(W+Z)\tilde{C} & P\tilde{A}_1 & P\tilde{D} & \tilde{L}^{\mathrm{T}} & 0 \\ * & \tilde{C}^{\mathrm{T}}(W+Z)\tilde{C}-W & 0 & 0 & 0 & \tilde{C}^{\mathrm{T}}\tilde{L}^{\mathrm{T}} \\ * & * & -Z & 0 & 0 & 0 \\ * & * & * & -\gamma^2 I & 0 & 0 \\ * & * & * & * & -I & 0 \\ * & * & * & * & * & -I \end{bmatrix} < 0, \tag{2.3.15}$$

$$\begin{bmatrix} \Phi & \tilde{L}^{\mathrm{T}}\tilde{L}\tilde{C}+P\tilde{A}_0\tilde{C}+(W+Z)\tilde{C} & P\tilde{A}_1 & P\tilde{D} & \tilde{L}^{\mathrm{T}} & 0 \\ * & \tilde{C}^{\mathrm{T}}(W+Z)\tilde{C}-W & 0 & 0 & 0 & \tilde{C}^{\mathrm{T}}\tilde{L}^{\mathrm{T}} \\ * & * & -Z & 0 & 0 & 0 \\ * & * & * & -\gamma^2 I & 0 & 0 \\ * & * & * & * & -I & 0 \\ * & * & * & * & * & -I \end{bmatrix} +$$

$$\begin{bmatrix} P\Delta\tilde{A}_0(t)+\Delta\tilde{A}_0^{\mathrm{T}}(t)P & P\Delta\tilde{A}_0(t)\tilde{C} & 0 & 0 & 0 & 0 \\ \tilde{C}^{\mathrm{T}}\Delta\tilde{A}_0^{\mathrm{T}}(t)P & 0 & 0 & 0 & 0 & 0 \\ 0 & 0 & 0 & 0 & 0 & 0 \\ 0 & 0 & 0 & 0 & 0 & 0 \\ 0 & 0 & 0 & 0 & 0 & 0 \\ 0 & 0 & 0 & 0 & 0 & 0 \end{bmatrix} < 0, \tag{2.3.16}$$

$$\Delta\tilde{A}_0(t)=\begin{bmatrix} \Delta A_0(t) & 0 \\ \Delta A_0(t)-K\Delta B_0(t) & 0 \end{bmatrix}=\begin{bmatrix} M_1 & 0 \\ M_1-KM_2 & 0 \end{bmatrix}F(t)\begin{bmatrix} N & 0 \\ 0 & 0 \end{bmatrix}=\tilde{M}F(t)\tilde{N}。 \tag{2.3.17}$$

把式(2.3.17)代入式(2.3.16)，有

$$\begin{bmatrix} \Phi & \tilde{L}^{\mathrm{T}}\tilde{L}\tilde{C}+P\tilde{A}_0\tilde{C}+(W+Z)\tilde{C} & P\tilde{A}_1 & P\tilde{D} & \tilde{L}^{\mathrm{T}} & 0 \\ * & \tilde{C}^{\mathrm{T}}(W+Z)\tilde{C}-W & 0 & 0 & 0 & \tilde{C}^{\mathrm{T}}\tilde{L}^{\mathrm{T}} \\ * & * & -Z & 0 & 0 & 0 \\ * & * & * & -\gamma^2 I & 0 & 0 \\ * & * & * & * & -I & 0 \\ * & * & * & * & * & -I \end{bmatrix} +$$

$$\begin{bmatrix} P\tilde{M} \\ 0 \\ 0 \\ 0 \\ 0 \\ 0 \end{bmatrix} F(t)\begin{bmatrix} \tilde{N} & \tilde{N} & \tilde{C} & 0 & 0 & 0 & 0 \end{bmatrix} + \begin{bmatrix} \tilde{N}^{\mathrm{T}} \\ \tilde{C}^{\mathrm{T}}\tilde{N}^{\mathrm{T}} \\ 0 \\ 0 \\ 0 \\ 0 \end{bmatrix} F^{\mathrm{T}}(t)\begin{bmatrix} \tilde{M}^{\mathrm{T}}P & 0 & 0 & 0 & 0 & 0 \end{bmatrix} < 0。\tag{2.3.18}$$

应用引理 2.3.1，式(2.3.18) 等价于

$$\begin{bmatrix} \Phi & \tilde{L}^{\mathrm{T}}\tilde{L}\tilde{C}+P\tilde{A}_0\tilde{C}+(W+Z)\tilde{C} & P\tilde{A}_1 & P\tilde{D} & \tilde{L}^{\mathrm{T}} & 0 \\ * & \tilde{C}^{\mathrm{T}}(W+Z)\tilde{C}-W & 0 & 0 & 0 & \tilde{C}^{\mathrm{T}}\tilde{L}^{\mathrm{T}} \\ * & * & -Z & 0 & 0 & 0 \\ * & * & * & -\gamma^2 I & 0 & 0 \\ * & * & * & * & -I & 0 \\ * & * & * & * & * & -I \end{bmatrix} +$$

$$\varepsilon\begin{bmatrix} P\tilde{M} \\ 0 \\ 0 \\ 0 \\ 0 \\ 0 \end{bmatrix}\begin{bmatrix} \tilde{M}^{\mathrm{T}}P & 0 & 0 & 0 & 0 & 0 \end{bmatrix} + \varepsilon^{-1}\begin{bmatrix} \tilde{N}^{\mathrm{T}} \\ \tilde{C}^{\mathrm{T}}\tilde{N}^{\mathrm{T}} \\ 0 \\ 0 \\ 0 \\ 0 \end{bmatrix}\begin{bmatrix} \tilde{N} & \tilde{N}\tilde{C} & 0 & 0 & 0 & 0 \end{bmatrix} < 0,$$

即

$$\begin{bmatrix} \Phi+\varepsilon P\tilde{M}\tilde{M}^{\mathrm{T}}P+\varepsilon^{-1}\tilde{N}^{\mathrm{T}}\tilde{N} & \Phi_{12} & P\tilde{A}_1 & P\tilde{D} & \tilde{L}^{\mathrm{T}} & 0 \\ * & \Phi_{22} & 0 & 0 & 0 & \tilde{C}^{\mathrm{T}}\tilde{L}^{\mathrm{T}} \\ * & * & -Z & 0 & 0 & 0 \\ * & * & * & -\gamma^2 I & 0 & 0 \\ * & * & * & * & -I & 0 \\ * & * & * & * & * & -I \end{bmatrix} < 0,\tag{2.3.19}$$

式中，
$$\Phi_{12} = \tilde{L}^{\mathrm{T}}\tilde{L}\tilde{C} + P\tilde{A}_0\tilde{C} + (W+Z)\tilde{C} + \varepsilon^{-1}\tilde{N}^{\mathrm{T}}\tilde{N}\tilde{C},$$
$$\Phi_{22} = \tilde{C}^{\mathrm{T}}(W+Z)\tilde{C} - W + \varepsilon^{-1}\tilde{C}^{\mathrm{T}}\tilde{N}^{\mathrm{T}}\tilde{N}\tilde{C}。$$

对式(2.3.19)应用引理1.5.2，得

$$\begin{bmatrix} \boldsymbol{\Phi}_{11}+\varepsilon^{-1}\tilde{\boldsymbol{N}}^{\mathrm{T}}\tilde{\boldsymbol{N}} & \boldsymbol{\Phi}_{12} & \boldsymbol{P}\tilde{\boldsymbol{A}}_1 & \boldsymbol{P}\tilde{\boldsymbol{D}} & \tilde{\boldsymbol{L}}^{\mathrm{T}} & \boldsymbol{0} & \boldsymbol{P}\tilde{\boldsymbol{M}} \\ * & \boldsymbol{\Phi}_{22} & \boldsymbol{0} & \boldsymbol{0} & \boldsymbol{0} & \tilde{\boldsymbol{C}}^{\mathrm{T}}\tilde{\boldsymbol{L}}^{\mathrm{T}} & \boldsymbol{0} \\ * & * & -\boldsymbol{Z} & \boldsymbol{0} & \boldsymbol{0} & \boldsymbol{0} & \boldsymbol{0} \\ * & * & * & -\gamma^2\boldsymbol{I} & \boldsymbol{0} & \boldsymbol{0} & \boldsymbol{0} \\ * & * & * & * & -\boldsymbol{I} & \boldsymbol{0} & \boldsymbol{0} \\ * & * & * & * & * & -\boldsymbol{I} & \boldsymbol{0} \\ * & * & * & * & * & * & -\varepsilon^{-1}\boldsymbol{I} \end{bmatrix} < 0。\quad (2.3.20)$$

把式(2.3.5e)~式(2.3.5i)、式(2.3.12)代入式(2.3.20)，令$\boldsymbol{P}_2\boldsymbol{K}=\boldsymbol{Y}$，再利用引理1.5.2即可得证。

2.3.4　数值仿真

取系统的参数如下：

$$\boldsymbol{A}_0=\begin{bmatrix}-4 & 1\\ -2 & -3\end{bmatrix},\ \boldsymbol{A}_1=\begin{bmatrix}-0.5 & -0.1\\ 0.2 & 0.4\end{bmatrix},\ \boldsymbol{C}=\begin{bmatrix}0.1 & 0\\ 0 & 0.2\end{bmatrix},\ \boldsymbol{D}=\begin{bmatrix}1 & 0\\ 0 & 0.5\end{bmatrix},$$

$$\boldsymbol{B}_0=\begin{bmatrix}0.2 & 1\\ 0.6 & -1\end{bmatrix},\ \boldsymbol{B}_1=\begin{bmatrix}0.1 & 0.5\\ 0 & 0.03\end{bmatrix},\ \boldsymbol{D}_1=\begin{bmatrix}1 & -2\\ 0.1 & 0.5\end{bmatrix},\ \boldsymbol{L}_0=\begin{bmatrix}0.2 & -0.1\\ 0 & 0.5\end{bmatrix},$$

$$\boldsymbol{M}_1=\begin{bmatrix}0.4 & -0.5\\ 0.1 & -0.3\end{bmatrix},\ \boldsymbol{M}_2=\begin{bmatrix}0.1 & -0.5\\ 0.1 & -0.3\end{bmatrix},\ \boldsymbol{N}=\begin{bmatrix}0.1 & -0.3\\ 0.5 & 0.4\end{bmatrix},\ h=0.1,\ d=0.05。$$

以脉冲信号作为干扰信号加入系统中。

(1) 忽略不确定性时，由 MATLAB 解得：

$$\boldsymbol{P}_1=\begin{bmatrix}3.5293 & -0.5722\\ -0.5722 & 4.1981\end{bmatrix},\ \boldsymbol{P}_2=\begin{bmatrix}2.8957 & -0.5296\\ -0.5296 & 4.9038\end{bmatrix},$$

$$\boldsymbol{W}_1=\begin{bmatrix}8.7177 & 0.1738\\ 0.1738 & 8.8398\end{bmatrix},\ \boldsymbol{W}_2=\begin{bmatrix}9.0458 & 0.1669\\ 0.1669 & 8.9852\end{bmatrix},$$

$$\boldsymbol{Z}_1=\begin{bmatrix}8.6777 & 0.1738\\ 0.1738 & 8.6798\end{bmatrix},\ \boldsymbol{Z}_2=\begin{bmatrix}8.9958 & 0.1669\\ 0.1669 & 8.7852\end{bmatrix},$$

$$\boldsymbol{Y}=\begin{bmatrix}1.3394 & 4.6299\\ -0.5715 & 1.4460\end{bmatrix},\ \gamma=2.5412,$$

则$\boldsymbol{K}=\boldsymbol{P}_2^{-1}\boldsymbol{Y}=\begin{bmatrix}0.4501 & 1.6861\\ -0.0679 & 0.4770\end{bmatrix}$。将所得参数代入原系统中，得到状态波形如图2.1和图2.2所示。

(2) 考虑不确定性时，利用 MATLAB 可解出以下可行解：

$$\boldsymbol{P}_1=\begin{bmatrix}1.0116 & 0.1521\\ 0.1521 & 0.9381\end{bmatrix},\ \boldsymbol{P}_2=\begin{bmatrix}0.9417 & -0.0277\\ -0.0277 & 1.5322\end{bmatrix},\ \boldsymbol{W}_1=\begin{bmatrix}1.8335 & 0.7443\\ 0.7443 & 1.7766\end{bmatrix},$$

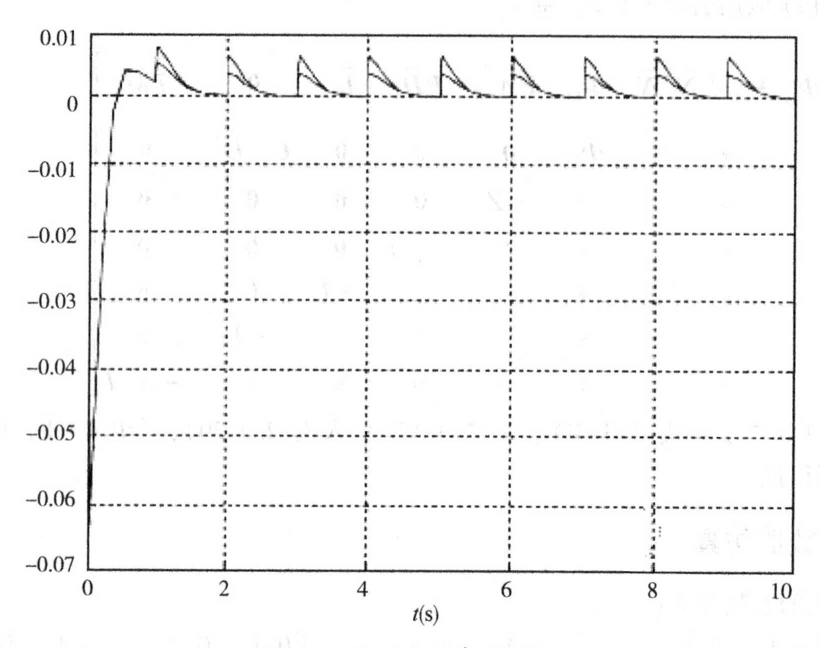

图 2.1　状态 $\boldsymbol{x}_1$ 和 $\hat{\boldsymbol{x}}_1$ 的曲线

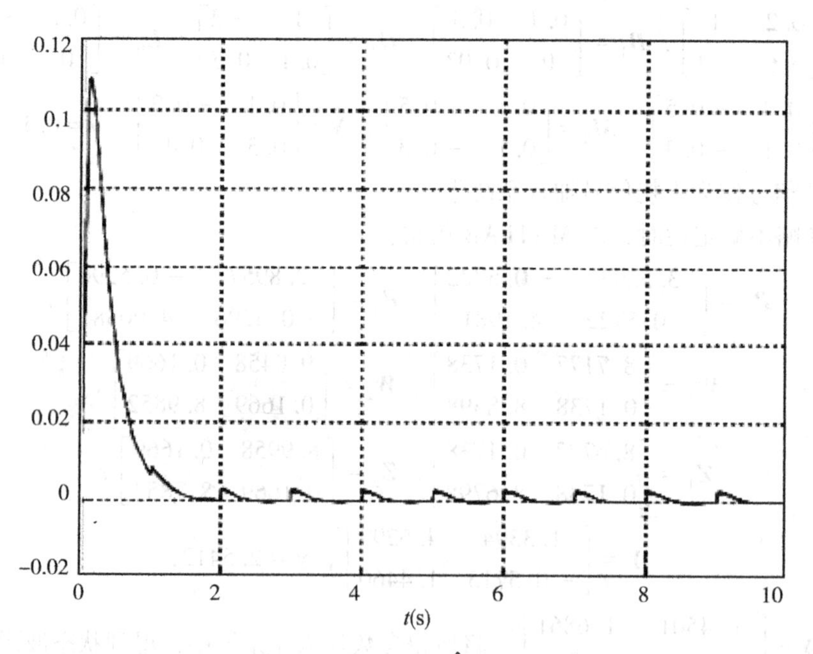

图 2.2　状态 $\boldsymbol{x}_2$ 和 $\hat{\boldsymbol{x}}_2$ 的曲线

$$\boldsymbol{W}_2 = \begin{bmatrix} 2.8353 & 0.0476 \\ 0.0476 & 3.2061 \end{bmatrix},\ \boldsymbol{Z}_1 = \begin{bmatrix} 1.9459 & 0.8460 \\ 0.8460 & 1.6341 \end{bmatrix},\ \boldsymbol{Z}_2 = \begin{bmatrix} 2.8073 & 0.1210 \\ 0.1210 & 2.8957 \end{bmatrix},$$

$$Y=\begin{bmatrix}0.3551 & 1.4764\\ 1.4764 & -0.8577\end{bmatrix},\ \gamma=0.8792,\ \varepsilon=5.4157,$$

则 $K=P_2^{-1}Y=\begin{bmatrix}0.3687 & 1.5521\\ -0.2843 & -0.5317\end{bmatrix}$。将所得参数代入原系统中，得到状态波形如图 2.3 和图 2.4 所示。

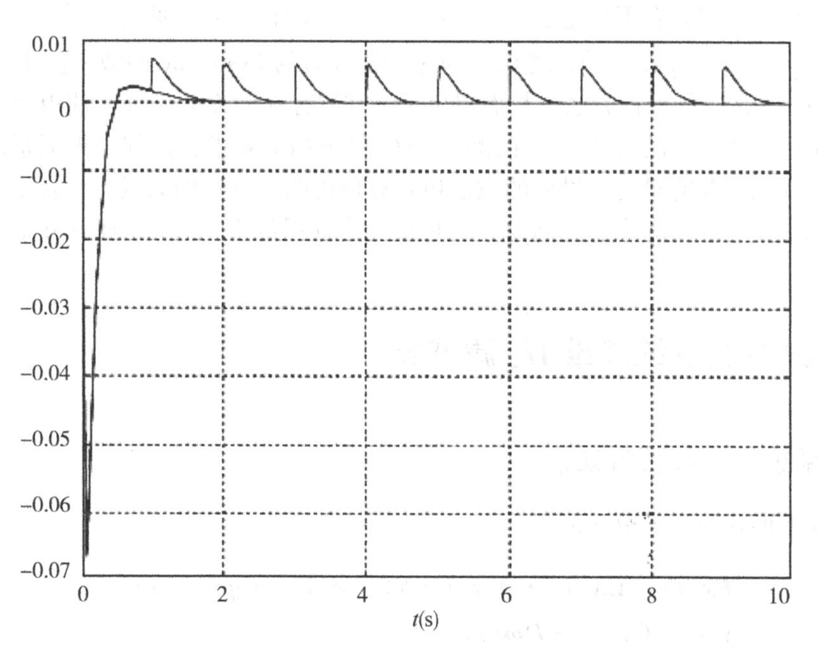

图 2.3　状态 x_1 和 $\hat{x}_1$ 的曲线

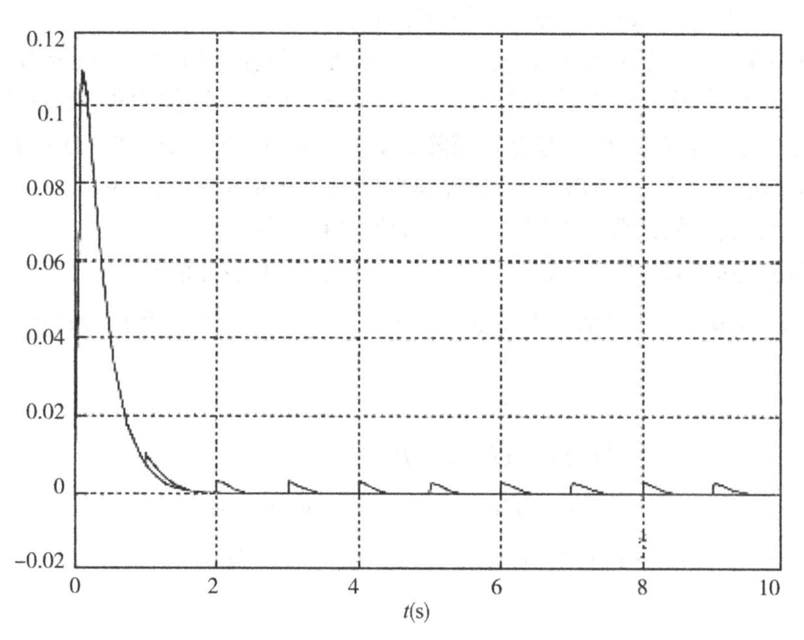

图 2.4　状态 x_2 和 $\hat{x}_2$ 的曲线

由仿真波形可以看出，忽略不确定性时，设计的滤波器也可以进行一定程度的滤波，但是滤波效果不明显；考虑不确定性时，滤波效果显著。仿真算例除了表明所设计的滤波器有效外，也再一次说明了系统本身存在的不确定性对系统性能有一定的影响。

2.3.5　小结

本节讨论了一类含有不确定状态时滞的中立系统的鲁棒 H_∞ 滤波问题。基于 Lyapunov 稳定性理论，利用 Lyapunov 第二方法，通过构造合适的 Lyapunov 函数，给出了以 LMI 表示的鲁棒 H_∞ 滤波器的设计方法，从而得出了滤波器存在的充分条件，使得滤波误差系统是渐近稳定的，所设计的滤波器满足给定的 H_∞ 性能指标要求，达到了根据系统不确定性和时滞来设计滤波器的目的。最后的数值仿真算例说明了算法的有效性。接下来可以朝两个方向考虑中立系统的降维滤波问题，一是奇异中立系统[151]，二是具有分布时滞的中立系统[152]。

2.4　奇异中立系统降维 H_∞ 滤波器

2.4.1　系统描述和预备知识

考虑如下形式的奇异中立系统：

$$\begin{cases}\boldsymbol{E}\dot{\boldsymbol{x}}(t)=\boldsymbol{A}_0\boldsymbol{x}(t)+\boldsymbol{A}_1\boldsymbol{x}(t-h)+\boldsymbol{A}_2\dot{\boldsymbol{x}}(t-\eta)+\boldsymbol{B}\boldsymbol{\omega}(t),\\ \boldsymbol{y}(t)=\boldsymbol{C}\boldsymbol{x}(t)+\boldsymbol{D}\boldsymbol{\omega}(t),\\ z(t)=\boldsymbol{L}\boldsymbol{x}(t),\\ \boldsymbol{x}(t)=\boldsymbol{\varphi}(t),\quad \forall t\in[-H,\ 0),\end{cases}\tag{2.4.1}$$

其中，$\boldsymbol{x}(t)\in\mathbf{R}^n$ 是系统的状态向量；$\boldsymbol{y}(t)\in\mathbf{R}^m$ 是测量输出向量；$z(t)\in\mathbf{R}^q$ 是待估测的信号；$\boldsymbol{\omega}(t)\in\mathbf{R}^p$ 是扰动输入且属于 $L_2[0,\ \infty)$；$\boldsymbol{\varphi}(t)$ 是一个给定的初始向量函数且在区间 $[-H,\ 0]$ 上连续；$\boldsymbol{E}\in\mathbf{R}^{n\times n}$ 是奇异矩阵；$\boldsymbol{A}_i(i=0,\ 1,\ 2)$，$\boldsymbol{B}$，$\boldsymbol{C}$，$\boldsymbol{D}$ 和 $\boldsymbol{L}$ 是具有适当阶数已知的实的常矩阵；正数 h，τ，η 是常时滞且 $H=\max\{h,\ \tau,\ \eta\}$。

在本节中，我们始终假定系统(2.4.1)的解是存在的。

本节考虑的降维 H_∞ 滤波问题就是要获得信号 $z(t)$ 的估计信号 $\hat{z}(t)$，对于所有的扰动 $\omega(t)\in L_2[0,\ +\infty)$，使得估计误差 $\bar{z}(t)=z(t)-\hat{z}(t)$ 尽量小。我们设计如下形式的 $\hat{n}$ 维滤波器：

$$\begin{cases}\dot{\hat{\boldsymbol{x}}}(t)=\hat{\boldsymbol{A}}\hat{\boldsymbol{x}}(t)+\hat{\boldsymbol{B}}\boldsymbol{y}(t),\\ \hat{z}(t)=\hat{\boldsymbol{C}}\hat{\boldsymbol{x}}(t)+\hat{\boldsymbol{D}}\boldsymbol{y}(t),\quad \hat{\boldsymbol{x}}(0)=0,\end{cases}\tag{2.4.2}$$

令 $\bar{\boldsymbol{x}}(t)=[\boldsymbol{x}^{\mathrm{T}}(t)\quad \hat{\boldsymbol{x}}^{\mathrm{T}}(t)]^{\mathrm{T}}$，则滤波误差系统可以写为

$$\begin{cases}\bar{E}\dot{\bar{x}}(t)=\bar{A}_0\bar{x}(t)+\bar{A}_1\bar{x}(t-h)+\bar{A}_2\dot{\bar{x}}(t-\eta)+\bar{B}\omega(t),\ t\neq\tau_j,\\ \bar{z}(t)=\bar{C}\bar{x}(t)+\bar{D}\omega(t),\\ \bar{x}(0)=[0\quad \varphi^{\mathrm{T}}(t)]^{\mathrm{T}},\ \forall t\in[-H,0),\end{cases}\tag{2.4.3}$$

其中，$\bar{E}=\mathrm{diag}\{I, E\}$，$\bar{A}_i=\mathrm{diag}\{0, A_i\}(i=1, 2)$，$\tilde{C}=[-\hat{C}\quad L-\hat{D}C]$，

$$\hat{A}_0=\begin{bmatrix}\hat{A} & \hat{B}C\\ 0 & A_0\end{bmatrix},\ B=\begin{bmatrix}\hat{B}D\\ B\end{bmatrix},\ \tilde{D}=-\hat{D}D。\tag{2.4.4}$$

本节考虑的奇异中立系统的降维 H_∞ 滤波问题如下：

给定常数 $\gamma>0$，确定一个维数低于原系统的形如(2.4.2)的渐近稳定的滤波器，使得滤波误差系统(2.4.3)是渐近稳定的且满足给定 H_∞ 噪音衰减水平 γ，也就是在零初始条件下，对于任意非零的 $\omega(t)\in L_2[0,\infty)$，有

$$\|\tilde{z}(t)\|_2\leqslant\gamma\|\omega(t)\|_2。$$

在这种情形下，我们称滤波误差系统满足噪音衰减水平 γ。

注 2.4.1　滤波误差动态系统是渐近稳定的，意味着中立系统和滤波系统都是稳定的。有必要指出关于系统的降维 H_∞ 滤波问题，也要求原系统和滤波器都是稳定的。

2.4.2　H_∞ 性能分析

引理 2.4.1[153]　$T\in\mathbf{R}^{n\times n}$ 是一个对称矩阵，$U\in\mathbf{R}^{n\times m}$，$V\in\mathbf{R}^{k\times n}$ 并且 $\mathrm{rank}U<n$，$\mathrm{rank}V<n$，则存在 Q 满足 $T+UQV+(UQV)^{\mathrm{T}}<0$ 的充要条件是 $U^{\perp}T(U^{\perp})^{\mathrm{T}}<0$ 且 $(V^{\mathrm{T}})^{\perp}T(V^{\mathrm{T}})^{\perp T}<0$。

接下来，我们建立滤波误差系统(2.4.3)满足噪音衰减水平 γ 的充分条件。

引理 2.4.2　给定常数 $\gamma>0$，滤波误差系统(2.4.3)满足噪音衰减水平 γ 的充分条件是存在矩阵 P_1，P_2 和正定矩阵 $R_i(i=1, 2)$ 满足式(2.4.5)和式(2.4.6)：

$$\begin{bmatrix}P_1\tilde{E} & -P_1\tilde{A}_2\\ P_2\tilde{E} & -P_2\tilde{A}_2\end{bmatrix}\geqslant 0,\tag{2.4.5}$$

$$\begin{bmatrix}\Delta & \tilde{A}_0^{\mathrm{T}}P_2^{\mathrm{T}} & P_1\tilde{A}_1 & P_1\tilde{B} & \tilde{C}^{\mathrm{T}}\\ * & -R_1 & P_2\tilde{A}_1 & P_2\tilde{B} & 0\\ * & * & -R_2 & 0 & 0\\ * & * & * & -\gamma^2 I & \tilde{D}^{\mathrm{T}}\\ * & * & * & * & -I\end{bmatrix}<0,\tag{2.4.6}$$

其中，$\Delta=P_1\tilde{A}_0+\tilde{A}_0^{\mathrm{T}}P_1^{\mathrm{T}}+R_1+R_2$。

证明　令 $\bar{x}=(\tilde{x}^{\mathrm{T}}(t)\ \ \tilde{x}^{\mathrm{T}}(t-\eta))^{\mathrm{T}}$，则由式(2.4.3)可得

$$(\tilde{\boldsymbol{E}} - \tilde{\boldsymbol{A}}_2)\dot{\tilde{\boldsymbol{x}}}(t) = \tilde{\boldsymbol{A}}_0\tilde{\boldsymbol{x}}(t) + \tilde{\boldsymbol{A}}_1\tilde{\boldsymbol{x}}(t-h) + \tilde{\boldsymbol{B}}\boldsymbol{\omega}(t)。 \tag{2.4.7}$$

首先证明当 $\boldsymbol{\omega}(t)=0$ 时系统(2.4.7) 是渐近稳定的。取 Lyapunov-Krasovskii 函数为

$$V[\tilde{\boldsymbol{x}}, t] = \tilde{\boldsymbol{x}}^{\mathrm{T}}(t)\boldsymbol{P}(\tilde{\boldsymbol{E}} - \tilde{\boldsymbol{A}}_2)\tilde{\boldsymbol{x}}(t) + \int_{t-\eta}^{t}\tilde{\boldsymbol{x}}^{\mathrm{T}}(s)\boldsymbol{R}_1\tilde{\boldsymbol{x}}(s)\mathrm{d}s + \int_{t-h}^{t}\tilde{\boldsymbol{x}}^{\mathrm{T}}(s)\boldsymbol{R}_2\tilde{\boldsymbol{x}}(s)\mathrm{d}s,$$

其中，$\boldsymbol{R}_1$，$\boldsymbol{R}_2$ 和 $\boldsymbol{P}=(\boldsymbol{P}_1^{\mathrm{T}}\ \boldsymbol{P}_2^{\mathrm{T}})^{\mathrm{T}}$ 满足式(2.4.5) 和式(2.4.6)。当 $\boldsymbol{\omega}(t)=0$ 时，$V[\tilde{\boldsymbol{x}}, t]$ 关于时间的导数满足

$$\begin{aligned}\dot{V}[\tilde{\boldsymbol{x}}, t] \leqslant\ & 2[\tilde{\boldsymbol{x}}^{\mathrm{T}}(t)\boldsymbol{P}_1 + \tilde{\boldsymbol{x}}^{\mathrm{T}}(t-\eta)\boldsymbol{P}_2][\tilde{\boldsymbol{A}}_0\tilde{\boldsymbol{x}}(t) + \tilde{\boldsymbol{A}}_1\tilde{\boldsymbol{x}}(t-h)] \\ & + \tilde{\boldsymbol{x}}^{\mathrm{T}}(t)(\boldsymbol{R}_1+\boldsymbol{R}_2)\tilde{\boldsymbol{x}}(t) - \tilde{\boldsymbol{x}}^{\mathrm{T}}(t-\eta)\boldsymbol{R}_1\tilde{\boldsymbol{x}}(t-\eta) \\ & - \tilde{\boldsymbol{x}}^{\mathrm{T}}(t-h)\boldsymbol{R}_2\tilde{\boldsymbol{x}}(t-h)。\end{aligned}$$

令 $\boldsymbol{\xi}(t) = [\tilde{\boldsymbol{x}}^{\mathrm{T}}(t)\ \tilde{\boldsymbol{x}}^{\mathrm{T}}(t-\eta)\ \tilde{\boldsymbol{x}}^{\mathrm{T}}(t-h)]^{\mathrm{T}}$，上式可以写为二次型

$$\dot{V}[\tilde{\boldsymbol{x}}, t] \leqslant \boldsymbol{\xi}^{\mathrm{T}}(t)\boldsymbol{Y}\boldsymbol{\xi}(t),$$

其中，

$$\boldsymbol{Y} \triangleq \begin{bmatrix} \Delta & \tilde{\boldsymbol{A}}_0^{\mathrm{T}}\boldsymbol{P}_2^{\mathrm{T}} & \boldsymbol{P}_1\tilde{\boldsymbol{A}}_1 \\ * & -\boldsymbol{R}_1 & \boldsymbol{P}_2\tilde{\boldsymbol{A}}_1 \\ * & * & -\boldsymbol{R}_2 \end{bmatrix}。$$

由式(2.4.6) 可得 $\boldsymbol{Y}<0$，因而滤波误差系统(2.4.3) 是渐近稳定的。

现在考虑滤波误差系统(2.4.3) 的 H_∞ 性能。由于系统(2.4.3) 是渐进稳定的并且 $\boldsymbol{\omega}(t) \in L_2[0, \infty)$，我们在零初始条件下考虑系统(2.4.3) 的 H_∞ 性能指标

$$\begin{aligned}\mathcal{J} &= \int_0^\infty \{\tilde{\boldsymbol{z}}^{\mathrm{T}}(t)\tilde{\boldsymbol{z}}(t) - \gamma^2\boldsymbol{\omega}(t)^{\mathrm{T}}\boldsymbol{\omega}(t)\}\mathrm{d}t \\ &= \int_0^\infty \{\tilde{\boldsymbol{z}}^{\mathrm{T}}(t)\tilde{\boldsymbol{z}}(t) - \gamma^2\boldsymbol{\omega}(t)^{\mathrm{T}}\boldsymbol{\omega}(t) + \dot{V}[\tilde{\boldsymbol{x}}, t]\}\mathrm{d}t + V[\tilde{\boldsymbol{x}}, t]\mid_{t=0} - V[\tilde{\boldsymbol{x}}, t]\mid_{t\to\infty}。\end{aligned} \tag{2.4.8}$$

利用 $V[\tilde{\boldsymbol{x}}, t]\mid_{t=0}=0$，$0 \leqslant V[\tilde{\boldsymbol{x}}, t]\mid_{t\to\infty} \to 0$ 和式(2.4.3)，由式(2.4.8) 可得

$$\begin{aligned}\mathcal{J} \leqslant \int_0^\infty \{ & \tilde{\boldsymbol{x}}^{\mathrm{T}}(t)(\Delta + \tilde{\boldsymbol{C}}^{\mathrm{T}}\tilde{\boldsymbol{C}})\tilde{\boldsymbol{x}}(t) + 2\tilde{\boldsymbol{x}}^{\mathrm{T}}(t)\tilde{\boldsymbol{A}}_0^{\mathrm{T}}\boldsymbol{P}_2^{\mathrm{T}}\tilde{\boldsymbol{x}}(t-\eta) + 2\tilde{\boldsymbol{x}}^{\mathrm{T}}(t)\boldsymbol{P}_1\tilde{\boldsymbol{A}}_1\tilde{\boldsymbol{x}}(t-h) \\ & + 2\tilde{\boldsymbol{x}}^{\mathrm{T}}(t)(\boldsymbol{P}_1\tilde{\boldsymbol{B}} + \tilde{\boldsymbol{C}}^{\mathrm{T}}\tilde{\boldsymbol{D}})\boldsymbol{\omega}(t) - \tilde{\boldsymbol{x}}^{\mathrm{T}}(t-\eta)\boldsymbol{R}_1\tilde{\boldsymbol{x}}(t-\eta) \\ & + 2\tilde{\boldsymbol{x}}^{\mathrm{T}}(t-\eta)\boldsymbol{P}_2\tilde{\boldsymbol{A}}_1\tilde{\boldsymbol{x}}(t-h) - \tilde{\boldsymbol{x}}^{\mathrm{T}}(t-h)\boldsymbol{R}_2\tilde{\boldsymbol{x}}(t-h) \\ & + 2\tilde{\boldsymbol{x}}^{\mathrm{T}}(t-\eta)\boldsymbol{P}_2\tilde{\boldsymbol{B}}\boldsymbol{\omega}(t) + \boldsymbol{\omega}(t)^{\mathrm{T}}(\tilde{\boldsymbol{D}}^{\mathrm{T}}\tilde{\boldsymbol{D}} - \gamma^2\boldsymbol{I})\boldsymbol{\omega}(t)\}\mathrm{d}t。\end{aligned} \tag{2.4.9}$$

令 $\boldsymbol{\zeta}(t) = [\tilde{\boldsymbol{x}}^{\mathrm{T}}(t)\ \tilde{\boldsymbol{x}}^{\mathrm{T}}(t-\eta)\ \tilde{\boldsymbol{x}}^{\mathrm{T}}(t-h)\ \boldsymbol{\omega}^{\mathrm{T}}(t)]^{\mathrm{T}}$，式(2.4.9) 可以写为

$$\mathcal{J} \leqslant \int_0^\infty \boldsymbol{\zeta}^{\mathrm{T}}(t)\boldsymbol{W}\boldsymbol{\zeta}(t)\mathrm{d}t,$$

其中，

$$
\boldsymbol{W}=\begin{bmatrix}
\Delta+\tilde{\boldsymbol{C}}^{\mathrm{T}}\tilde{\boldsymbol{C}} & \tilde{\boldsymbol{A}}_0^{\mathrm{T}}\boldsymbol{P}_2^{\mathrm{T}} & \boldsymbol{P}_1\tilde{\boldsymbol{A}}_1 & \boldsymbol{P}_1\tilde{\boldsymbol{B}}+\tilde{\boldsymbol{C}}^{\mathrm{T}}\tilde{\boldsymbol{D}} \\
* & -\boldsymbol{R}_1 & \boldsymbol{P}_2\tilde{\boldsymbol{A}}_1 & \boldsymbol{P}_2\tilde{\boldsymbol{B}} \\
* & * & -\boldsymbol{R}_2 & \boldsymbol{0} \\
* & * & * & \tilde{\boldsymbol{D}}^{\mathrm{T}}\tilde{\boldsymbol{D}}-\gamma^2\boldsymbol{I}
\end{bmatrix}。
$$

利用Schur补，由式(2.4.6)可以推出 $\boldsymbol{W}<0$。则对于任意非零的 $\boldsymbol{\omega}(t)\in L_2$，有 $\mathcal{J}<0$ 成立，也就是滤波误差系统(2.4.3)具有噪音衰减水平 γ。

2.4.3 降维 H_∞ 滤波

接下来的定理不仅给出了奇异中立系统具有渐近稳定滤波器的充分条件，并且给出了滤波器的具体形式。

定理2.4.1 考虑奇异中立系统(2.4.1)，给定常数 $\gamma>0$，如果存在矩阵 $\boldsymbol{R}_{ij}(i=1,2,j=1,2,3)$，$\boldsymbol{P}_{13}$ 和 $\boldsymbol{P}_{23}$ 满足式(2.4.10) ~ 式(2.4.12)：

$$
\begin{bmatrix}
\boldsymbol{P}_{13}\boldsymbol{E} & -\boldsymbol{P}_{13}\boldsymbol{A}_2 \\
\boldsymbol{P}_{23}\boldsymbol{E} & -\boldsymbol{P}_{23}\boldsymbol{A}_2
\end{bmatrix}\geqslant 0, \tag{2.4.10}
$$

$$
\begin{bmatrix}
\boldsymbol{\Omega}_3 & \boldsymbol{0} & \boldsymbol{A}_0^{\mathrm{T}}\boldsymbol{P}_{23}^{\mathrm{T}} & \boldsymbol{0} & \boldsymbol{P}_{13}\boldsymbol{A}_1 & \boldsymbol{P}_{13}\boldsymbol{B} \\
* & -\boldsymbol{R}_{11} & -\boldsymbol{R}_{12} & \boldsymbol{0} & \boldsymbol{0} & \boldsymbol{0} \\
* & * & -\boldsymbol{R}_{13} & \boldsymbol{0} & \boldsymbol{P}_{23}\boldsymbol{A}_1 & \boldsymbol{P}_{23}\boldsymbol{B} \\
* & * & * & -\boldsymbol{R}_{21} & -\boldsymbol{R}_{22} & \boldsymbol{0} \\
* & * & * & * & -\boldsymbol{R}_{23} & \boldsymbol{0} \\
* & * & * & * & * & -\gamma^2\boldsymbol{I}
\end{bmatrix}<0, \tag{2.4.11}
$$

$$
\begin{bmatrix}
\boldsymbol{N}_1\boldsymbol{\Omega}_3\boldsymbol{N}_1^{\mathrm{T}} & \boldsymbol{0} & \boldsymbol{N}_1\boldsymbol{A}_0^{\mathrm{T}}\boldsymbol{P}_{23}^{\mathrm{T}} & \boldsymbol{0} & \boldsymbol{N}_1\boldsymbol{P}_{13}\boldsymbol{A}_1 & \boldsymbol{N}_1\boldsymbol{P}_{13}\boldsymbol{B}\boldsymbol{N}_2^{\mathrm{T}} & \boldsymbol{N}_1\boldsymbol{L}^{\mathrm{T}} \\
* & -\boldsymbol{R}_{11} & -\boldsymbol{R}_{12} & \boldsymbol{0} & \boldsymbol{0} & \boldsymbol{0} & \boldsymbol{0} \\
* & * & -\boldsymbol{R}_{13} & \boldsymbol{0} & \boldsymbol{P}_{23}\boldsymbol{A}_1 & \boldsymbol{P}_{23}\boldsymbol{B}\boldsymbol{N}_2^{\mathrm{T}} & \boldsymbol{0} \\
* & * & * & -\boldsymbol{R}_{21} & -\boldsymbol{R}_{22} & \boldsymbol{0} & \boldsymbol{0} \\
* & * & * & * & -\boldsymbol{R}_{23} & \boldsymbol{0} & \boldsymbol{0} \\
* & * & * & * & * & -\gamma^2\boldsymbol{N}_2\boldsymbol{N}_2^{\mathrm{T}} & \boldsymbol{0} \\
* & * & * & * & * & * & -\boldsymbol{I}
\end{bmatrix}<0, \tag{2.4.12}
$$

则滤波误差系统(2.4.3)满足噪音衰减水平 γ，其中 $\boldsymbol{\Omega}_3=\boldsymbol{P}_{13}\boldsymbol{A}_0+\boldsymbol{A}_0^{\mathrm{T}}\boldsymbol{P}_{13}^{\mathrm{T}}+\boldsymbol{R}_{13}+\boldsymbol{R}_{23}$，$\boldsymbol{N}_1=(\boldsymbol{C}^{\mathrm{T}})^{\perp}$ 和 $\boldsymbol{N}_2=(\boldsymbol{D}^{\mathrm{T}})^{\perp}$。对应于其可行解，我们得到的 $\hat{n}$ 维滤波器的参数为

$$
\begin{bmatrix}
\hat{\boldsymbol{A}} & \hat{\boldsymbol{B}} \\
\hat{\boldsymbol{C}} & \hat{\boldsymbol{D}}
\end{bmatrix}=\boldsymbol{K}\boldsymbol{\Phi}_L^{+}+\boldsymbol{Z}-\boldsymbol{Z}\boldsymbol{\Phi}_L\boldsymbol{\Phi}_L^{+}, \tag{2.4.13}
$$

$$
\boldsymbol{K}=-\hat{\boldsymbol{W}}^{-1}\boldsymbol{\Psi}^{\mathrm{T}}\boldsymbol{\Lambda}\boldsymbol{\Phi}_R^{\mathrm{T}}(\boldsymbol{\Phi}_R\boldsymbol{\Lambda}\boldsymbol{\Phi}_R^{\mathrm{T}})^{-1}+\hat{\boldsymbol{W}}^{-1}\boldsymbol{\Xi}^{\frac{1}{2}}\boldsymbol{\Xi}(\boldsymbol{\Phi}_R\boldsymbol{\Lambda}\boldsymbol{\Phi}_R^{\mathrm{T}})^{-\frac{1}{2}},
$$

$$\boldsymbol{\Xi} = \hat{\boldsymbol{W}} - \boldsymbol{\Psi}^{\mathrm{T}}[\boldsymbol{\Lambda} - \boldsymbol{\Lambda}\boldsymbol{\Phi}_R^{\mathrm{T}}(\boldsymbol{\Phi}_R\boldsymbol{\Lambda}\boldsymbol{\Phi}_R^{\mathrm{T}})^{-1}\boldsymbol{\Phi}_R\boldsymbol{\Lambda}]\boldsymbol{\Psi},\ \boldsymbol{\Lambda} = (\boldsymbol{\Psi}\hat{\boldsymbol{W}}^{-1}\boldsymbol{\Psi}^{\mathrm{T}} - \boldsymbol{\Omega})^{-1},$$

$$\boldsymbol{\Omega} = \begin{bmatrix} \boldsymbol{\Omega}_1 & \boldsymbol{\Omega}_2 & \boldsymbol{0} & \boldsymbol{0} & \boldsymbol{0} & \boldsymbol{0} & \boldsymbol{0} & \boldsymbol{0} \\ * & \boldsymbol{\Omega}_3 & \boldsymbol{0} & \boldsymbol{A}_0^{\mathrm{T}}\boldsymbol{P}_{23}^{\mathrm{T}} & \boldsymbol{0} & \boldsymbol{P}_{13}\boldsymbol{A}_1 & \boldsymbol{P}_{13}\boldsymbol{B} & \boldsymbol{L}^{\mathrm{T}} \\ * & * & -\boldsymbol{R}_{11} & -\boldsymbol{R}_{12} & \boldsymbol{0} & \boldsymbol{0} & \boldsymbol{0} & \boldsymbol{0} \\ * & * & * & -\boldsymbol{R}_{13} & \boldsymbol{0} & \boldsymbol{P}_{23}\boldsymbol{A}_1 & \boldsymbol{P}_{23}\boldsymbol{B} & \boldsymbol{0} \\ * & * & * & * & -\boldsymbol{R}_{21} & -\boldsymbol{R}_{22} & \boldsymbol{0} & \boldsymbol{0} \\ * & * & * & * & * & -\boldsymbol{R}_{23} & \boldsymbol{0} & \boldsymbol{0} \\ * & * & * & * & * & * & -\gamma^2\boldsymbol{I} & \boldsymbol{0} \\ * & * & * & * & * & * & * & -\boldsymbol{I} \end{bmatrix},$$

$$\boldsymbol{\Phi} = \begin{bmatrix} \boldsymbol{I} & \boldsymbol{0} & \boldsymbol{0} & \boldsymbol{0} & \boldsymbol{0} & \boldsymbol{0} & \boldsymbol{0} & \boldsymbol{0} \\ \boldsymbol{0} & C & \boldsymbol{0} & \boldsymbol{0} & \boldsymbol{0} & \boldsymbol{0} & \boldsymbol{D} & \boldsymbol{0} \end{bmatrix},\ \boldsymbol{\Psi} = \begin{bmatrix} \boldsymbol{P}_{11} & \boldsymbol{0} & \boldsymbol{0} & \boldsymbol{0} & \boldsymbol{0} & \boldsymbol{0} & \boldsymbol{0} & \boldsymbol{0} \\ \boldsymbol{0} & \boldsymbol{0} & \boldsymbol{0} & \boldsymbol{0} & \boldsymbol{0} & \boldsymbol{0} & \boldsymbol{0} & -\boldsymbol{I} \end{bmatrix}^{\mathrm{T}},$$

$\boldsymbol{\Omega}_i = \boldsymbol{R}_{1i} + \boldsymbol{R}_{2i}(i = 1,\ 2)$。

其中，Z 和 Y 是满足 $\sigma_{\max}(Y) < 1$ 的任意矩阵；$\boldsymbol{\Phi}_L$ 和 $\boldsymbol{\Phi}_R$ 是 $\boldsymbol{\Phi}$ 的满秩分解，即 $\boldsymbol{\Phi} = \boldsymbol{\Phi}_L\boldsymbol{\Phi}_R$；正定矩阵 $\boldsymbol{P}_{11}$ 和 $\boldsymbol{W}$ 满足 $\boldsymbol{\Lambda} > 0$。

证明　滤波误差系统(2.4.3)的系数矩阵(2.4.4)可以写为如下形式：

$$\tilde{\boldsymbol{A}}_0 = \bar{\boldsymbol{A}}_0 + \boldsymbol{FGH},\ \tilde{\boldsymbol{B}} = \bar{\boldsymbol{B}} + \boldsymbol{FG}\bar{\boldsymbol{D}},\ \tilde{\boldsymbol{C}} = \bar{\boldsymbol{C}} + \boldsymbol{SGH},\ \tilde{\boldsymbol{D}} = \boldsymbol{SG}\bar{\boldsymbol{D}}, \tag{2.4.14}$$

这里，$\bar{\boldsymbol{A}}_0 = \begin{bmatrix} \boldsymbol{0} & \boldsymbol{0} \\ \boldsymbol{0} & \boldsymbol{A}_0 \end{bmatrix}$，$F = \begin{bmatrix} \boldsymbol{I} & \boldsymbol{0} \\ \boldsymbol{0} & \boldsymbol{0} \end{bmatrix}$，$\boldsymbol{G} = \begin{bmatrix} \hat{\boldsymbol{A}} & \hat{\boldsymbol{B}} \\ \hat{\boldsymbol{C}} & \hat{\boldsymbol{D}} \end{bmatrix}$，$H = \begin{bmatrix} \boldsymbol{I} & \boldsymbol{0} \\ \boldsymbol{0} & \boldsymbol{C} \end{bmatrix}$，

$$\bar{\boldsymbol{C}} = [\boldsymbol{0}\quad \boldsymbol{L}],\ \boldsymbol{S} = [\boldsymbol{0}\quad -\boldsymbol{I}],\ \bar{\boldsymbol{B}} = \begin{bmatrix} \boldsymbol{0} \\ \boldsymbol{B} \end{bmatrix},\ \bar{\boldsymbol{D}} = \begin{bmatrix} \boldsymbol{0} \\ \boldsymbol{D} \end{bmatrix}。$$

利用引理 2.4.2，则系统(2.4.3)具有噪音衰减水平 γ 的充分条件是式(2.4.5)和式(2.4.6)成立。把式(2.4.14)代入式(2.4.6)，得

$$\boldsymbol{\Omega}_c + \boldsymbol{\Psi}_c G\boldsymbol{\Phi}_c + (\boldsymbol{\Psi}_c G\boldsymbol{\Phi}_c)^{\mathrm{T}} < 0, \tag{2.4.15}$$

其中，

$$\boldsymbol{\Omega}_c = \begin{bmatrix} \boldsymbol{P}_1\bar{\boldsymbol{A}}_0 + \bar{\boldsymbol{A}}_0^{\mathrm{T}}\boldsymbol{P}_1^{\mathrm{T}} + \boldsymbol{R}_1 + \boldsymbol{R}_2 & \bar{\boldsymbol{A}}_0^{\mathrm{T}}\boldsymbol{P}_2^{\mathrm{T}} & \boldsymbol{P}_1\tilde{\boldsymbol{A}}_1 & \boldsymbol{P}_1\bar{\boldsymbol{B}} & \bar{\boldsymbol{C}}^{\mathrm{T}} \\ * & -\boldsymbol{R}_1 & \boldsymbol{P}_2\tilde{\boldsymbol{A}}_1 & \boldsymbol{P}_2\bar{\boldsymbol{B}} & \boldsymbol{0} \\ * & * & -\boldsymbol{R}_2 & \boldsymbol{0} & \boldsymbol{0} \\ * & * & * & -\gamma^2\boldsymbol{I} & \boldsymbol{0} \\ * & * & * & * & -\boldsymbol{I} \end{bmatrix},$$

$$\boldsymbol{\Psi}_c = [\boldsymbol{F}^{\mathrm{T}}\boldsymbol{P}_1^{\mathrm{T}}\quad \boldsymbol{F}^{\mathrm{T}}\boldsymbol{P}_2^{\mathrm{T}}\quad \boldsymbol{0}\quad \boldsymbol{0}\quad \boldsymbol{S}^{\mathrm{T}}]^{\mathrm{T}},\ \boldsymbol{\Phi}_c = [\boldsymbol{H}\quad \boldsymbol{0}\quad \boldsymbol{0}\quad \bar{\boldsymbol{D}}\quad \boldsymbol{0}]。$$

再利用引理 2.4.1，可知式(2.4.15)有解 $\boldsymbol{G}$ 的充要条件是

$$\boldsymbol{\Psi}_c^{\perp}\boldsymbol{\Omega}_c(\boldsymbol{\Psi}_c^{\perp})^{\mathrm{T}}<0,\ (\boldsymbol{\Phi}_c^{\mathrm{T}})^{\perp}\boldsymbol{\Omega}_c((\boldsymbol{\Phi}_c^{\mathrm{T}})^{\perp})^{\mathrm{T}}<0。\tag{2.4.16}$$

令式(2.4.5)中的$\boldsymbol{P}_1$，$\boldsymbol{P}_2$具有形式$\boldsymbol{P}_1=\mathrm{diag}\{\boldsymbol{P}_{11},\ \boldsymbol{P}_{13}\}$，$\boldsymbol{P}_2=\mathrm{diag}\{\boldsymbol{0},\ \boldsymbol{P}_{23}\}$且$0<\boldsymbol{P}_{11}\in\mathbf{R}^{\hat{n}\times\hat{n}}$，取

$$\boldsymbol{\Psi}_c^{\perp}=\mathrm{diag}\{[\boldsymbol{0}\quad \boldsymbol{I}],\ \boldsymbol{I},\ \boldsymbol{I},\ [\boldsymbol{I}\quad \boldsymbol{0}]\},\ (\boldsymbol{\Phi}_c^{\mathrm{T}})^{\perp}=\mathrm{diag}\{[\boldsymbol{0}\quad \boldsymbol{N}_1],\ \boldsymbol{I},\ \boldsymbol{I},\ \boldsymbol{N}_2,\ \boldsymbol{I}\},$$

可得式(2.4.16)等价于式(2.4.11)～式(2.4.12)，式(2.4.5)等价于式(2.4.10)。最后，当其可解时，利用文献[153]中的结论可以得到对应的所有$\hat{n}$维滤波器的参数如式(2.4.13)所示。

定理2.4.2 对于奇异中立系统式(2.4.1)，存在形如$\hat{z}(t)=\hat{\boldsymbol{D}}\boldsymbol{y}(t)$的零维滤波器的充分条件是存在矩阵$\boldsymbol{P}_1$，$\boldsymbol{P}_2$，$\boldsymbol{R}_1$，$\boldsymbol{R}_2$满足式(2.4.17)～式(2.4.19)：

$$\begin{bmatrix}\boldsymbol{P}_1\boldsymbol{E} & -\boldsymbol{P}_1\boldsymbol{A}_2\\ \boldsymbol{P}_2\boldsymbol{E} & -\boldsymbol{P}_2\boldsymbol{A}_2\end{bmatrix}\geqslant 0,\tag{2.4.17}$$

$$\begin{bmatrix}\boldsymbol{\Omega}_4 & \boldsymbol{A}_0^{\mathrm{T}}\boldsymbol{P}_2^{\mathrm{T}} & \boldsymbol{P}_1\boldsymbol{A}_1 & \boldsymbol{P}_1\boldsymbol{B}\\ * & -\boldsymbol{R}_1 & \boldsymbol{P}_2\boldsymbol{A}_1 & \boldsymbol{P}_2\boldsymbol{B}\\ * & * & -\boldsymbol{R}_2 & \boldsymbol{0}\\ * & * & * & -\gamma^2\boldsymbol{I}\end{bmatrix}<0,\tag{2.4.18}$$

$$\begin{bmatrix}\boldsymbol{N}_1\boldsymbol{\Omega}_4\boldsymbol{N}_1^{\mathrm{T}} & \boldsymbol{N}_1\boldsymbol{A}_0^{\mathrm{T}}\boldsymbol{P}_2^{\mathrm{T}} & \boldsymbol{N}_1\boldsymbol{P}_1\boldsymbol{A}_1 & \boldsymbol{N}_1\boldsymbol{P}_1\boldsymbol{B}\boldsymbol{N}_2^{\mathrm{T}} & \boldsymbol{N}_1\boldsymbol{L}^{\mathrm{T}}\\ * & -\boldsymbol{R}_1 & \boldsymbol{P}_2\boldsymbol{A}_1 & \boldsymbol{P}_2\boldsymbol{B} & \boldsymbol{0}\\ * & * & -\boldsymbol{R}_2 & \boldsymbol{0} & \boldsymbol{0}\\ * & * & * & -\gamma^2\boldsymbol{N}_2\boldsymbol{N}_2^{\mathrm{T}} & \boldsymbol{0}\\ * & * & * & * & -\boldsymbol{I}\end{bmatrix}<0,\tag{2.4.19}$$

其中，$\boldsymbol{\Omega}_4=\boldsymbol{P}_1\boldsymbol{A}_0+\boldsymbol{A}_0^{\mathrm{T}}\boldsymbol{P}_1^{\mathrm{T}}+\boldsymbol{R}_1+\boldsymbol{R}_2$。对应于其可行解，零维滤波器为$\hat{\boldsymbol{D}}=\boldsymbol{K}\boldsymbol{\Phi}_L^{+}+\boldsymbol{Z}-\boldsymbol{Z}\boldsymbol{\Phi}_L\boldsymbol{\Phi}_L^{+}$，其中，$\boldsymbol{K}$和式(2.4.13)中的一样，这里的

$$\boldsymbol{\Phi}=[\boldsymbol{C}\quad \boldsymbol{0}\quad \boldsymbol{0}\quad \boldsymbol{D}\quad \boldsymbol{0}],\ \boldsymbol{\Psi}=[\boldsymbol{0}\quad \boldsymbol{0}\quad \boldsymbol{0}\quad \boldsymbol{0}\quad -\boldsymbol{I}]^{\mathrm{T}},$$

$$\boldsymbol{\Omega}=\begin{bmatrix}\boldsymbol{\Omega}_1 & \boldsymbol{A}_0^{\mathrm{T}}\boldsymbol{P}_2^{\mathrm{T}} & \boldsymbol{P}_1\boldsymbol{A}_1 & \boldsymbol{P}_1\boldsymbol{B} & \boldsymbol{L}^{\mathrm{T}}\\ * & -\boldsymbol{R}_1 & \boldsymbol{P}_2\boldsymbol{A}_1 & \boldsymbol{P}_2\boldsymbol{B} & \boldsymbol{0}\\ * & * & -\boldsymbol{R}_2 & \boldsymbol{0} & \boldsymbol{0}\\ * & * & * & -\gamma^2\boldsymbol{I} & \boldsymbol{0}\\ * & * & * & * & -\boldsymbol{I}\end{bmatrix}。$$

证明 由系统(2.4.1)和$\hat{z}(t)=\hat{\boldsymbol{D}}\boldsymbol{y}(t)$，可得滤波误差系统为

$$\begin{cases}\boldsymbol{E}\dot{\boldsymbol{x}}(t)=\boldsymbol{A}_0\boldsymbol{x}(t)+\boldsymbol{A}_1\boldsymbol{x}(t-h)+\boldsymbol{A}_2\dot{\boldsymbol{x}}(t-\eta)+\boldsymbol{B}\boldsymbol{\omega}(t),\\ \tilde{z}(t)=z(t)-\hat{z}(t)=(\boldsymbol{L}-\hat{\boldsymbol{D}}\boldsymbol{C})\boldsymbol{x}(t)-\hat{\boldsymbol{D}}\boldsymbol{D}\boldsymbol{\omega}(t),\end{cases}\tag{2.4.20}$$

利用引理2.4.2，则系统(2.4.20)具有噪音衰减水平γ的充分条件是存在矩阵$\boldsymbol{P}_1$，

$\boldsymbol{P}_2$，$\boldsymbol{R}_1$，$\boldsymbol{R}_2$ 满足式(2.4.17) 和

$$\begin{bmatrix} \boldsymbol{\Omega}_4 & \boldsymbol{A}_0^{\mathrm{T}}\boldsymbol{P}_2^{\mathrm{T}} & \boldsymbol{P}_1\boldsymbol{A}_1 & \boldsymbol{P}_1\boldsymbol{B} & \tilde{\boldsymbol{C}}^{\mathrm{T}} \\ * & -\boldsymbol{R}_1 & \boldsymbol{P}_2\boldsymbol{A}_1 & \boldsymbol{P}_2\boldsymbol{B} & \boldsymbol{0} \\ * & * & -\boldsymbol{R}_2 & \boldsymbol{0} & \boldsymbol{0} \\ * & * & * & -\gamma^2 I & \tilde{\boldsymbol{D}}^{\mathrm{T}} \\ * & * & * & * & -\boldsymbol{I} \end{bmatrix} < 0,$$

上式可以写为 $\boldsymbol{\Omega} + \boldsymbol{\Psi}\hat{\boldsymbol{D}}\boldsymbol{\Phi} + (\boldsymbol{\Psi}\hat{\boldsymbol{D}}\boldsymbol{\Phi})^{\mathrm{T}} < 0$。利用引理 2.4.1，它有解 $\hat{\boldsymbol{D}}$ 的充要条件是

$$\boldsymbol{\Psi}^{\perp}\boldsymbol{\Omega}(\boldsymbol{\Psi}^{\perp})^{\mathrm{T}} < 0,\ (\boldsymbol{\Phi}^{\mathrm{T}})^{\perp}\boldsymbol{\Omega}((\boldsymbol{\Phi}^{\mathrm{T}})^{\perp})^{\mathrm{T}} < 0。\qquad (2.4.21)$$

取 $\boldsymbol{\Psi}^{\perp} = \mathrm{diag}\{\boldsymbol{I},\ \boldsymbol{I},\ \boldsymbol{I},\ [\boldsymbol{I}\quad \boldsymbol{0}]\}$，$(\boldsymbol{\Phi}^{\mathrm{T}})^{\perp} = \mathrm{diag}\{\boldsymbol{N}_1,\ \boldsymbol{I},\ \boldsymbol{I},\ \boldsymbol{N}_2,\ \boldsymbol{I}\}$，可得式(2.4.21) 等价于式(2.4.18) 和式(2.4.19)。若其是可行的，则根据文献[153] 中的结论可得到对应解的滤波器的参数 $\hat{\boldsymbol{D}}$。

2.4.4　数值模拟

为了验证结论的可行性，我们分别考虑如下的二维和三维奇异中立系统。

算例 2.4.1　考虑具有如下参数的二维系统(2.4.1)：

$$\boldsymbol{A}_0 = \begin{bmatrix} 0 & 3 \\ -4 & -5 \end{bmatrix},\ \boldsymbol{A}_1 = \begin{bmatrix} -0.5 & 3 \\ -0.2 & -0.5 \end{bmatrix},\ \boldsymbol{A}_2 = \begin{bmatrix} -1 & -1 \\ 0 & 0 \end{bmatrix},\ \boldsymbol{E} = \begin{bmatrix} 1 & 0 \\ 0 & 0 \end{bmatrix},$$

$$\boldsymbol{B} = \begin{bmatrix} 1 \\ -0.1 \end{bmatrix},\ \boldsymbol{C} = [1\quad 0],\ \boldsymbol{D} = 1,\ \boldsymbol{L} = [-1\quad -2],\ h = 0.5,\ \eta = 1。$$

假定要求的 H_∞ 性能为 $\gamma = 1$。令 $(\boldsymbol{C}^{\mathrm{T}})^{\perp} = [0\quad 1]$，解不等式(2.4.10) ~ 不等式(2.4.12) 可得：

$$\boldsymbol{P}_{13} = \begin{bmatrix} 1.7045 & 1.7261 \\ 0 & 1.4831 \end{bmatrix},\ \boldsymbol{P}_{23} = \begin{bmatrix} 1.7045 & 0.8309 \\ 1.7045 & 0.8296 \end{bmatrix},\ \boldsymbol{R}_{13} = \begin{bmatrix} 5.3595 & 4.6118 \\ 4.6118 & 6.1115 \end{bmatrix},$$

$$\boldsymbol{R}_{23} = \begin{bmatrix} 2.7540 & 1.8729 \\ 1.8729 & 3.3793 \end{bmatrix},\ \boldsymbol{R}_{11} = \boldsymbol{R}_{21} = 4.8937,\ \boldsymbol{R}_{12} = \boldsymbol{R}_{22} = [0\quad 0],$$

则由定理 2.4.1 可知降维 H_∞ 滤波问题是可解的。取 $\hat{\boldsymbol{W}} = \begin{bmatrix} 6.3857 & 0 \\ 0 & 0.1815 \end{bmatrix}$，

$\boldsymbol{Y} = \begin{bmatrix} 0.5 & 0.1 \\ 0.2 & 0.4 \end{bmatrix}$，$\boldsymbol{P}_{11} = 10$ 满足 $\boldsymbol{\Lambda} > 0$ 和 $\sigma_{\max}(\boldsymbol{Y}) < 1$，则可得到一维 H_∞ 滤波器的参数如下：

$$\begin{bmatrix} \hat{\boldsymbol{A}} & \hat{\boldsymbol{B}} \\ \hat{\boldsymbol{C}} & \hat{\boldsymbol{D}} \end{bmatrix} = \begin{bmatrix} -1.0865 & 0.0139 \\ 0.1492 & -0.0483 \end{bmatrix},$$

即
$$\begin{cases}\dot{\hat{x}}(t)=-1.0865\hat{x}(t)+0.0139y(t),\\ \hat{z}(t)=0.1492\hat{x}(t)-0.0483y(t)。\end{cases}$$

算例 2.4.2 考虑具有如下参数的三维系统：

$$A_0=\begin{bmatrix}-3&1&2\\1&-4&1\\-1&-1&-5\end{bmatrix},\ A_1=\begin{bmatrix}-1&0&0.3\\0&-1&-0.5\\1&0&-3\end{bmatrix},\ A_2=\begin{bmatrix}-0.1&0&0\\0&-0.1&0.1\\0&0&-0.1\end{bmatrix},$$

$$E=\begin{bmatrix}1&0&0\\0&1&0\\0&0&0\end{bmatrix},\ B=\begin{bmatrix}0.1\\-0.1\\0.1\end{bmatrix},\ C=[1\quad 1\quad 0]=-L,\ D=\eta=1,\ h=0.5。$$

假定要求的 H_∞ 性能为 $\gamma=3$。令 $(C^{\mathrm{T}})^{\perp}=[0\quad 0\quad 1]$，解不等式(2.4.10) ~ 不等式(2.4.12)可得：

$$P_{13}=\begin{bmatrix}0.7702&-0.1657&0.2171\\-0.1657&0.5977&0.1295\\0&0&0.0702\end{bmatrix},\ P_{23}=\begin{bmatrix}-0.0370&0.0087&0.0410\\0.0102&-0.0302&-0.0705\\-0.0144&0.0205&0.0144\end{bmatrix},$$

$$R_{13}=\begin{bmatrix}2.0057&-1.3010&-0.0509\\-1.3010&1.7898&-0.0881\\-0.0509&-0.0881&0.0908\end{bmatrix},\ R_{23}=\begin{bmatrix}1.9964&-1.1180&-0.1508\\-1.1180&1.6283&0.1222\\-0.1508&0.1222&0.3821\end{bmatrix},$$

$R_{11}=R_{21}=34.7248$，$R_{12}=R_{22}=[0\quad 0\quad 0]$，则由定理 2.4.1 可知降维 H_∞ 滤波问题是可解的。取 $\hat{W}^{-1}=\begin{bmatrix}4.7557&0\\0&166.2729\end{bmatrix}$，$Y=\begin{bmatrix}0.5&0.1\\0.2&0.4\end{bmatrix}$，$P_{11}=10$ 满足 $\Lambda>0$ 和 $\sigma_{\max}(Y)<1$，则一维 H_∞ 滤波器的参数为

$$\begin{bmatrix}\hat{A}&\hat{B}\\\hat{C}&\hat{D}\end{bmatrix}=\begin{bmatrix}-25.5832&1.4304\\3.8220&-0.7556\end{bmatrix},$$

即滤波器为

$$\begin{cases}\dot{\hat{x}}(t)=-25.5832\hat{x}(t)+1.4304y(t),\\ \hat{z}(t)=3.822\hat{x}(t)-0.7556y(t)。\end{cases}$$

2.5 小结

本章首先研究了奇异系统的降维 H_∞ 滤波问题。降维滤波器问题的可解性的充要条件是矩阵不等式和非凸秩约束所组成的方程组的可解性，而求解降维滤波器问题的主要困难在于这个非凸秩约束的存在。第一节使用显式构造的方法解决这个非凸优化问题，并实现

滤波器的降维设计，然后提出了一个计算方法来求得相应矩阵不等式方程组的可行解。接下来分别研究了中立系统和奇异中立系统的 H_∞ 滤波器设计问题，不仅给出了滤波误差系统渐近稳定和满足性能要求的充分条件，而且给出了滤波问题可解的充分条件和滤波器的设计方法，同时还分别考虑了不确定性和降维问题。最后通过数值模拟表明方法的可行性。

第3章　线性脉冲系统的有限时间滤波

3.1　引言

一般地，被广泛研究的动态系统可以分为两类：连续系统和离散系统。但是，有些系统状态在某些时间点上会受到脉冲的影响，即状态跳跃，此类系统被称为脉冲系统。这类系统的实例包括病理学中生物神经网络、经济系统中的最优控制模型和频率调制信号处理系统等。迄今为止，关于一般系统的有限时间滤波问题已有了一些结论[125-130]，但关于脉冲系统的有限时间滤波问题的结果非常少[128]。文献[128]研究了离散时间线性脉冲系统的有限时间滤波问题，以LMI的形式给出了滤波误差系统是有限时间稳定的且对于所有非零的噪音满足给定的噪音衰减水平的充分条件，并且给出了有限时间滤波器的设计方法。

本章第一节首先介绍了文献[128]所研究的离散时间线性脉冲系统，然后通过一个数值算例来表明文献[128]中的结论是不正确的，最后通过理论分析找出问题所在，并给出了正确的结论。由于结论中的变量是耦合的，因而不能用MATLAB直接求解，为了避免上述情况，我们给出了两个相对实用的结果。第二节首先描述了连续时间线性脉冲系统的有限时间滤波问题，然后利用Lyapunov函数给出系统有限时间稳定和满足滤波性能要求的充分条件，最后给出了滤波问题可解的充分条件。通过选取变量矩阵的特殊形式和设计特殊形式的滤波器，以LMI的形式给出了问题可解的充分条件。第三节通过数值模拟来表明结论的可行性和有效性。

3.2　离散时间线性脉冲系统的有限时间滤波

考虑如下形式定义在区间 $k\in[0,\ T]$ 上的离散时间脉冲系统：

$$\begin{cases}\boldsymbol{x}(k+1)=\boldsymbol{A}\boldsymbol{x}(k)+\boldsymbol{B}\boldsymbol{\omega}(k), & k\neq\tau_j,\\ \boldsymbol{x}(\tau_j+1)=\boldsymbol{M}\boldsymbol{x}(\tau_j), & j\in\mathbf{Z}^+,\\ \boldsymbol{y}(k)=\boldsymbol{C}\boldsymbol{x}(k)+\boldsymbol{D}\boldsymbol{v}(k), & \\ \boldsymbol{z}(k)=\boldsymbol{L}\boldsymbol{x}(k), & \boldsymbol{x}(0)=\boldsymbol{x}_0,\end{cases}\tag{3.2.1}$$

其中，$k\in\mathbf{Z}^+$，$\boldsymbol{x}(k)\in\mathbf{R}^n$ 表示状态向量；$\boldsymbol{y}(k)\in\mathbf{R}^l$ 表示可测输出向量；$\boldsymbol{z}(k)\in\mathbf{R}^p$ 表示待估测的信号；$\boldsymbol{\omega}(k)\in\mathbf{R}^q$ 和 $\boldsymbol{v}(k)\in\mathbf{R}^r$ 分别表示过程噪音和测量噪音，它们都属于 $l_2[0,\ T]$。时间列 τ_j 表示脉冲点，它表示系统状态在这些时刻点发生了突然的跳跃；$\boldsymbol{A}$，

$\boldsymbol{B}$, $\boldsymbol{M}$, $\boldsymbol{C}$, $\boldsymbol{D}$ 和 $\boldsymbol{L}$ 是具有适当维数的已知的常矩阵。

为了研究系统(3.2.1)，假定下列假设成立：

(H3.1) $\lim_{j\to+\infty}\tau_j=+\infty$，并且存在 $m\in\mathbf{Z}^+$ 使得 $0<\tau_1<\cdots<\tau_m\leqslant T<\tau_{m+1}<\cdots$ 成立；

(H3.2) 对于任意给定的正数 d，噪音信号 $\boldsymbol{\omega}(k)$ 和 $\boldsymbol{v}(k)$ 是时变的且满足

$$\sum_{k=0}^{T}\boldsymbol{\omega}^{\mathrm{T}}(k)\boldsymbol{\omega}(k)\leqslant\frac{d}{2},\quad\sum_{k=0}^{T}\boldsymbol{v}^{\mathrm{T}}(k)\boldsymbol{v}(k)\leqslant\frac{d}{2}。\tag{3.2.2}$$

注 3.2.1　这里考虑的是离散时间系统，并且 $k\in\mathbf{Z}^+$，则假设条件(H3.1)显然正确。因而假设条件(H3.1)对于离散时间系统来说是不必要的。

定义 3.2.1[128]　给定两个正数 c_1, c_2，且 $c_1<c_2$，正定矩阵 $\boldsymbol{R}$ 和一个定义在 $[0, T]$ 上的正定矩阵值函数 $\boldsymbol{\Gamma}(\cdot)$，且 $\boldsymbol{\Gamma}(0)<\boldsymbol{R}$，系统(3.2.1)称为关于 $(c_1, c_2, T, \boldsymbol{R}, \boldsymbol{\Gamma}(\cdot), d)$ 是有限时间稳定的，如果满足

$$\boldsymbol{x}_0^{\mathrm{T}}\boldsymbol{R}\boldsymbol{x}_0\leqslant c_1\Rightarrow\boldsymbol{x}^{\mathrm{T}}(k)\boldsymbol{\Gamma}(k)\boldsymbol{x}(k)\leqslant c_2,\quad\forall k\in[0, T]。$$

有限时间滤波问题就是要对于任意非零的 $\boldsymbol{\omega}(k)\in L_2([0, T], \mathbf{R}^q)$ 和 $\boldsymbol{v}(k)\in L_2([0, T], \mathbf{R}^r)$，在满足估计误差 $\bar{z}(k)-z(k)$ 较小的基础上获得信号 $z(k)$ 的估计信号 $\hat{z}(k)$。设计如下形式的 n 维线性滤波器：

$$\begin{cases}\hat{\boldsymbol{x}}(k+1)=\boldsymbol{A}_f\hat{\boldsymbol{x}}(k)+\boldsymbol{B}_f\boldsymbol{y}(k), & k\neq\tau_j,\\ \hat{\boldsymbol{x}}(\tau_j+1)=\boldsymbol{M}_f\hat{\boldsymbol{x}}(\tau_j), & \tau_j\in N,\\ \hat{z}(k)=\boldsymbol{L}\hat{\boldsymbol{x}}(k), & \hat{\boldsymbol{x}}(0)=\boldsymbol{0},\end{cases}\tag{3.2.3}$$

其中，$\hat{\boldsymbol{x}}(k)\in\mathbf{R}^n$ 和 $\hat{z}(k)\in\mathbf{R}^p$ 分别表示滤波器的状态向量和输出向量，矩阵 $\boldsymbol{A}_f\in\mathbf{R}^{n\times n}$，$\boldsymbol{B}_f\in\mathbf{R}^{n\times l}$ 和 $M_f\in\mathbf{R}^{n\times n}$ 是待定矩阵。

令 $\bar{\boldsymbol{x}}(k)=[\boldsymbol{x}^{\mathrm{T}}(k)\hat{\boldsymbol{x}}^{\mathrm{T}}(k)]^{\mathrm{T}}$，$\bar{z}(k)=z(k)-\hat{z}(k)$，则滤波误差系统可以写为

$$\begin{cases}\bar{\boldsymbol{x}}(k+1)=\bar{\boldsymbol{A}}\bar{\boldsymbol{x}}(k)+\bar{\boldsymbol{B}}\eta(k), & k\neq\tau_j,\\ \bar{\boldsymbol{x}}(\tau_j+1)=\bar{\boldsymbol{M}}\bar{\boldsymbol{x}}(\tau_j), & \tau_j\in\mathbf{Z}^+,\\ \bar{z}(k)=\bar{\boldsymbol{L}}\bar{\boldsymbol{x}}(k), & \bar{\boldsymbol{x}}(0)=\bar{\boldsymbol{x}}_0,\end{cases}\tag{3.2.4}$$

其中

$$\bar{\boldsymbol{A}}=\begin{bmatrix}\boldsymbol{A} & \boldsymbol{0}\\ \boldsymbol{B}_f\boldsymbol{C} & \boldsymbol{A}_f\end{bmatrix},\ \bar{\boldsymbol{B}}=\begin{bmatrix}\boldsymbol{B} & \boldsymbol{0}\\ \boldsymbol{0} & \boldsymbol{B}_f\boldsymbol{D}\end{bmatrix},\ \bar{\boldsymbol{M}}=\begin{bmatrix}\boldsymbol{M} & \boldsymbol{0}\\ \boldsymbol{0} & \boldsymbol{M}_f\end{bmatrix},$$

$$\bar{\boldsymbol{L}}=[\boldsymbol{L}\ -\boldsymbol{L}],\ \bar{\boldsymbol{x}}_0=\begin{bmatrix}\boldsymbol{x}_0\\ \boldsymbol{0}\end{bmatrix},\ \boldsymbol{\eta}(k)=\begin{bmatrix}\boldsymbol{\omega}(k)\\ \boldsymbol{v}(k)\end{bmatrix}。$$

将要研究的有限时间滤波问题可以描述如下。

定义 3.2.2[128]　给定一个离散时间线性脉冲系统(3.2.1)和一个指定的噪音衰减水平 $\gamma>0$，确定一个形如(3.2.3)的线性脉冲滤波器，使得滤波误差系统(3.2.4)是有限时间稳定的；并且在零初始条件下，对于所有非零的 $\boldsymbol{\eta}(k)\in L_2([0, T], \mathbf{R}^{q+r})$，滤波误差满足

$$\sum_{k=0}^{T}\bar{z}^{\mathrm{T}}(k)\bar{z}(k)\leqslant\gamma\sum_{k=0}^{T}\boldsymbol{\eta}^{\mathrm{T}}(k)\boldsymbol{v}(k)。\tag{3.2.5}$$

定理3.2.1[128] 假定(H3.1)和(H3.2)成立，给定系统(3.2.1)和滤波器(3.2.3)，滤波误差系统(3.2.4)是有限时间稳定的，且满足条件(3.2.5)的充分条件是存在矩阵$\boldsymbol{P}>0$满足

$$\begin{bmatrix}\bar{\boldsymbol{A}}^{\mathrm{T}}\boldsymbol{P}\bar{\boldsymbol{A}}+\bar{\boldsymbol{L}}^{\mathrm{T}}\bar{\boldsymbol{L}}-\boldsymbol{P} & \bar{\boldsymbol{A}}^{\mathrm{T}}\boldsymbol{P}\bar{\boldsymbol{B}}\\ \bar{\boldsymbol{B}}^{\mathrm{T}}\boldsymbol{P}\bar{\boldsymbol{B}} & \bar{\boldsymbol{B}}^{\mathrm{T}}\boldsymbol{P}\bar{\boldsymbol{B}}-\gamma\boldsymbol{I}\end{bmatrix}<0,\tag{3.2.6}$$

$$\bar{\boldsymbol{M}}^{\mathrm{T}}\boldsymbol{P}\bar{\boldsymbol{M}}+\bar{\boldsymbol{L}}^{\mathrm{T}}\bar{\boldsymbol{L}}<\boldsymbol{P},\tag{3.2.7}$$

$$\boldsymbol{\Gamma}(k)\leqslant\boldsymbol{P},\tag{3.2.8}$$

$$\lambda c_1+\gamma d\leqslant c_2,\tag{3.2.9}$$

其中，$\lambda=\lambda_{\max}(\boldsymbol{R}^{-1}\boldsymbol{P})$。

定理3.2.2[128] 假定(H3.1)和(H3.2)成立，给定一个常数$\gamma>0$，如果存在矩阵$\boldsymbol{P}_{11}>0$，$\boldsymbol{P}_{22}>0$，$\boldsymbol{P}_{12}$，$\boldsymbol{N}_i(i=1,\cdots,6)$和常数$\lambda>0$满足下列条件：

$$\begin{bmatrix}-\boldsymbol{P}_{11} & -\boldsymbol{P}_{12} & \boldsymbol{0} & \boldsymbol{0} & \boldsymbol{A}^{\mathrm{T}}\boldsymbol{P}_{11}+\boldsymbol{C}^{\mathrm{T}}\boldsymbol{N}_1 & \boldsymbol{A}^{\mathrm{T}}\boldsymbol{P}_{12}+\boldsymbol{C}^{\mathrm{T}}\boldsymbol{N}_2 & \boldsymbol{L}^{\mathrm{T}}\\ * & -\boldsymbol{P}_{22} & \boldsymbol{0} & \boldsymbol{0} & \boldsymbol{N}_3 & \boldsymbol{N}_4 & -L^{\mathrm{T}}\\ * & * & -\gamma\boldsymbol{I} & \boldsymbol{0} & \boldsymbol{B}^{\mathrm{T}}\boldsymbol{P}_{11} & \boldsymbol{B}^{\mathrm{T}}\boldsymbol{P}_{12} & \boldsymbol{0}\\ * & * & * & -\gamma\boldsymbol{I} & \boldsymbol{D}^{\mathrm{T}}\boldsymbol{N}_1 & \boldsymbol{D}^{\mathrm{T}}\boldsymbol{N}_2 & \boldsymbol{0}\\ * & * & * & * & -\boldsymbol{P}_{11} & -\boldsymbol{P}_{12} & \boldsymbol{0}\\ * & * & * & * & * & -\boldsymbol{P}_{22} & \boldsymbol{0}\\ * & * & * & * & * & * & -\boldsymbol{I}\end{bmatrix}<0,\tag{3.2.10}$$

$$\begin{bmatrix}-\boldsymbol{P}_{11} & -\boldsymbol{P}_{12} & \boldsymbol{M}^{\mathrm{T}}\boldsymbol{P}_{11} & \boldsymbol{M}^{\mathrm{T}}\boldsymbol{P}_{12} & \boldsymbol{L}^{\mathrm{T}}\\ * & -\boldsymbol{P}_{22} & \boldsymbol{N}_5 & \boldsymbol{N}_6 & -\boldsymbol{L}^{\mathrm{T}}\\ * & * & -\boldsymbol{P}_{11} & -\boldsymbol{P}_{12} & \boldsymbol{0}\\ * & * & * & -\boldsymbol{P}_{22} & \boldsymbol{0}\\ * & * & * & * & -\boldsymbol{I}\end{bmatrix}<0,\tag{3.2.11}$$

$$\boldsymbol{\Gamma}(k)\leqslant\boldsymbol{P}\leqslant\lambda\boldsymbol{R},\tag{3.2.12}$$

$$\begin{bmatrix}\gamma d-c_2 & \sqrt{c_1}\\ \sqrt{c_1} & -\lambda^{-1}\end{bmatrix}<0,\tag{3.2.13}$$

则有限时间滤波问题是可解的，并且所要求的形如(3.2.3)的有限时间滤波器的参数可选为

$$\boldsymbol{A}_f=\boldsymbol{P}_{22}^{-1}\boldsymbol{N}_4^{\mathrm{T}},\ \boldsymbol{B}_f=\boldsymbol{P}_{22}^{-1}\boldsymbol{N}_2^{\mathrm{T}},\ \boldsymbol{M}_f=\boldsymbol{P}_{22}^{-1}\boldsymbol{N}_6^{\mathrm{T}}。\tag{3.2.14}$$

接下来将通过一个数值算例来表明文献[128]中的定理3.2.2是错误的。

一方面，我们根据定理3.2.2来证明滤波误差系统(3.2.17)是有限时间稳定的。

研究如下的一个离散时间线性脉冲系统的有限时间滤波问题：

$$\begin{cases} \boldsymbol{x}(k+1)=1.1\boldsymbol{x}(k)+\boldsymbol{\omega}(k), & k\neq\tau_j, \\ \boldsymbol{x}(\tau_j+1)=0.65\boldsymbol{x}(\tau_j), & j\in\mathbf{Z}^+, \\ \boldsymbol{y}(k)=\boldsymbol{x}(k)+\boldsymbol{v}(k), \\ \boldsymbol{z}(k)=\boldsymbol{x}(k), \end{cases} \tag{3.2.15}$$

初始值为 $\boldsymbol{x}_0=1$，在确定的时间区间[0, 13]上的脉冲时刻为 $\tau_1=12$。令 $d=0.5$，$c_1=4.3$，$c_2=7.1$，$\gamma=4.8930$，$\boldsymbol{\Gamma}(k)=\begin{bmatrix}2.1066 & -0.4363\\ -0.4363 & 3.8639\end{bmatrix}$，$\boldsymbol{R}=2\boldsymbol{\Gamma}(k)$，根据定理 3.2.2，利用 MATLAB 工具箱可以得到

$$\boldsymbol{P}_{11}=2.1066,\ \boldsymbol{P}_{12}=-0.4363,\ \boldsymbol{P}_{22}=3.8639,\ \boldsymbol{N}_1=-1.6386,$$

$$\boldsymbol{N}_2=0.3056,\ \boldsymbol{N}_3=0.0602,\ \boldsymbol{N}_4=0,\ \boldsymbol{N}_5=0.0711,\ \boldsymbol{N}_6=0,\ \lambda=\frac{1}{2},$$

满足定理 3.2.2 的所有条件。并且根据(3.2.14)，获得的形如式(2.2.3)的滤波器的参数为

$$\boldsymbol{A}_f=0,\ \boldsymbol{B}_f=0.0791,\ \boldsymbol{M}_f=0。\tag{3.2.16}$$

则由系统(3.2.15)和滤波系统(3.2.16)组成的滤波误差系统为

$$\begin{cases} \bar{\boldsymbol{x}}(k+1)=\bar{\boldsymbol{A}}\bar{\boldsymbol{x}}(k)+\bar{\boldsymbol{B}}\boldsymbol{\eta}(k), & k\neq\tau_j, \\ \bar{\boldsymbol{x}}(\tau_j+1)=\bar{\boldsymbol{M}}\bar{\boldsymbol{x}}(\tau_j), & j\in\mathbf{Z}^+, \\ \bar{z}(k)=[1\quad -1]\bar{\boldsymbol{x}}(k), & \bar{\boldsymbol{x}}_0=[1\quad 0]^{\mathrm{T}}, \end{cases} \tag{3.2.17}$$

其中，

$$\bar{\boldsymbol{A}}=\begin{bmatrix}1.1 & 0\\ 0.0791 & 0\end{bmatrix},\ \bar{\boldsymbol{B}}=\begin{bmatrix}1 & 0\\ 0 & 0.0791\end{bmatrix},\ \bar{\boldsymbol{M}}=\begin{bmatrix}0.65 & 0\\ 0 & 0\end{bmatrix}。\tag{3.2.18}$$

因此，根据定理 3.2.2 可知滤波误差系统(3.2.17)是有限时间稳定的。

另一方面，我们通过计算来证明系统(3.2.17)不是有限时间稳定的。

显然，$\bar{\boldsymbol{x}}_0^{\mathrm{T}}\boldsymbol{R}\bar{\boldsymbol{x}}_0=4.2132\leqslant c_1$，且

$$\bar{\boldsymbol{x}}(1)=\bar{\boldsymbol{A}}\bar{\boldsymbol{x}}_0+\bar{\boldsymbol{B}}\boldsymbol{\eta}(0),$$

$$\bar{\boldsymbol{x}}(2)=\bar{\boldsymbol{A}}^2\bar{\boldsymbol{x}}_0+\bar{\boldsymbol{A}}\bar{\boldsymbol{B}}\boldsymbol{\eta}(0)+\bar{\boldsymbol{B}}\boldsymbol{\eta}(1),$$

$$\bar{\boldsymbol{x}}(3)=\bar{\boldsymbol{A}}^3\bar{\boldsymbol{x}}_0+\bar{\boldsymbol{A}}^2\bar{\boldsymbol{B}}\boldsymbol{\eta}(0)+\bar{\boldsymbol{A}}\bar{\boldsymbol{B}}\boldsymbol{\eta}(1)+\bar{\boldsymbol{B}}\boldsymbol{\eta}(2),$$

…

$$\bar{\boldsymbol{x}}(12)=\bar{\boldsymbol{A}}^{12}\bar{\boldsymbol{x}}_0+\bar{\boldsymbol{A}}^{11}\bar{\boldsymbol{B}}\boldsymbol{\eta}(0)+\bar{\boldsymbol{A}}^{10}\bar{\boldsymbol{B}}\boldsymbol{\eta}(1)+\cdots+\bar{\boldsymbol{A}}\bar{\boldsymbol{B}}\boldsymbol{\eta}(10)+\bar{\boldsymbol{B}}\boldsymbol{\eta}(11),$$

$$\bar{\boldsymbol{x}}(13)=\bar{\boldsymbol{M}}[\bar{\boldsymbol{A}}^{12}\bar{\boldsymbol{x}}_0+\bar{\boldsymbol{A}}^{11}\bar{\boldsymbol{B}}\boldsymbol{\eta}(0)+\bar{\boldsymbol{A}}^{10}\bar{\boldsymbol{B}}\boldsymbol{\eta}(1)+\cdots+\bar{\boldsymbol{A}}\bar{\boldsymbol{B}}\boldsymbol{\eta}(10)+\bar{\boldsymbol{B}}\boldsymbol{\eta}(11)]。$$

由于在式(3.2.18)中已给出 $\bar{\boldsymbol{A}}$，$\bar{\boldsymbol{B}}$ 和 $\bar{\boldsymbol{M}}$，则

$$\bar{A}^n=\begin{bmatrix}1.1^n & 0\\ \alpha_n & 0\end{bmatrix},\ \bar{A}^n\bar{B}=\begin{bmatrix}1.1^n & 0\\ \alpha_n & 0\end{bmatrix},$$

其中，$\alpha_n>0$，$\forall n\in\mathbf{N}^+$。

因此，

$$\begin{aligned}\bar{x}(12)=&\begin{bmatrix}1.1^{12} & 0\\ \alpha_{12} & 0\end{bmatrix}\bar{x}_0+\begin{bmatrix}1.1^{11} & 0\\ \alpha_{11} & 0\end{bmatrix}\boldsymbol{\eta}(0)+\begin{bmatrix}1.1^{10} & 0\\ \alpha_{10} & 0\end{bmatrix}\boldsymbol{\eta}(1)\\ &+\cdots+\begin{bmatrix}1.1 & 0\\ \alpha_1 & 0\end{bmatrix}\boldsymbol{\eta}(10)+\begin{bmatrix}1 & 0\\ 0 & 0.0791\end{bmatrix}\boldsymbol{\eta}(11)\\ =&\begin{bmatrix}1.1^{12}+[1.1^{11}\boldsymbol{\omega}(0)+1.1^{10}\boldsymbol{\omega}(1)+\cdots+1.1\boldsymbol{\omega}(10)+\boldsymbol{\omega}(11)]\\ \alpha_{12}+[\alpha_{11}\boldsymbol{\omega}(0)+\alpha_{10}\boldsymbol{\omega}(1)+\cdots+\alpha_1\boldsymbol{\omega}(10)+0.0791\times\boldsymbol{v}(11)]\end{bmatrix}。\end{aligned}$$

选择 $\boldsymbol{\omega}(k)\geqslant 0$ 和 $\boldsymbol{v}(k)$ 满足(H3.2)，则

$$\begin{aligned}\bar{x}^{\mathrm{T}}(13)\boldsymbol{\Gamma}(k)\bar{x}(13)&=\bar{x}^{\mathrm{T}}(12)\bar{\boldsymbol{M}}^{\mathrm{T}}\boldsymbol{\Gamma}(k)\bar{\boldsymbol{M}}\bar{x}(12)\\ &=\bar{x}^{\mathrm{T}}(12)\begin{bmatrix}0.65^2\times 2.1066 & 0\\ 0 & 0\end{bmatrix}\bar{x}(12)\\ &\geqslant 1.1^{12}\times 0.65^2\times 2.1066\times 1.1^{12}\\ &=8.7666\\ &>c_2。\end{aligned}$$

根据定义3.2.1可知，滤波误差系统(3.2.17)不是有限时间稳定的。从仿真图上也可以看出系统(3.2.17)不是有限时间稳定的。图3.1表示系统(3.2.17)对应于 $\boldsymbol{\omega}(k)=\dfrac{1}{16-k}$，$\boldsymbol{v}(k)=\dfrac{1}{15-k}$ 的状态轨迹，从图3.2中可以看出，当 $k>4$ 时，$\bar{x}^{\mathrm{T}}(k)\boldsymbol{\Gamma}(k)\bar{x}(k)$ 已经超出

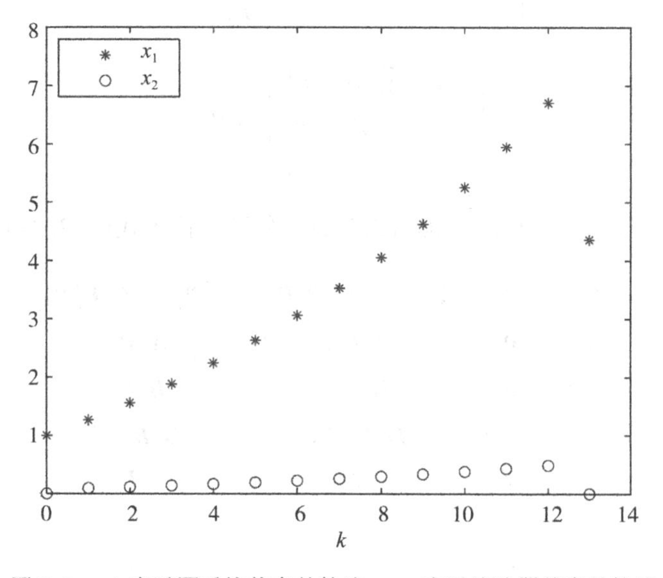

图3.1　* 表示原系统状态的轨迹；○ 表示滤波器状态的轨迹

了界 $c_2 = 7.1$。这与利用定理 3.2.2 证明系统(3.2.17) 是有限时间稳定的矛盾。因此定理 3.2.2 是不正确的。什么原因导致这样的错误呢?

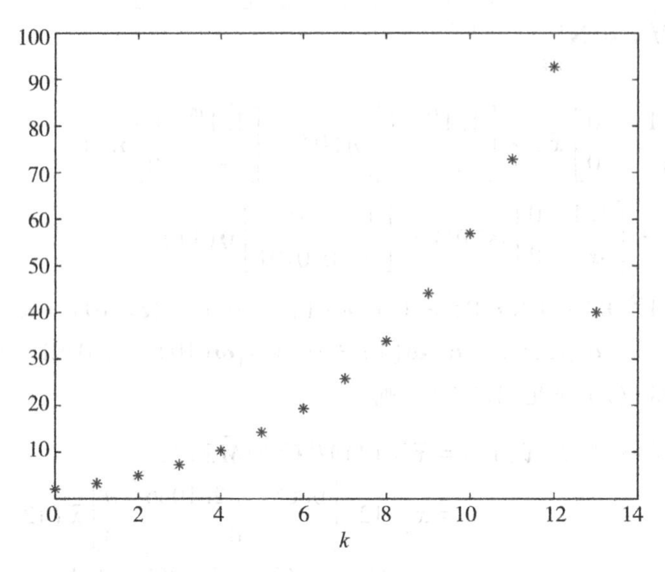

图 3.2　$\bar{\boldsymbol{x}}^{\mathrm{T}}(k)\boldsymbol{\Gamma}(k)\bar{\boldsymbol{x}}(k)$ 的轨迹

利用 Schur 补，式(3.2.6) 和式(3.2.7) 分别等价于

$$\begin{bmatrix} -\boldsymbol{P} & \boldsymbol{0} & \bar{\boldsymbol{A}}^{\mathrm{T}}\boldsymbol{P} & \bar{\boldsymbol{L}}^{\mathrm{T}} \\ * & -\gamma\boldsymbol{I} & \bar{\boldsymbol{B}}^{\mathrm{T}}\boldsymbol{P} & \boldsymbol{0} \\ * & * & -\boldsymbol{P} & \boldsymbol{0} \\ * & * & * & -\boldsymbol{I} \end{bmatrix} < 0, \tag{3.2.19}$$

$$\begin{bmatrix} -\boldsymbol{P} & \bar{\boldsymbol{M}}^{\mathrm{T}}\boldsymbol{P} & \bar{\boldsymbol{L}}^{\mathrm{T}} \\ * & -\boldsymbol{P} & \boldsymbol{0} \\ * & * & -\boldsymbol{I} \end{bmatrix} < 0。 \tag{3.2.20}$$

令 $\boldsymbol{P} = \begin{bmatrix} \boldsymbol{P}_{11} & \boldsymbol{P}_{12} \\ * & \boldsymbol{P}_{22} \end{bmatrix}$，则式(3.2.19) 和式(3.2.20) 分别等价于式(3.2.21) 和式(3.2.22)。

$$\begin{bmatrix} -\boldsymbol{P}_{11} & -\boldsymbol{P}_{12} & \boldsymbol{0} & \boldsymbol{0} & \boldsymbol{A}^{\mathrm{T}}\boldsymbol{P}_{11} + \boldsymbol{C}^{\mathrm{T}}\boldsymbol{B}_f^{\mathrm{T}}\boldsymbol{P}_{12}^{\mathrm{T}} & \boldsymbol{A}^{\mathrm{T}}\boldsymbol{P}_{12} + \boldsymbol{C}^{\mathrm{T}}\boldsymbol{B}_f^{\mathrm{T}}\boldsymbol{P}_{22} & \boldsymbol{L}^{\mathrm{T}} \\ * & -\boldsymbol{P}_{22} & \boldsymbol{0} & \boldsymbol{0} & \boldsymbol{A}_f^{\mathrm{T}}\boldsymbol{P}_{12}^{\mathrm{T}} & \boldsymbol{A}_f^{\mathrm{T}}\boldsymbol{P}_{22} & -\boldsymbol{L}^{\mathrm{T}} \\ * & * & -\gamma\boldsymbol{I} & \boldsymbol{0} & \boldsymbol{B}^{\mathrm{T}}\boldsymbol{P}_{11} & \boldsymbol{B}^{\mathrm{T}}\boldsymbol{P}_{12} & \boldsymbol{0} \\ * & * & * & -\gamma\boldsymbol{I} & \boldsymbol{D}^{\mathrm{T}}\boldsymbol{B}_f^{\mathrm{T}}\boldsymbol{P}_{12}^{\mathrm{T}} & \boldsymbol{D}^{\mathrm{T}}\boldsymbol{B}_f^{\mathrm{T}}\boldsymbol{P}_{22} & \boldsymbol{0} \\ * & * & * & * & -\boldsymbol{P}_{11} & -\boldsymbol{P}_{12} & \boldsymbol{0} \\ * & * & * & * & * & -\boldsymbol{P}_{22} & \boldsymbol{0} \\ * & * & * & * & * & * & -\boldsymbol{I} \end{bmatrix} < 0, \tag{3.2.21}$$

$$\begin{bmatrix} -\boldsymbol{P}_{11} & -\boldsymbol{P}_{12} & \boldsymbol{M}^{\mathrm{T}}\boldsymbol{P}_{11} & \boldsymbol{M}^{\mathrm{T}}\boldsymbol{P}_{12} & \boldsymbol{L}^{\mathrm{T}} \\ * & -\boldsymbol{P}_{22} & \boldsymbol{M}_f^{\mathrm{T}}\boldsymbol{P}_{12}^{\mathrm{T}} & \boldsymbol{M}_f^{\mathrm{T}}\boldsymbol{P}_{22} & -\boldsymbol{L}^{\mathrm{T}} \\ * & * & -\boldsymbol{P}_{11} & -\boldsymbol{P}_{12} & \boldsymbol{0} \\ * & * & * & -\boldsymbol{P}_{22} & \boldsymbol{0} \\ * & * & * & * & -\boldsymbol{I} \end{bmatrix} < 0。 \tag{3.2.22}$$

令 $\boldsymbol{N}_1=\boldsymbol{B}_f^{\mathrm{T}}\boldsymbol{P}_{12}^{\mathrm{T}}$，$\boldsymbol{N}_2=\boldsymbol{B}_f^{\mathrm{T}}\boldsymbol{P}_{22}$，$\boldsymbol{N}_3=\boldsymbol{A}_f^{\mathrm{T}}\boldsymbol{P}_{12}^{\mathrm{T}}$，$\boldsymbol{N}_4=\boldsymbol{A}_f^{\mathrm{T}}\boldsymbol{P}_{22}$，$\boldsymbol{N}_5=\boldsymbol{M}_f^{\mathrm{T}}\boldsymbol{P}_{12}^{\mathrm{T}}$ 和 $\boldsymbol{N}_6=\boldsymbol{M}_f^{\mathrm{T}}\boldsymbol{P}_{22}$，则式(3.2.21)和式(3.2.22)分别等价于式(3.2.10)和式(3.2.11)。$\boldsymbol{N}_1$，$\boldsymbol{N}_2$，$\boldsymbol{N}_3$，$\boldsymbol{N}_4$，$\boldsymbol{N}_5$ 和 $\boldsymbol{N}_6$ 在这里是耦合的。从 $\boldsymbol{N}_2=\boldsymbol{B}_f^{\mathrm{T}}\boldsymbol{P}_{22}$，$\boldsymbol{N}_4=\boldsymbol{A}_f^{\mathrm{T}}\boldsymbol{P}_{22}$，$\boldsymbol{N}_6=\boldsymbol{M}_f^{\mathrm{T}}\boldsymbol{P}_{22}$ 中可以求出 $\boldsymbol{B}_f$，$\boldsymbol{A}_f$，$\boldsymbol{M}_f$。与此同时，$\boldsymbol{N}_1=\boldsymbol{B}_f^{\mathrm{T}}\boldsymbol{P}_{12}^{\mathrm{T}}$，$\boldsymbol{N}_3=\boldsymbol{A}_f^{\mathrm{T}}\boldsymbol{P}_{12}^{\mathrm{T}}$，$\boldsymbol{N}_5=\boldsymbol{M}_f^{\mathrm{T}}\boldsymbol{P}_{12}^{\mathrm{T}}$ 也要满足。因此，定理3.2.2需要增加条件 $\boldsymbol{N}_1=\boldsymbol{N}_2\boldsymbol{P}_{22}^{-1}\boldsymbol{P}_{12}^{\mathrm{T}}$，$\boldsymbol{N}_3=\boldsymbol{N}_4\boldsymbol{P}_{22}^{-1}\boldsymbol{P}_{12}^{\mathrm{T}}$，$\boldsymbol{N}_5=\boldsymbol{N}_6\boldsymbol{P}_{22}^{-1}\boldsymbol{P}_{12}^{\mathrm{T}}$。于是，定理3.2.2应改正如下：

定理3.2.3 假定(H3.2)成立，给定一个常数 $\gamma>0$，如果存在矩阵 $\boldsymbol{P}_{11}>0$，$\boldsymbol{P}_{22}>0$，$\boldsymbol{P}_{12}$，$\boldsymbol{N}_i(i=1,\cdots,6)$ 和常数 $\lambda>0$，使得式(3.2.10)～式(3.2.13)和 $\boldsymbol{N}_1=\boldsymbol{N}_2\boldsymbol{P}_{22}^{-1}\boldsymbol{P}_{12}^{\mathrm{T}}$，$\boldsymbol{N}_3=\boldsymbol{N}_4\boldsymbol{P}_{22}^{-1}\boldsymbol{P}_{12}^{\mathrm{T}}$，$\boldsymbol{N}_5=\boldsymbol{N}_6\boldsymbol{P}_{22}^{-1}\boldsymbol{P}_{12}^{\mathrm{T}}$ 成立，则有限时间滤波问题是可解的，并且所要求的形如式(3.2.3)的有限时间滤波器的参数可选为

$$\boldsymbol{A}_f=\boldsymbol{P}_{22}^{-1}\boldsymbol{N}_4^{\mathrm{T}},\ \boldsymbol{B}_f=\boldsymbol{P}_{22}^{-1}\boldsymbol{N}_2^{\mathrm{T}},\ \boldsymbol{M}_f=\boldsymbol{P}_{22}^{-1}\boldsymbol{N}_6^{\mathrm{T}}。$$

由于在定理3.2.3中出现了耦合，所以利用MATLAB工具箱是很难解决的。为了避免出现耦合，令式(3.2.19)和式(3.2.20)的 $\boldsymbol{P}$ 具有如下形式：

$$\boldsymbol{P}=\begin{bmatrix}\boldsymbol{P}_{11} & \boldsymbol{0}\\ \boldsymbol{0} & \boldsymbol{P}_{22}\end{bmatrix},$$

则有下面的结论。

定理3.2.4 假定(H3.2)成立，给定一个常数 $\gamma>0$，如果存在矩阵 $\boldsymbol{P}_{11}>0$，$\boldsymbol{P}_{22}>0$，$\boldsymbol{N}_1$，$\boldsymbol{N}_2$，$\boldsymbol{N}_3$ 和常数 $\lambda>0$ 使得式(3.2.12)、式(3.2.13)和

$$\begin{bmatrix} -\boldsymbol{P}_{11} & \boldsymbol{0} & \boldsymbol{0} & \boldsymbol{0} & \boldsymbol{A}^{\mathrm{T}}\boldsymbol{P}_{11} & \boldsymbol{C}^{\mathrm{T}}\boldsymbol{N}_1 & \boldsymbol{L}^{\mathrm{T}} \\ * & -\boldsymbol{P}_{22} & \boldsymbol{0} & \boldsymbol{0} & \boldsymbol{0} & \boldsymbol{N}_2 & -\boldsymbol{L}^{\mathrm{T}} \\ * & * & -\gamma\boldsymbol{I} & \boldsymbol{0} & \boldsymbol{B}^{\mathrm{T}}\boldsymbol{P}_{11} & \boldsymbol{0} & \boldsymbol{0} \\ * & * & * & -\gamma\boldsymbol{I} & \boldsymbol{0} & \boldsymbol{D}^{\mathrm{T}}\boldsymbol{N}_1 & \boldsymbol{0} \\ * & * & * & * & -\boldsymbol{P}_{11} & \boldsymbol{0} & \boldsymbol{0} \\ * & * & * & * & * & -\boldsymbol{P}_{22} & \boldsymbol{0} \\ * & * & * & * & * & * & -\boldsymbol{I} \end{bmatrix} < 0,$$

$$\begin{bmatrix} -\boldsymbol{P}_{11} & -\boldsymbol{P}_{12} & \boldsymbol{M}^{\mathrm{T}}\boldsymbol{P}_{11} & \boldsymbol{0} & \boldsymbol{L}^{\mathrm{T}} \\ * & -\boldsymbol{P}_{22} & \boldsymbol{0} & \boldsymbol{N}_3 & -\boldsymbol{L}^{\mathrm{T}} \\ * & * & -\boldsymbol{P}_{11} & \boldsymbol{0} & \boldsymbol{0} \\ * & * & * & -\boldsymbol{P}_{22} & \boldsymbol{0} \\ * & * & * & * & -\boldsymbol{I} \end{bmatrix} < 0$$

成立，则有限时间滤波问题是可解的。并且所要求的形如式(3.2.3)的有限时间滤波器的

参数可选为

$$A_f = P_{22}^{-1}N_2^{\mathrm{T}},\ B_f = P_{22}^{-1}N_1^{\mathrm{T}},\ M_f = P_{22}^{-1}N_3^{\mathrm{T}}。$$

避免出现耦合的另外一种方法是设计一个如下形式的 n 维线性滤波器：

$$\begin{cases} \hat{x}(k+1) = A_f\hat{x}(k) + B_f y(k), & k \neq \tau_j, \\ \hat{x}(\tau_j + 1) = M\hat{x}(\tau_j), & j \in \mathbf{Z}^+, \\ \hat{z}(k) = L\hat{x}(k), & \hat{x}(0) = \mathbf{0}, \end{cases} \tag{3.2.23}$$

其中，$A_f \in \mathbf{R}^{n\times n}$ 和 $B_f \in \mathbf{R}^{n\times l}$ 是待定矩阵。类似于定理 3.2.3 的证明，可以得到如下结论。

定理 3.2.5　假定(H3.2)成立，给定一个常数 $\gamma > 0$，如果存在矩阵 $P_{11} > 0$，$P_{22} > 0$，P_{12}，A_f，B_f 和常数 $\lambda > 0$，使得式(3.2.12)、式(3.2.13)、式(3.2.21)和

$$\begin{bmatrix} -P_{11} & -P_{12} & M^{\mathrm{T}}P_{11} & M^{\mathrm{T}}P_{12} & L^{\mathrm{T}} \\ * & -P_{22} & M^{\mathrm{T}}P_{12}^{\mathrm{T}} & M^{\mathrm{T}}P_{22} & -L^{\mathrm{T}} \\ * & * & -P_{11} & -P_{12} & \mathbf{0} \\ * & * & * & -P_{22} & \mathbf{0} \\ * & * & * & * & -I \end{bmatrix} < 0$$

成立，则有限时间滤波问题是可解的。

注 3.2.2　对于定理 3.2.5，可以按照下列步骤来得到滤波器的参数矩阵。

第一步：解线性矩阵不等式(3.2.24)，求出矩阵 P_{11}，P_{12} 和 P_{22}；

第二步：验证式(3.2.12)，看是否能找到一个常数 $\lambda > 0$ 使得式(3.2.12)和式(3.2.13)成立；

第三步：把 P_{11}，P_{12} 和 P_{22} 代入式(3.2.21)，解线性矩阵不等式(3.2.21)，求出滤波器的参数矩阵 A_f 和 B_f。

3.3　连续时间线性脉冲系统的有限时间滤波

上一节研究了离散时间线性脉冲系统的有限时间滤波问题，接下来我们考虑如下形式的连续时间线性脉冲系统：

$$\begin{cases} \dot{x}(t) = Ax(t) + B\omega(t), & t \neq \tau_j, \\ x(\tau_j^+) = Mx(\tau_j), & j \in \mathbf{Z}^+, \\ y(t) = Cx(t) + Dv(t), & \\ z(t) = Lx(t), & x(0) = x_0, \end{cases} \tag{3.3.1}$$

其中，$x(t) \in \mathbf{R}^n$ 是系统的状态向量；$y(t) \in \mathbf{R}^m$ 是测量输出向量；$z(t) \in \mathbf{R}^q$ 是待估测的信号；时间列 τ_j 是脉冲时刻，即系统的状态在这些时刻经历了一个突然的跳跃；A，B，C，D，M 和 L 是具有适当阶数已知的实的常矩阵；$\omega(t) \in \mathbf{R}^p$ 和 $v(t) \in \mathbf{R}^r$ 分别是过程噪音和测量噪音，且都属于 $L_2[0, \infty)$。

为了研究线性脉冲系统(3.3.1)，我们假定系统满足下列条件：

(H3.3) $\lim\limits_{j\to+\infty}\tau_j=+\infty$，且存在 $m\in\mathbf{Z}^+$ 满足 $0<\tau_1<\cdots<\tau_m\leqslant T<\tau_{m+1}<\cdots$。

(H3.4) 系统状态变量在每个脉冲时刻点 τ_j 都是左连续的，即 $\boldsymbol{x}(\tau_j)=\boldsymbol{x}(\tau_j^-)=\lim\limits_{b\to 0^-}\boldsymbol{x}(\tau_j+b)$ 且 $\boldsymbol{x}(\tau_j^+)=\lim\limits_{b\to 0^+}\boldsymbol{x}(\tau_j+b)$。

(H3.5) 对于给定的正数 d，噪音信号 $\boldsymbol{\omega}(t)$ 和 $\boldsymbol{v}(t)$ 满足 $\int_0^T[\omega^{\mathrm{T}}(t)\boldsymbol{\omega}(t)+v^{\mathrm{T}}(t)\boldsymbol{v}(t)]\mathrm{d}t\leqslant d$。

定义 3.3.1 给定两个正常数 c_1，c_2，且 $c_1\leqslant c_2$，正定矩阵 $\boldsymbol{R}$ 和一个定义在 $[0,\ T]$ 上的正定矩阵值函数 $\boldsymbol{\Gamma}(\cdot)$ 且 $\boldsymbol{\Gamma}(0)<\boldsymbol{R}$，系统(3.3.1)称为关于 $(c_1,\ c_2,\ T,\ \boldsymbol{R},\ \boldsymbol{\Gamma}(\cdot),\ d)$ 是有限时间稳定的，如果满足

$$\boldsymbol{x}_0^{\mathrm{T}}\boldsymbol{R}\boldsymbol{x}_0\leqslant c_1\Rightarrow\boldsymbol{x}^{\mathrm{T}}(t)\boldsymbol{\Gamma}(t)\boldsymbol{x}(t)\leqslant c_2,\quad\forall t\in[0,\ T]。$$

注 3.3.1 有限时间稳定和李雅普诺夫渐近稳定是两个相互独立的概念，一个李雅普诺夫渐近稳定的系统可以不是有限时间稳定的，反之亦然。李雅普诺夫稳定关注的是动态系统的定性行为，而有限时间稳定关注的则是具体的定量信息。

我们设计一个具有如下实现形式的 n 维线性滤波器：

$$\begin{cases}\dot{\hat{\boldsymbol{x}}}(t)=\boldsymbol{A}_f\hat{\boldsymbol{x}}(t)+\boldsymbol{B}_f\boldsymbol{y}(t), & t\neq\tau_j,\\ \hat{\boldsymbol{x}}(\tau_j^+)=\boldsymbol{M}_f\hat{\boldsymbol{x}}(\tau_j), & j\in\mathbf{Z}^+,\\ \hat{z}(t)=\boldsymbol{L}\hat{\boldsymbol{x}}(t), & \hat{\boldsymbol{x}}(0)=\boldsymbol{0},\end{cases}\tag{3.3.2}$$

其中，$\hat{\boldsymbol{x}}(t)\in\mathbf{R}^n$ 和 $\hat{z}(t)\in\mathbf{R}^q$ 分别表示滤波器的状态向量和输出向量，矩阵 $\boldsymbol{A}_f\in\mathbf{R}^{n\times n}$，$\boldsymbol{B}_f\in\mathbf{R}^{n\times m}$ 和 $\boldsymbol{M}_f\in\mathbf{R}^{n\times n}$ 是待定矩阵。

令 $\bar{\boldsymbol{x}}(t)=[\boldsymbol{x}^{\mathrm{T}}(t)\quad\hat{\boldsymbol{x}}^{\mathrm{T}}(t)]^{\mathrm{T}}$ 和 $\bar{z}(t)=z(t)-\hat{z}(t)$，则滤波误差系统为

$$\begin{cases}\dot{\bar{\boldsymbol{x}}}(t)=\bar{\boldsymbol{A}}\bar{\boldsymbol{x}}(t)+\bar{\boldsymbol{B}}\boldsymbol{\eta}(t), & t\neq\tau_j,\\ \bar{\boldsymbol{x}}(\tau_j^+)=\bar{\boldsymbol{M}}\bar{\boldsymbol{x}}(\tau_j), & j\in\mathbf{Z}^+,\\ \bar{z}(t)=\bar{\boldsymbol{L}}\bar{\boldsymbol{x}}(t), & \bar{\boldsymbol{x}}(0)=\bar{\boldsymbol{x}}_0,\end{cases}\tag{3.3.3}$$

其中，$\bar{\boldsymbol{B}}=\mathrm{diag}\{\boldsymbol{B},\ \boldsymbol{B}_f\boldsymbol{D}\}$，$\bar{\boldsymbol{M}}=\mathrm{diag}\{\boldsymbol{M},\ \boldsymbol{M}_f\}$，$\bar{\boldsymbol{L}}=[\boldsymbol{L}\ -\boldsymbol{L}]$，

$$\bar{\boldsymbol{A}}=\begin{bmatrix}\boldsymbol{A} & \boldsymbol{0}\\ \boldsymbol{B}_f\boldsymbol{C} & \boldsymbol{A}_f\end{bmatrix},\quad\bar{\boldsymbol{x}}_0=\begin{bmatrix}\boldsymbol{x}_0\\ \boldsymbol{0}\end{bmatrix},\quad\boldsymbol{\eta}(t)=\begin{bmatrix}\boldsymbol{\omega}(t)\\ \boldsymbol{v}(t)\end{bmatrix}。$$

将要研究的有限时间滤波问题如下：

定义 3.3.2 给定一个连续时间线性脉冲系统(3.3.1)和一个指定的噪音衰减水平 $\gamma>0$，确定一个形如式(3.3.2)的线性脉冲滤波器，使得滤波误差系统(3.3.3)是有限时间稳定的；并且在零初始条件下，对于所有非零的 $\boldsymbol{\eta}(t)\in\boldsymbol{L}_2([0,\ T],\ \mathbf{R}^{p+r})$，滤波误差满足

$$\int_0^T\bar{z}^{\mathrm{T}}(t)\bar{z}(t)\mathrm{d}t\leqslant\gamma\int_0^T\boldsymbol{\eta}^{\mathrm{T}}(t)\boldsymbol{\eta}(t)\mathrm{d}t。\tag{3.3.4}$$

注 3.3.2　从上述定义可以看出，有限时间滤波问题包含两个方面：第一就是要保证滤波误差系统在事先给定的时间段上是有限时间稳定的；第二就是在零初始条件下，对于所有非零的 $\boldsymbol{\eta}(t) \in L_2([0,\ T],\ \mathbf{R}^{p+r})$，在估计误差 $\bar{z}(t)=z(t)-\hat{z}(t)$ 满足条件(3.3.4)的基础上得到信号 $z(t)$ 的估计信号 $\hat{z}(t)$。

定理 3.3.1　假定(H3.3) ~ (H3.5) 成立，给定脉冲系统(3.3.1) 和滤波系统(3.3.2)，若存在正定矩阵 $\boldsymbol{P}$ 和常数 $h>0$，满足

$$\begin{bmatrix} \bar{\boldsymbol{A}}^{\mathrm{T}}\boldsymbol{P}+\boldsymbol{P}\bar{\boldsymbol{A}}+\bar{\boldsymbol{L}}^{\mathrm{T}}\bar{\boldsymbol{L}} & \boldsymbol{P}\bar{\boldsymbol{B}} \\ * & -\gamma\boldsymbol{I} \end{bmatrix}<0, \tag{3.3.5a}$$

$$\bar{\boldsymbol{M}}^{\mathrm{T}}\boldsymbol{P}\bar{\boldsymbol{M}}+\bar{\boldsymbol{L}}^{\mathrm{T}}\bar{\boldsymbol{L}}<\boldsymbol{P}, \tag{3.3.5b}$$

$$\boldsymbol{\Gamma}(t)\leqslant h\boldsymbol{P}, \tag{3.3.5c}$$

$$h[\lambda c_1+\gamma d]\leqslant c_2, \tag{3.3.5d}$$

则滤波误差系统(3.3.3) 是有限时间稳定的且满足式(3.3.4)，其中，$\lambda=\lambda_{\max}(\boldsymbol{R}^{-1}\boldsymbol{P})$。

证明　考虑 Lyapunov 函数 $\boldsymbol{V}(t)=\bar{\boldsymbol{x}}^{\mathrm{T}}(t)\boldsymbol{P}\bar{\boldsymbol{x}}(t)$。

$\forall t\in(\tau_j,\ \tau_{j+1})$，$j\in\mathbf{Z}^+$，由式(3.3.5a) 可得

$$\begin{aligned}\dot{\boldsymbol{V}}(t)&=\dot{\bar{\boldsymbol{x}}}^{\mathrm{T}}(t)\boldsymbol{P}\bar{\boldsymbol{x}}(t)+\bar{\boldsymbol{x}}^{\mathrm{T}}(t)\boldsymbol{P}\dot{\bar{\boldsymbol{x}}}(t)\\&=\bar{\boldsymbol{x}}^{\mathrm{T}}(t)[\bar{\boldsymbol{A}}^{\mathrm{T}}\boldsymbol{P}+\boldsymbol{P}\bar{\boldsymbol{A}}]\bar{\boldsymbol{x}}(t)+2\boldsymbol{\eta}^{\mathrm{T}}(t)\bar{\boldsymbol{B}}^{\mathrm{T}}\boldsymbol{P}\bar{\boldsymbol{x}}(t)\\&\leqslant\gamma\boldsymbol{\eta}^{\mathrm{T}}(t)\boldsymbol{\eta}(t)。\end{aligned}$$

两边关于 t 在区间$[\tau_j^+,\ t]$ 上求积分，得

$$\boldsymbol{V}(t)-\boldsymbol{V}(\tau_j^+)\leqslant\gamma\int_{\tau_j^+}^{t}\boldsymbol{\eta}^{\mathrm{T}}(t)\boldsymbol{\eta}(t)\mathrm{d}t=\gamma\int_{\tau_j}^{t}\boldsymbol{\eta}^{\mathrm{T}}(t)\boldsymbol{\eta}(t)\mathrm{d}t。$$

则 $\forall t\in(\tau_j,\ \tau_{j+1})$，有

$$\begin{aligned}\boldsymbol{V}(t)&\leqslant\boldsymbol{V}(\tau_j^+)+\gamma\int_{\tau_j}^{t}\boldsymbol{\eta}^{\mathrm{T}}(t)\boldsymbol{\eta}(t)\mathrm{d}t\\&=\bar{\boldsymbol{x}}^{\mathrm{T}}(\tau_j^+)\boldsymbol{P}\bar{\boldsymbol{x}}(\tau_j^+)+\gamma\int_{\tau_j}^{t}\boldsymbol{\eta}^{\mathrm{T}}(t)\boldsymbol{\eta}(t)\mathrm{d}t\\&=\bar{\boldsymbol{x}}^{\mathrm{T}}(\tau_j)\bar{\boldsymbol{M}}^{\mathrm{T}}\boldsymbol{P}\bar{\boldsymbol{M}}\bar{\boldsymbol{x}}(\tau_j)+\gamma\int_{\tau_j}^{t}\boldsymbol{\eta}^{\mathrm{T}}(t)\boldsymbol{\eta}(t)\mathrm{d}t\\&\leqslant\bar{\boldsymbol{x}}^{\mathrm{T}}(\tau_j)\boldsymbol{P}\bar{\boldsymbol{x}}(\tau_j)+\gamma\int_{\tau_j}^{t}\boldsymbol{\eta}^{\mathrm{T}}(t)\boldsymbol{\eta}(t)\mathrm{d}t\\&=\boldsymbol{V}(\tau_j)+\gamma\int_{\tau_j}^{t}\boldsymbol{\eta}^{\mathrm{T}}(t)\boldsymbol{\eta}(t)\mathrm{d}t\\&\leqslant\boldsymbol{V}(\tau_{j-1})+\gamma\int_{\tau_{j-1}}^{t}\boldsymbol{\eta}^{\mathrm{T}}(t)\boldsymbol{\eta}(t)\mathrm{d}t\\&\leqslant\cdots\\&\leqslant\boldsymbol{V}(0)+\gamma\int_{0}^{t}\boldsymbol{\eta}^{\mathrm{T}}(t)\boldsymbol{\eta}(t)\mathrm{d}t。\end{aligned}$$

若$\bar{\boldsymbol{x}}_0$ 满足$\bar{\boldsymbol{x}}_0^{\mathrm{T}}\boldsymbol{R}\,\bar{\boldsymbol{x}}_0\leqslant c_1$，则由式(3.3.5c) 和式(3.3.5d) 可以得到：

$\forall t \in [0, T]$ 且 $t \neq \tau_j$，有

$$\begin{aligned}
\bar{\boldsymbol{x}}^{\mathrm{T}}(t)\boldsymbol{\Gamma}(t)\bar{\boldsymbol{x}}(t) &\leqslant h\bar{\boldsymbol{x}}^{\mathrm{T}}(t)\boldsymbol{P}\bar{\boldsymbol{x}}(t) \\
&\leqslant h[\bar{\boldsymbol{x}}_0^{\mathrm{T}}\boldsymbol{P}\bar{\boldsymbol{x}}_0 + \gamma\int_0^t \boldsymbol{\eta}^{\mathrm{T}}(t)\boldsymbol{\eta}(t)\mathrm{d}t] \\
&\leqslant h[\lambda c_1 + \gamma d] \\
&\leqslant c_2。
\end{aligned}$$

由于 $\boldsymbol{x}(t)$ 在脉冲时刻点是左连续的，因此当 $t=\tau_j$ 时上式也成立。由定义 3.3.1 可知，滤波误差系统(3.3.3) 是有限时间稳定的。

下面证明滤波误差系统满足不等式(3.3.4)。$\forall t \in (\tau_j, \tau_{j+1})$，$j \in \mathbf{Z}^+$，由式(3.3.5a) 可得

$$\begin{aligned}
\dot{\boldsymbol{V}}(t) &= \dot{\bar{\boldsymbol{x}}}^{\mathrm{T}}(t)\boldsymbol{P}\bar{\boldsymbol{x}}(t) + \bar{\boldsymbol{x}}^{\mathrm{T}}(t)\boldsymbol{P}\dot{\bar{\boldsymbol{x}}}(t) \\
&= \bar{\boldsymbol{x}}^{\mathrm{T}}(t)[\bar{\boldsymbol{A}}^{\mathrm{T}}\boldsymbol{P} + \boldsymbol{P}\bar{\boldsymbol{A}}]\bar{\boldsymbol{x}}(t) + 2\boldsymbol{\eta}^{\mathrm{T}}(t)\bar{\boldsymbol{B}}^{\mathrm{T}}\boldsymbol{P}\bar{\boldsymbol{x}}(t) \\
&\leqslant -\bar{\boldsymbol{x}}^{\mathrm{T}}(t)\bar{\boldsymbol{L}}^{\mathrm{T}}\bar{\boldsymbol{L}}\bar{\boldsymbol{x}}(t) + \gamma\boldsymbol{\eta}^{\mathrm{T}}(t)\boldsymbol{\eta}(t) \\
&= \gamma\boldsymbol{\eta}^{\mathrm{T}}(t)\boldsymbol{\eta}(t) - \bar{z}^{\mathrm{T}}(t)\bar{z}(t)。
\end{aligned}$$

上式两边关于 t 在区间 $[\tau_j^+, \tau_{j+1}]$ 上积分，可得

$$\boldsymbol{V}(\tau_{j+1}) - \boldsymbol{V}(\tau_j^+) \leqslant \int_{\tau_j}^{\tau_{j+1}}[\gamma\boldsymbol{\eta}^{\mathrm{T}}(t)\boldsymbol{\eta}(t) - \bar{z}^{\mathrm{T}}(t)\bar{z}(t)]\mathrm{d}t,$$

考虑到条件(3.3.5b)，则有

$$\int_{\tau_j}^{\tau_{j+1}}[\bar{z}^{\mathrm{T}}(t)\bar{z}(t) - \gamma\boldsymbol{\eta}^{\mathrm{T}}(t)\boldsymbol{\eta}(t)]\mathrm{d}t \leqslant \boldsymbol{V}(\tau_j^+) - \boldsymbol{V}(\tau_{j+1}) \leqslant \boldsymbol{V}(\tau_j) - \boldsymbol{V}(\tau_{j+1})。$$

因此，

$$\begin{aligned}
&\int_0^T[\bar{z}^{\mathrm{T}}(t)\bar{z}(t) - \gamma\boldsymbol{\eta}^{\mathrm{T}}(t)\boldsymbol{\eta}(t)]\mathrm{d}t \\
=& \int_0^{\tau_1}[\bar{z}^{\mathrm{T}}(t)\bar{z}(t) - \gamma\boldsymbol{\eta}^{\mathrm{T}}(t)\boldsymbol{\eta}(t)]\mathrm{d}t \\
&+ \sum_{i=1}^{m-1}\int_{\tau_i}^{\tau_{i+1}}[\bar{z}^{\mathrm{T}}(t)\bar{z}(t) - \gamma\boldsymbol{\eta}^{\mathrm{T}}(t)\boldsymbol{\eta}(t)]\mathrm{d}t \\
&+ \int_{\tau_m}^{T}[\bar{z}^{\mathrm{T}}(t)\bar{z}(t) - \gamma\boldsymbol{\eta}^{\mathrm{T}}(t)\boldsymbol{\eta}(t)]\mathrm{d}t \\
\leqslant& \boldsymbol{V}(0) - \boldsymbol{V}(T)。
\end{aligned} \tag{3.3.6}$$

由零初始条件和不等式(3.3.6)，可得 $\int_0^T[\bar{z}^{\mathrm{T}}(t)\bar{z}(t) - \gamma\boldsymbol{\eta}^{\mathrm{T}}(t)\boldsymbol{\eta}(t)]\mathrm{d}t \leqslant 0$，则式(3.3.4) 成立。

注 3.3.3 定理3.3.1和文献[128] 中的定理1类似，它们分别对应的是连续时间和离散时间的脉冲系统的结论。但是由于我们引入了松弛变量 h，它使得定理 3.3.1 的应用范围更广一些，当 $\lambda c_1 + \gamma d < c_2$ 时，我们可以适当选择 $h > 1$，它既能保证式(3.3.5d) 成立，又给了 $\boldsymbol{P}$ 更大的自由度；当 $\lambda c_1 + \gamma d > c_2$ 时，我们可以适当选择 $h < 1$，使得式(3.3.5d) 仍然能成立。

定理 3.3.2　假定(H3.3) ~ (H3.5) 成立，给定常数 γ，则滤波问题可解的充分条件是存在矩阵 $\boldsymbol{P}_{11}>0$，$\boldsymbol{P}_{22}>0$，$\boldsymbol{P}_{12}$，$\boldsymbol{N}_i(i=1,\cdots,6)$ 和正常数 λ，h 满足

$$\begin{bmatrix} \boldsymbol{\Delta} & \boldsymbol{A}^{\mathrm{T}}\boldsymbol{P}_{12}+\boldsymbol{N}_3+\boldsymbol{C}^{\mathrm{T}}\boldsymbol{N}_2^{\mathrm{T}} & \boldsymbol{P}_{11}\boldsymbol{B} & \boldsymbol{N}_1\boldsymbol{D} & \boldsymbol{L}^{\mathrm{T}} \\ * & \boldsymbol{N}_4+\boldsymbol{N}_4^{\mathrm{T}} & \boldsymbol{P}_{12}^{\mathrm{T}}\boldsymbol{B} & \boldsymbol{N}_2\boldsymbol{D} & -\boldsymbol{L}^{\mathrm{T}} \\ * & * & -\gamma\boldsymbol{I} & \boldsymbol{0} & \boldsymbol{0} \\ * & * & * & -\gamma\boldsymbol{I} & \boldsymbol{0} \\ * & * & * & * & -\boldsymbol{I} \end{bmatrix}<0, \tag{3.3.7a}$$

$$\begin{bmatrix} -\boldsymbol{P}_{11} & -\boldsymbol{P}_{12} & \boldsymbol{M}^{\mathrm{T}}\boldsymbol{P}_{11} & \boldsymbol{M}^{\mathrm{T}}\boldsymbol{P}_{12} & \boldsymbol{L}^{\mathrm{T}} \\ * & -\boldsymbol{P}_{22} & \boldsymbol{N}_5 & \boldsymbol{N}_6 & -\boldsymbol{L}^{\mathrm{T}} \\ * & * & -\boldsymbol{P}_{11} & -\boldsymbol{P}_{12} & \boldsymbol{0} \\ * & * & * & -\boldsymbol{P}_{22} & \boldsymbol{0} \\ * & * & * & * & -\boldsymbol{I} \end{bmatrix}<0, \tag{3.3.7b}$$

$$\frac{1}{h}\boldsymbol{\Gamma}(t)\leqslant\boldsymbol{P}\leqslant\lambda\boldsymbol{R}, \tag{3.3.7c}$$

$$\begin{bmatrix} \gamma d-\dfrac{c_2}{h} & \sqrt{c_1} \\ * & -\lambda^{-1} \end{bmatrix}<0, \tag{3.3.7d}$$

$$\boldsymbol{N}_1=\boldsymbol{P}_{12}\boldsymbol{B}_f,\ \boldsymbol{N}_3=\boldsymbol{P}_{12}\boldsymbol{A}_f,\ \boldsymbol{N}_5=\boldsymbol{M}_f^{\mathrm{T}}\boldsymbol{P}_{12}^{\mathrm{T}}, \tag{3.3.7e}$$

其中，$\Delta=\boldsymbol{P}_{11}\boldsymbol{A}+\boldsymbol{N}_1\boldsymbol{C}+\boldsymbol{A}^{\mathrm{T}}\boldsymbol{P}_{11}+\boldsymbol{C}^{\mathrm{T}}\boldsymbol{N}_1^{\mathrm{T}}$。当上面的条件满足时，所求的有限时间滤波器的参数为

$$\boldsymbol{A}_f=\boldsymbol{P}_{22}^{-1}\boldsymbol{N}_4,\ \boldsymbol{B}_f=\boldsymbol{P}_{22}^{-1}\boldsymbol{N}_2,\ \boldsymbol{M}_f=\boldsymbol{P}_{22}^{-1}\boldsymbol{N}_6^{\mathrm{T}}。 \tag{3.3.8}$$

证明　应用 Schur 补，式(3.3.5a) 和式(3.3.5b) 分别等价于

$$\begin{bmatrix} \bar{\boldsymbol{A}}^{\mathrm{T}}\boldsymbol{P}+\boldsymbol{P}\bar{\boldsymbol{A}} & \boldsymbol{P}\bar{\boldsymbol{B}} & \bar{\boldsymbol{L}}^{\mathrm{T}} \\ * & -\gamma\boldsymbol{I} & \boldsymbol{0} \\ * & * & -\boldsymbol{I} \end{bmatrix}<0, \tag{3.3.9}$$

$$\begin{bmatrix} -\boldsymbol{P} & \bar{\boldsymbol{M}}^{\mathrm{T}}\boldsymbol{P} & \bar{\boldsymbol{L}}^{\mathrm{T}} \\ * & -\boldsymbol{P} & \boldsymbol{0} \\ * & * & -\boldsymbol{I} \end{bmatrix}<0。 \tag{3.3.10}$$

令 $P=\begin{bmatrix} \boldsymbol{P}_{11} & \boldsymbol{P}_{12} \\ * & \boldsymbol{P}_{22} \end{bmatrix}$，且 $\boldsymbol{P}_{11}>0$，$\boldsymbol{P}_{22}>0$，则式(3.3.9) 和式(3.3.10) 分别等价于式(3.3.11) 和式(3.3.12)：

$$\begin{bmatrix} \boldsymbol{\Omega}_1 & \boldsymbol{\Omega}_2 \\ * & \boldsymbol{\Omega}_3 \end{bmatrix}<0, \tag{3.3.11}$$

$$\begin{bmatrix} -\boldsymbol{P}_{11} & -\boldsymbol{P}_{12} & \boldsymbol{M}^{\mathrm{T}}\boldsymbol{P}_{11} & \boldsymbol{M}^{\mathrm{T}}\boldsymbol{P}_{12} & \boldsymbol{L}^{\mathrm{T}} \\ * & -\boldsymbol{P}_{22} & \boldsymbol{M}_f^{\mathrm{T}}\boldsymbol{P}_{12}^{\mathrm{T}} & \boldsymbol{M}_f^{\mathrm{T}}\boldsymbol{P}_{22} & -\boldsymbol{L}^{\mathrm{T}} \\ * & * & -\boldsymbol{P}_{11} & -\boldsymbol{P}_{12} & \boldsymbol{0} \\ * & * & * & -\boldsymbol{P}_{22} & \boldsymbol{0} \\ * & * & * & * & -\boldsymbol{I} \end{bmatrix} < 0, \tag{3.3.12}$$

其中，$\boldsymbol{\Omega}_1 = \begin{bmatrix} \boldsymbol{\Omega}_{11} & \boldsymbol{A}^{\mathrm{T}}\boldsymbol{P}_{12} + \boldsymbol{P}_{12}\boldsymbol{A}_f + \boldsymbol{C}^{\mathrm{T}}\boldsymbol{B}_f^{\mathrm{T}}\boldsymbol{P}_{22} \\ * & \boldsymbol{P}_{22}\boldsymbol{A}_f + \boldsymbol{A}_f^{\mathrm{T}}\boldsymbol{P}_{22} \end{bmatrix}$，$\boldsymbol{\Omega}_2 = \begin{bmatrix} \boldsymbol{P}_{11}\boldsymbol{B} & \boldsymbol{P}_{12}\boldsymbol{B}_f\boldsymbol{D} & \boldsymbol{L}^{\mathrm{T}} \\ \boldsymbol{P}_{12}^{\mathrm{T}}\boldsymbol{B} & \boldsymbol{P}_{22}\boldsymbol{B}_f\boldsymbol{D} & -\boldsymbol{L}^{\mathrm{T}} \end{bmatrix}$，

$\boldsymbol{\Omega}_3 = \mathrm{diag}\{-\gamma\boldsymbol{I},\ -\gamma\boldsymbol{I},\ -\boldsymbol{I}\}$，$\boldsymbol{\Omega}_{11} = \boldsymbol{C}^{\mathrm{T}}\boldsymbol{B}_f^{\mathrm{T}}\boldsymbol{P}_{12}^{\mathrm{T}} + \boldsymbol{P}_{12}\boldsymbol{B}_f\boldsymbol{C} + \boldsymbol{A}^{\mathrm{T}}\boldsymbol{P}_{11} + \boldsymbol{P}_{11}\boldsymbol{A}$。

令 $\boldsymbol{N}_1 = \boldsymbol{P}_{12}\boldsymbol{B}_f$，$\boldsymbol{N}_2 = \boldsymbol{P}_{22}\boldsymbol{B}_f$，$\boldsymbol{N}_3 = \boldsymbol{P}_{12}\boldsymbol{A}_f$，$\boldsymbol{N}_4 = \boldsymbol{P}_{22}\boldsymbol{A}_f$，$\boldsymbol{N}_5 = \boldsymbol{M}_f^{\mathrm{T}}\boldsymbol{P}_{12}^{\mathrm{T}}$，$\boldsymbol{N}_6 = \boldsymbol{M}_f^{\mathrm{T}}\boldsymbol{P}_{22}$，我们由 $\boldsymbol{N}_2 = \boldsymbol{P}_{22}\boldsymbol{B}_f$，$\boldsymbol{N}_4 = \boldsymbol{P}_{22}\boldsymbol{A}_f$ 和 $\boldsymbol{N}_6 = \boldsymbol{M}_f^{\mathrm{T}}\boldsymbol{P}_{22}$ 可以得到形如式(3.3.8)的滤波器的参数。同时我们还要求 $\boldsymbol{N}_1 = \boldsymbol{P}_{12}\boldsymbol{B}_f$，$\boldsymbol{N}_3 = \boldsymbol{P}_{12}\boldsymbol{A}_f$ 和 $\boldsymbol{N}_5 = \boldsymbol{M}_f^{\mathrm{T}}\boldsymbol{P}_{12}^{\mathrm{T}}$ 成立。因此在式(3.3.7e)成立的条件下，式(3.3.7a)和式(3.3.7b)分别等价于式(3.3.11)和式(3.3.12)。类似地，我们可以证明式(3.3.7c)和式(3.3.7d)能保证式(3.3.5c)和式(3.3.5d)成立。由定理3.3.1知，有限时间滤波问题是可解的。

可以看到，定理3.3.2中的 $\boldsymbol{N}_1$，$\boldsymbol{N}_2$，$\boldsymbol{N}_3$，$\boldsymbol{N}_4$，$\boldsymbol{N}_5$ 和 $\boldsymbol{N}_6$ 是耦合的，不能用MATLAB工具箱直接求解。为了避免这样的问题，我们令式(3.3.9)和式(3.3.10)中的 $\boldsymbol{P}$ 为 $\boldsymbol{P} = \mathrm{diag}\{\boldsymbol{P}_{11},\ \boldsymbol{P}_{22}\}$，且 $\boldsymbol{P}_{11} > 0$，$\boldsymbol{P}_{22} > 0$，这样我们就得到了另外一个结论。

定理3.3.3 假定(H3.3)～(H3.5)成立，给定常数 $\gamma > 0$，则滤波问题可解的充分条件是存在矩阵 $\boldsymbol{P}_{11} > 0$，$\boldsymbol{P}_{22} > 0$，$\boldsymbol{N}_1$，$\boldsymbol{N}_2$，$\boldsymbol{N}_3$ 和正常数 λ，h 满足式(3.3.7c)、式(3.3.7d)和

$$\begin{bmatrix} \boldsymbol{P}_{11}\boldsymbol{A} + \boldsymbol{A}^{\mathrm{T}}\boldsymbol{P}_{11} & \boldsymbol{C}^{\mathrm{T}}\boldsymbol{N}_1^{\mathrm{T}} & \boldsymbol{P}_{11}\boldsymbol{B} & \boldsymbol{0} & \boldsymbol{L}^{\mathrm{T}} \\ * & \boldsymbol{N}_2 + \boldsymbol{N}_2^{\mathrm{T}} & \boldsymbol{0} & \boldsymbol{N}_1\boldsymbol{D} & -\boldsymbol{L}^{\mathrm{T}} \\ * & * & -\gamma\boldsymbol{I} & \boldsymbol{0} & \boldsymbol{0} \\ * & * & * & -\gamma\boldsymbol{I} & \boldsymbol{0} \\ * & * & * & * & -\boldsymbol{I} \end{bmatrix} < 0, \tag{3.3.13}$$

$$\begin{bmatrix} -\boldsymbol{P}_{11} & \boldsymbol{0} & \boldsymbol{M}^{\mathrm{T}}\boldsymbol{P}_{11} & \boldsymbol{0} & \boldsymbol{L}^{\mathrm{T}} \\ * & -\boldsymbol{P}_{22} & \boldsymbol{0} & \boldsymbol{N}_3 & -\boldsymbol{L}^{\mathrm{T}} \\ * & * & -\boldsymbol{P}_{11} & \boldsymbol{0} & \boldsymbol{0} \\ * & * & * & -\boldsymbol{P}_{22} & \boldsymbol{0} \\ * & * & * & * & -\boldsymbol{I} \end{bmatrix} < 0, \tag{3.3.14}$$

当上面的条件满足时，所求的滤波器的参数为

$$\boldsymbol{A}_f = \boldsymbol{P}_{22}^{-1}\boldsymbol{N}_2,\ \boldsymbol{B}_f = \boldsymbol{P}_{22}^{-1}\boldsymbol{N}_1,\ \boldsymbol{M}_f = \boldsymbol{P}_{22}^{-1}\boldsymbol{N}_3^{\mathrm{T}}。$$

避免耦合的另外一种方法是我们设计一个如下形式的 n 维线性滤波器：

$$\begin{cases}\dot{\hat{x}}(t)=A_f\hat{x}(t)+B_fy(t), & t\neq\tau_j,\\ \hat{x}(\tau_j^+)=M\hat{x}(\tau_j), & j\in\mathbf{Z}^+,\\ \hat{z}(t)=L\hat{x}(t), & \hat{x}(0)=\mathbf{0},\end{cases}$$

其中，$A_f\in\mathbf{R}^{n\times n}$ 和 $B_f\in\mathbf{R}^{n\times m}$ 是待定矩阵。类似于定理 3.3.2 的证明，我们可以得到另外一个结论。

定理 3.3.4　假定(H3.3) ~ (H3.5) 成立，给定常数 $\gamma>0$，则有限时间滤波问题可解的充分条件是存在矩阵 $P_{11}>0$，$P_{22}>0$，P_{12}，A_f，B_f 和正常数 λ，h 满足式(3.3.7c)、式(3.3.7d)、式(3.3.11) 和

$$\begin{bmatrix} M^{\mathrm{T}}P_{11}M-P_{11} & M^{\mathrm{T}}P_{12}M-P_{12} & L^{\mathrm{T}}\\ * & M^{\mathrm{T}}P_{22}M-P_{22} & -L^{\mathrm{T}}\\ * & * & -I\end{bmatrix}<0。\tag{3.3.15}$$

注 3.3.4　定理 3.3.4 中条件(3.3.11) 仍有耦合的情况，可以按照下列步骤来得到滤波器的参数矩阵。

第一步：解线性矩阵不等式(3.3.15)，求出未知矩阵 P_{11}，P_{12} 和 P_{22}；

第二步：验证式(3.3.7c)，看是否能找到一个常数 $\lambda>0$ 使得式(3.3.7c) 和式(3.3.7d) 成立；

第三步：解线性矩阵不等式(3.3.11)，求出滤波器的参数矩阵 A_f 和 B_f。

3.4　数值模拟

算例 3.4.1　为了验证文中设计方法的可行性，考虑如下的离散时间线性脉冲系统：

$$\begin{cases} x(k+1)=\begin{bmatrix}0.7 & 0\\ 0.4 & 0.5\end{bmatrix}x(k)+\begin{bmatrix}0.4\\ 0.4\end{bmatrix}\omega(k), & k\neq\tau_j,\\ x(\tau_j^+)=\begin{bmatrix}0.2 & 0\\ 1 & -0.5\end{bmatrix}x(\tau_j), & j=\mathbf{Z}^+,\\ y(k)=\begin{bmatrix}0.6 & 1\\ 0.2 & 0.5\end{bmatrix}x(k)+\begin{bmatrix}0.5\\ 0.5\end{bmatrix}v(k),\\ z(k)=[0.5\quad 0.6]\,x(k),\end{cases}\tag{3.4.1}$$

初始值为 $x_0=\begin{bmatrix}0.2\\ 0.1\end{bmatrix}$。令 $d=1$，$c_1=1$，$c_2=5$，$\gamma=4$，$\Gamma(k)=\mathrm{diag}\left\{2+\dfrac{1}{1+k},\ 1,\ 3,\ 3\right\}$，$R=9I$，我们研究离散时间脉冲系统(3.4.1) 在时间区间[0，7] 上的有限时间滤波问题，它的脉冲时刻为 $\tau_1=2$，$\tau_2=5$。

显然，$x_0^{\mathrm{T}}Rx_0=0.45\leqslant c_1$ 且 $\Gamma(0)<R$。利用定理 3.2.4，满足条件的矩阵 P_{11}，P_{22}，N_1，N_2，N_3 和常数 $\lambda>0$ 分别为

$$N_1=\begin{bmatrix}-0.3920 & -0.4704\\ 0.4008 & 0.4810\end{bmatrix},\ N_2=\begin{bmatrix}-1.9946 & -0.0211\\ -0.0211 & -2.0023\end{bmatrix},\ N_3=\begin{bmatrix}1.9409 & -0.0434\\ -0.0434 & 1.9250\end{bmatrix},$$

$$P_{11}=\begin{bmatrix}3.8390 & 0.3476\\ 0.3476 & 1.1576\end{bmatrix},\ P_{22}=\begin{bmatrix}3.5876 & 0.1933\\ 0.1933 & 3.6585\end{bmatrix},\ \lambda^{-1}=2.0690。$$

则线性脉冲滤波器(3.2.3)的参数为

$$A_f=\begin{bmatrix}0.5572 & 0.0237\\ 0.0237 & -0.5486\end{bmatrix},\ B_f=\begin{bmatrix}-0.1026 & 0.1049\\ -0.1232 & 0.1259\end{bmatrix},\ M_f=\begin{bmatrix}0.5432 & -0.0406\\ -0.0406 & 0.5283\end{bmatrix}。$$

图3.3是上述离散系统对应于$\boldsymbol{\omega}(k)=\frac{1}{2+k}$，$\boldsymbol{v}(k)=\frac{1}{3+k}$的仿真输出结果。其中，图3.3(a)中的 * 和○分别表示原系统状态分量$\boldsymbol{x}_1$和$\boldsymbol{x}_2$的轨迹，图3.3(b)中的 * 和○分别表示滤波器的状态分量$\hat{\boldsymbol{x}}_1$和$\hat{\boldsymbol{x}}_2$的轨迹。

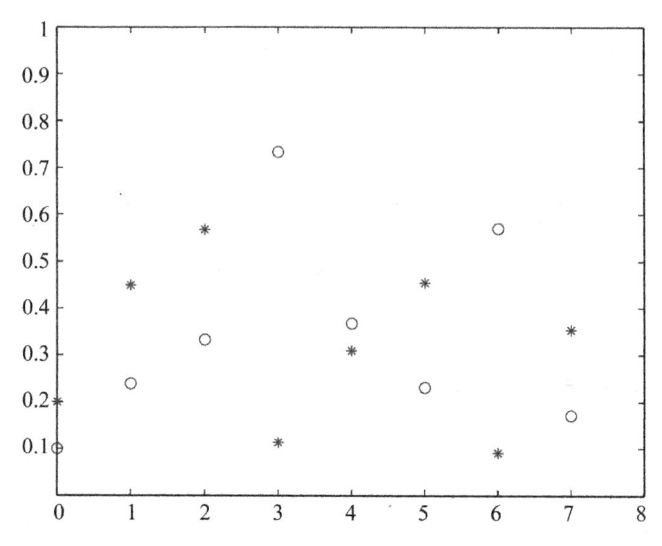

图3.3(a) 系统(3.4.1)的状态分量$\boldsymbol{x}_1$和$\boldsymbol{x}_2$的轨迹

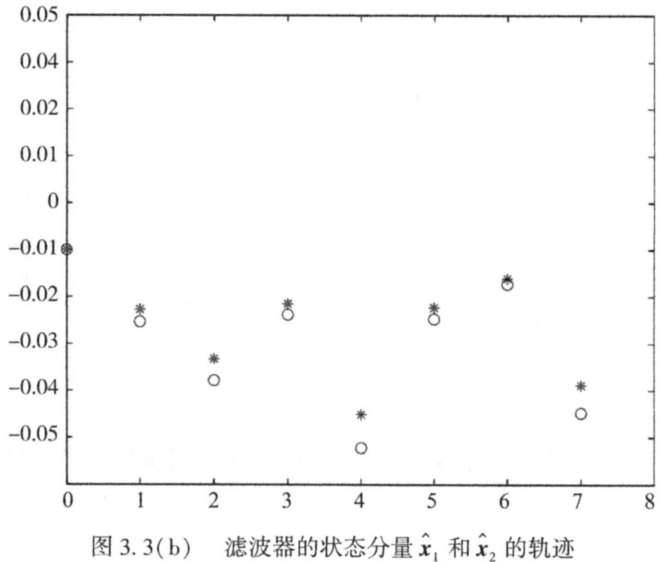

图3.3(b) 滤波器的状态分量$\hat{\boldsymbol{x}}_1$和$\hat{\boldsymbol{x}}_2$的轨迹

图 3.4 是 $\bar{\boldsymbol{x}}^{\mathrm{T}}(k)\boldsymbol{\Gamma}(k)\bar{\boldsymbol{x}}(k)$ 的轨迹。显然，在时间区间[0, 7]上它不超过阈值 $c_2 = 5$，理论分析和数值模拟相吻合。

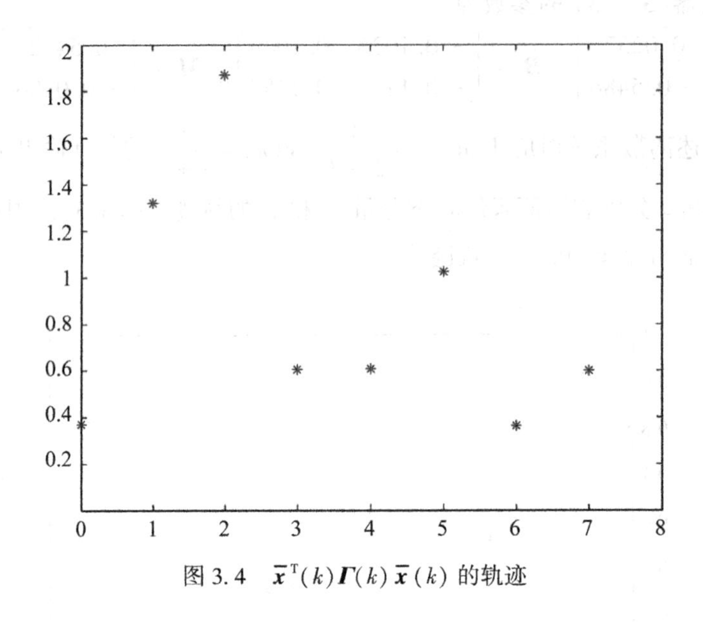

图 3.4　$\bar{\boldsymbol{x}}^{\mathrm{T}}(k)\boldsymbol{\Gamma}(k)\bar{\boldsymbol{x}}(k)$ 的轨迹

图 3.5 是误差 $\bar{z}(k) = z(k) - \hat{z}(k)$ 的轨迹。

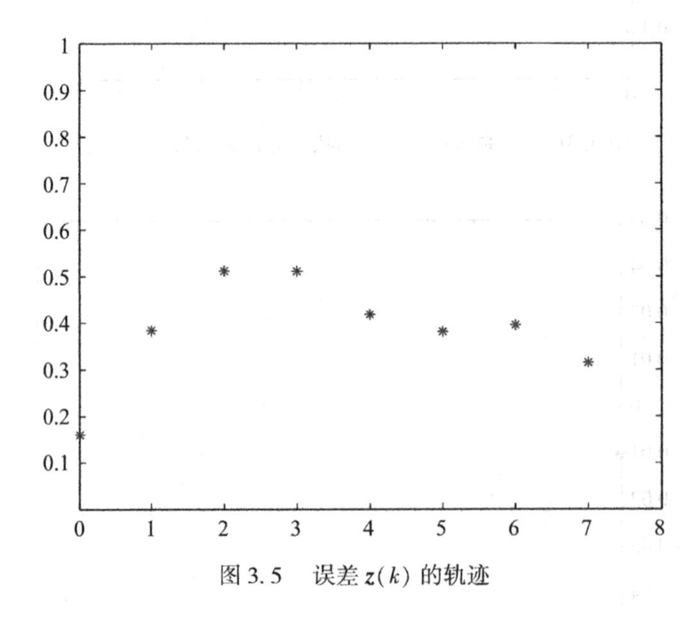

图 3.5　误差 $z(k)$ 的轨迹

例 3.4.2　为了验证文中设计方法的可行性，考虑如下的连续时间线性脉冲系统：

$$
\begin{cases}
\dot{\boldsymbol{x}}(t)=\begin{bmatrix}-1.9 & 0.7\\ 0.6 & -2\end{bmatrix}\boldsymbol{x}(t)+\begin{bmatrix}0.9\\ 0.4\end{bmatrix}\boldsymbol{\omega}(t), & t\neq\tau_j,\\
\boldsymbol{x}(\tau_j^+)=\begin{bmatrix}0.8 & 0.1\\ 0.2 & -0.8\end{bmatrix}\boldsymbol{x}(\tau_j), & j=\mathbf{Z}^+,\\
\boldsymbol{y}(t)=\begin{bmatrix}2.7 & 2.1\\ 1.2 & -1\end{bmatrix}\boldsymbol{x}(t)+\begin{bmatrix}1.2\\ 0.5\end{bmatrix}\boldsymbol{\nu}(t), & \\
z(t)=[0.4\quad 0.7]\,\boldsymbol{x}(t), &
\end{cases}
\tag{3.4.2}
$$

初始值为 $\boldsymbol{x}_0=\begin{bmatrix}0.1\\ 0.2\end{bmatrix}$。令 $d=1$，$c_1=0.28$，$c_2=3.5$，$\gamma=3$，$\boldsymbol{\Gamma}(t)=\text{diag}\{3,\ 2+\sin t,\ 2,\ 2\}$，$\boldsymbol{R}=4\boldsymbol{I}$，我们考虑系统(3.4.2)在时间区间[0，5]上的有限时间滤波问题，它的脉冲时刻为 $\tau_1=2$，$\tau_2=3$。

显然，$\boldsymbol{x}_0^{\mathrm{T}}\boldsymbol{R}\boldsymbol{x}_0=0.2\leqslant c_1$ 且 $\boldsymbol{\Gamma}(0)<\boldsymbol{R}$。若没有松弛变量 h，显然 $\gamma d-c_2=0$，则条件(3.3.7d)不成立，结论不可行。若令 $h=\dfrac{6}{7}$，利用定理3.3.3，可以得到满足条件的矩阵 $\boldsymbol{P}_{11}>0$，$\boldsymbol{P}_{22}>0$，$\boldsymbol{N}_1$，$\boldsymbol{N}_2$，$\boldsymbol{N}_3$ 和常数 $\lambda>0$ 分别为

$$
\boldsymbol{P}_{11}=\begin{bmatrix}3.2311 & -0.0620\\ * & 3.0901\end{bmatrix},\ \boldsymbol{P}_{22}=\begin{bmatrix}2.8454 & 0.0321\\ 0.0321 & 2.8832\end{bmatrix},\ \boldsymbol{N}_1=\begin{bmatrix}0.0779 & -0.1838\\ 0.1363 & -0.3216\end{bmatrix},
$$

$$
\boldsymbol{N}_2=\begin{bmatrix}-4.2195 & 0.3263\\ -0.5493 & -4.3509\end{bmatrix},\ \boldsymbol{N}_3=\begin{bmatrix}1.4938 & -0.0224\\ -0.0224 & 1.4673\end{bmatrix},\ \lambda^{-1}=1.2199。
$$

则线性脉冲滤波器(3.3.2)的参数为

$$
\boldsymbol{A}_f=\begin{bmatrix}-1.4810 & 0.1317\\ -0.1740 & -1.5105\end{bmatrix},\ \boldsymbol{B}_f=\begin{bmatrix}0.0268 & -0.0633\\ 0.0470 & -0.1108\end{bmatrix},\ \boldsymbol{M}_f=\begin{bmatrix}0.5251 & -0.0136\\ -0.0136 & 0.5091\end{bmatrix}。
$$

图3.6是系统(3.4.2)对应于 $\boldsymbol{\omega}(t)=0.4\sin t$，$\boldsymbol{\nu}(t)=0.4\cos t$ 的仿真输出结果。其中，

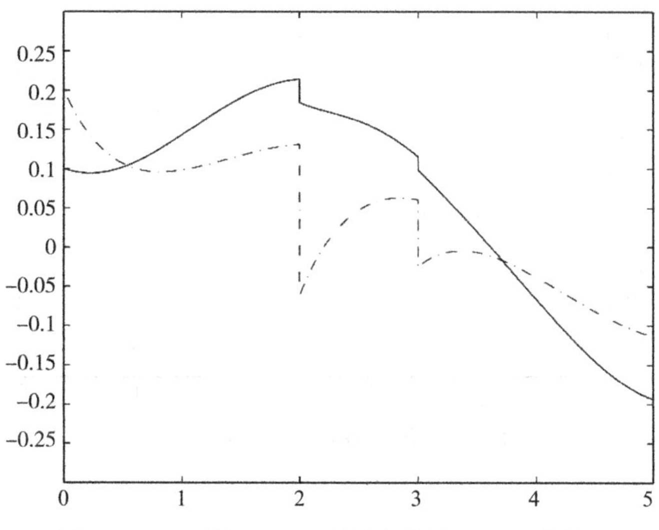

图3.6(a)　系统(3.4.2)的状态分量 x_1 和 x_2 的轨迹

图 3.6(a) 中的实线和虚线分别表示系统(3.4.2)的状态分量 $\boldsymbol{x}_1$ 和 $\boldsymbol{x}_2$ 的轨迹，图 3.6(b) 中的实线和虚线分别表示滤波器的状态分量 $\hat{\boldsymbol{x}}_1$ 和 $\hat{\boldsymbol{x}}_2$ 的轨迹。

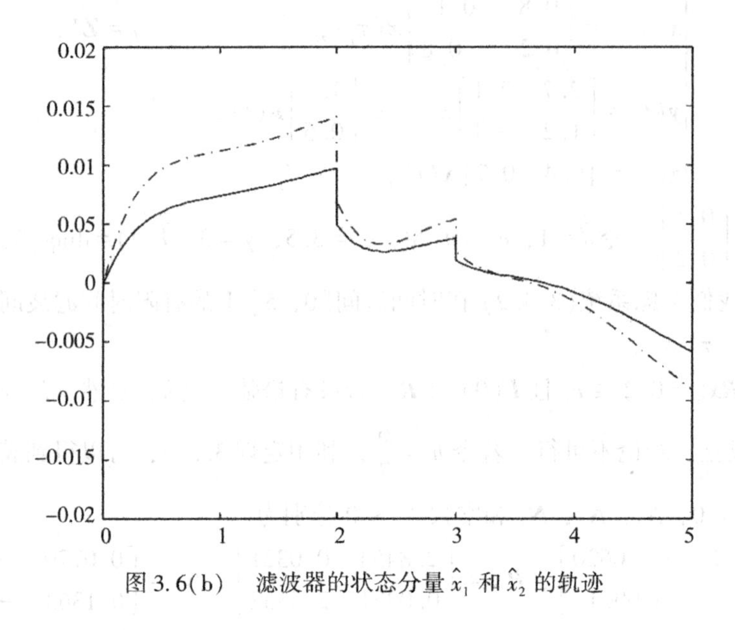

图 3.6(b)　滤波器的状态分量 $\hat{x}_1$ 和 $\hat{x}_2$ 的轨迹

图 3.7 是 $\bar{\boldsymbol{x}}^{\mathrm{T}}(k)\boldsymbol{\Gamma}(k)\bar{\boldsymbol{x}}(k)$ 的轨迹。显然，在时间区间[0, 5]上它不超过阈值 $c_2 = 3.5$，理论分析和数值模拟相吻合。

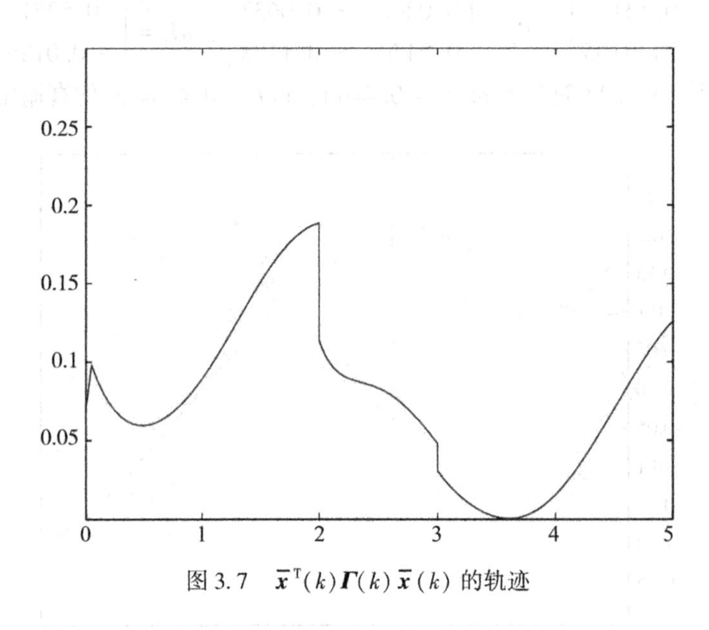

图 3.7　$\bar{\boldsymbol{x}}^{\mathrm{T}}(k)\boldsymbol{\Gamma}(k)\bar{\boldsymbol{x}}(k)$ 的轨迹

图 3.8 是误差 $\bar{z}(t) = z(t) - \hat{z}(t)$ 的轨迹。

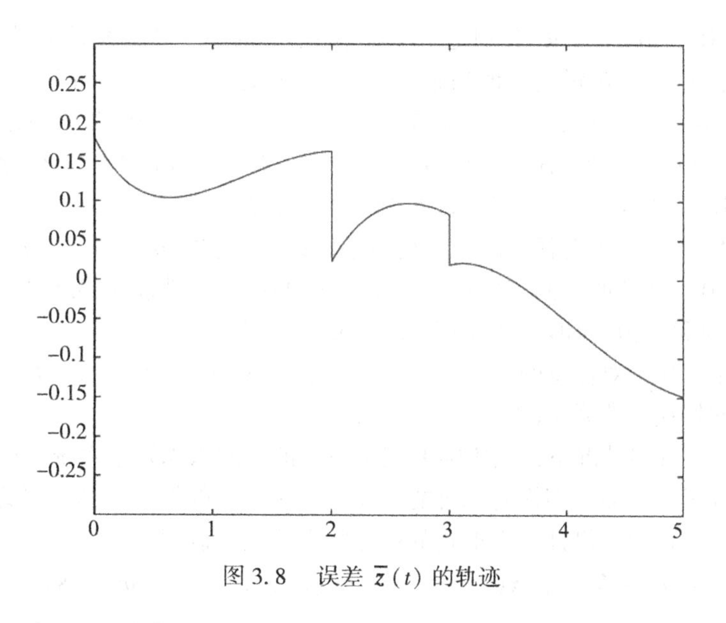

图 3.8 误差 $\bar{z}(t)$ 的轨迹

3.5 离散脉冲切换正时滞系统的异步有限时间控制

本部分主要研究离散脉冲切换正时滞系统的异步有限时间控制问题。上部分已经指出，有限时间稳定和 Lyapunov 渐近稳定是完全不同的两个概念，也就是说，任何一个都推导不出另外一个。对于各种不同类型的系统，关于其 Lyapunov 渐近稳定或者指数稳定已经取得了许多结果，它主要描述的是系统解的收敛性。而有限时间稳定是指在一个指定的时间区间内，系统的状态(权重) 范数不超过一个确定的阈值。关于有限时间稳定和有限时间镇定已经取得了许多结果。值得指出的是，目前关于切换系统有限时间稳定的大部分结果是基于控制器的切换和子系统的切换是同步时的情况得到的。然而，在实际操作中，不可避免地需要花费一些时间来识别子系统从而应用相应的控制器，因此就产生了异步切换。也就是说，控制器的切换时刻可能滞后或者提前相对应的子系统的切换时刻。同时，受环境和系统本身的影响，许多实际的系统可能会在确定的时刻经历一个突然的状态跳跃(即脉冲)。当异步切换和脉冲在一个系统中同时发生时，就会使得该系统的分析和综合问题变得复杂得多。基于此，本节讨论离散脉冲切换正时滞系统在异步切换下的有限时间稳定性和控制问题[154]。

3.5.1 问题描述和预备知识

考虑如下的线性离散脉冲切换时滞系统：

$$\begin{cases}\boldsymbol{x}(k+1)=\boldsymbol{A}_{\sigma(k)}\boldsymbol{x}(k)+\boldsymbol{A}_{d\sigma(k)}\boldsymbol{x}(k-d)+\boldsymbol{B}_{\sigma(k)}\boldsymbol{u}(k), & k\neq k_m-1,\\ \boldsymbol{x}(k+1)=\boldsymbol{E}_{\sigma(k+1)\sigma(k)}\boldsymbol{x}(k), & k=k_m-1,\\ \boldsymbol{x}(k_0+\theta)=\boldsymbol{\varphi}(\theta), & \theta\in[-d,0]。\end{cases} \tag{3.5.1}$$

其中，$x(k) \in \mathbf{R}^n$，$u(k) \in \mathbf{R}^u$ 分别是系统状态和控制输入；$d \in \mathbf{N}$ 是常时滞，$\varphi(\theta)$ 是定义在区间$[-d, 0]$上的离散向量值初始函数，$k_0 = 0$ 是系统的初始时刻。切换信号 σ：$N \to \mathcal{M} = \{1, 2, \cdots, N\}$ ($N \in \mathbf{N}_+$ 是子系统的个数) 是右连续的分段常值函数，$m \in \mathbf{N}_+$，k_m 表示系统(3.5.1)的第 m 个切换时刻。$\boldsymbol{A}_i$，$\boldsymbol{A}_{di}$，$\boldsymbol{B}_i$，$\boldsymbol{E}_{ij}$，$i, j \in \mathcal{M}$，$i \neq j$ 是已知的具有适当阶数的实矩阵。$x \geq 0 (x > 0)$ 表示 x 的每一个分量都大于等于(大于)0。

定义3.5.1[155]　如果对任意的非负初始条件 $\varphi(\theta) \geq 0$，$\theta = -d, -d+1, \cdots, 0$，非负输入 $u(k) \geq 0$ 及任意的切换信号 $\sigma(k)$，离散脉冲切换时滞系统(3.5.1)的解满足 $x(k) \geq 0$，$k \in \mathbf{N}$，则称离散脉冲切换时滞系统(3.5.1)是正的。

引理3.5.1　如果对任意的 $i, j \in \mathcal{M}$，$i \neq j$，有 $\boldsymbol{A}_i \geq 0$，$\boldsymbol{A}_{di} \geq 0$，$\boldsymbol{E}_{ij} \geq 0$，$\boldsymbol{B}_i \geq 0$ 成立，则离散脉冲切换时滞系统(3.5.1)是正的。

注3.5.1　在许多情况下，通常需要花费一定的时间来识别子系统从而应用对应的控制器。这就导致了控制器的切换时刻可能会滞后于子系统的切换时刻，因此，所得到的闭环系统具有了异步切换。设计如下形式的静态状态反馈控制器：

$$u(k) = K_{\sigma(k-\Delta_m)} x(k), \quad \forall k \in [k_m, k_{m+1}), \quad m \in \mathbf{N}, \tag{3.5.2}$$

其中，$\Delta_0 = 0$，$0 < \Delta_m < \inf\limits_{m \geqslant 1}(k_{m+1} - k_m)(m \in \mathbf{N}_+)$ 表示切换时滞周期。设 $\sigma(k)$ 和 $\bar{\sigma}(k)$ 分别表示系统和控制器的切换信号，则 $\bar{\sigma}(0) = \sigma(0)$，$\bar{\sigma}(k_m + \Delta_m) = \sigma(k_m)$，$m \in \mathbf{N}_+$。

设在切换时刻 k_m 时第 i 个子系统被激活，在切换时刻 k_{m-1} 时第 j 个子系统被激活，则在状态反馈控制器(3.5.2)下，所得到的闭环系统可以表示为

$$\begin{cases} x(k+1) = \hat{A}_i x(k) + A_{di} x(k-d), \ k \in [k_m + \Delta_m, k_{m+1}), \ k \neq k_m - 1, \\ x(k+1) = \hat{A}_{ij} x(k) + A_{di} x(k-d), \ k \in [k_m, k_m + \Delta_m), \ k \neq k_m - 1, \\ x(k+1) = E_{ij} x(k), \quad k = k_m - 1, \\ x(k_0 + \theta) = \varphi(\theta), \quad \theta \in [-d, 0], \end{cases} \tag{3.5.3}$$

其中，$\hat{A}_i = A_i + B_i K_i$，$\hat{A}_{ij} = A_i + B_i K_j$。

类似于一般正系统的概念，下面给出闭环系统(3.5.3)的正性定义。

定义3.5.2　如果对任意的非负初始条件 $\varphi(\theta) \geq 0$，$\theta = -d, -d+1, \cdots, 0$ 及任意的切换信号 $\sigma(k)$，闭环系统(3.5.3)的解满足 $x(k) \geq 0$，$k \in \mathbf{N}$，则称闭环系统(3.5.3)是正的。

引理3.5.2　如果对任意的 $i, j \in \mathcal{M}$，$i \neq j$，有 $\hat{\boldsymbol{A}}_i \geq 0$，$\hat{\boldsymbol{A}}_{ij} \geq 0$，$\boldsymbol{A}_{di} \geq 0$，$\boldsymbol{E}_{ij} \geq 0$ 成立，则闭环系统(3.5.3)是正的。

有限时间稳定刻画的是系统在有限时间内的状态界。由于正系统中对状态的正性约束，使得正系统与一般系统的有限时间稳定的定义并不完全相同。下面给出线性离散脉冲切换正时滞系统(3.5.3)有限时间稳定的定义。

定义3.5.3[156]　给定一个正常数 $K_f > 0$ 及两个向量 $\boldsymbol{\delta} > \boldsymbol{\epsilon} > 0$，切换信号 $\sigma(k)$，若下面的不等式成立：

$$\sup_{-d\leqslant\theta\leqslant 0}\{\boldsymbol{x}^{\mathrm{T}}(\theta)\delta\}\leqslant 1\Rightarrow\boldsymbol{x}^{\mathrm{T}}(k)\epsilon<1,\quad\forall k\in[0,K_f],\tag{3.5.4}$$

则称线性离散脉冲切换正时滞系统(3.5.3)关于($\boldsymbol{\delta}$，$\boldsymbol{\epsilon}$，K_f，$\boldsymbol{\sigma}$)是有限时间稳定的。进一步，如果上述不等式对任意的切换信号$\boldsymbol{\sigma}(k)$都成立，则称线性离散脉冲切换正时滞系统(3.5.3)关于($\boldsymbol{\delta}$，$\boldsymbol{\epsilon}$，K_f)是一致有限时间稳定的。

3.5.2 离散脉冲切换正时滞系统的有限时间稳定

本节主要讨论离散脉冲切换正时滞系统(3.5.1)的有限时间稳定问题。通过选取适当的Lyapunov-Krasovskii泛函，利用模型依赖平均驻留时间切换信号，给出当输入$\boldsymbol{u}(k)\equiv 0$时，离散脉冲切换正时滞系统(3.5.1)是有限时间稳定的一个充分条件。为了简便，在接下来的讨论中，不妨设$N_{0i}=0$，$\forall i\in\mathcal{M}$。

定理3.5.1[157] 设对任意的i，$j\in\mathcal{M}$，$i\neq j$，$\boldsymbol{A}_i\succeq 0$，$\boldsymbol{A}_{di}\succeq 0$，$\boldsymbol{E}_{ij}\succeq 0$成立。考虑离散脉冲切换时滞系统(3.5.1)，其中，$\boldsymbol{u}(k)\equiv 0$。对于一个给定的正常数$K_f>0$及两个向量$\boldsymbol{\delta}\succ\boldsymbol{\epsilon}\succ 0$，如果存在正常数$\xi_1$，$\xi_2$，$\xi_3$及向量$\boldsymbol{\nu}_i\succ 0$，$\boldsymbol{v}_i\succ 0$，使得对任意的$i$，$j\in\mathcal{M}$，$i\neq j$，有

$$\boldsymbol{A}_i^{\mathrm{T}}\boldsymbol{\nu}_i-\alpha_i\boldsymbol{\nu}_i+\boldsymbol{v}_i\prec 0,\tag{3.5.5a}$$

$$\boldsymbol{A}_{di}^{\mathrm{T}}\boldsymbol{\nu}_i-\alpha_i^d\boldsymbol{v}_i\prec 0,\tag{3.5.5b}$$

$$\boldsymbol{E}_{ij}\boldsymbol{\nu}_j-\alpha_j\boldsymbol{\nu}_j+\boldsymbol{v}_j\prec 0,\tag{3.5.5c}$$

$$\xi_1\boldsymbol{\epsilon}\prec\boldsymbol{\nu}_i\prec\xi_2\boldsymbol{\delta},\quad\boldsymbol{v}_i\prec\xi_3\boldsymbol{\delta}\tag{3.5.5d}$$

成立，其中，$\alpha_i>1$是给定的正常数。当切换信号$\boldsymbol{\sigma}(k)$满足模型依赖平均驻留时间

$$\tau_{ai}>\tau_{ai}^{*}=\frac{K_f\ln\mu_i}{\ln(\xi_1\alpha_i^{-K_f})-\ln(\xi_2+d\alpha^{d-1}\xi_3)}\tag{3.5.6}$$

时，离散脉冲切换时滞系统(3.5.1)关于($\boldsymbol{\delta}$，$\boldsymbol{\epsilon}$，K_f，$\boldsymbol{\sigma}$)是正的且是有限时间稳定的。其中，$\alpha=\max_{i\in\mathcal{M}}\{\alpha_i\}$，$\mu_i\geqslant 1$满足对任意的$i$，$j\in\mathcal{M}\times\mathcal{M}$，$i\neq j$，

$$\boldsymbol{\nu}_i\preceq\boldsymbol{\mu}_i\boldsymbol{\nu}_j,\quad\boldsymbol{v}_i\preceq\boldsymbol{\mu}_i\boldsymbol{v}_j。\tag{3.5.7}$$

证明 离散脉冲切换时滞系统(3.5.1)的正性可以由引理(3.5.1)直接得到。

为了证明离散脉冲切换正时滞系统(3.5.1)的有限时间稳定性。考虑如下形式的候选Lyapunov函数：

$$\boldsymbol{V}_{\sigma(k)}(k)\triangleq\boldsymbol{V}_{\sigma(k)}(k,\ \boldsymbol{x}(k))=\boldsymbol{x}^{\mathrm{T}}(k)\boldsymbol{\nu}_{\sigma(k)}+\sum_{s=k-d}^{k-1}\alpha_{\sigma(k)}^{k-s-1}\boldsymbol{x}^{\mathrm{T}}(s)\boldsymbol{v}_{\sigma(k)}。$$

设在切换时刻k_m时第i个子系统被激活，在切换时刻k_{m-1}时第j个子系统被激活，则对任意的$k\in[k_m,\ k_{m+1}-1)$，有

$$\begin{aligned}&\boldsymbol{V}_{\sigma(k)}(k+1)-\alpha_{\sigma(k)}\boldsymbol{V}_{\sigma(k)}(k)=\boldsymbol{V}_i(k+1)-\alpha_i\boldsymbol{V}_i(k)\\&=\boldsymbol{x}^{\mathrm{T}}(k+1)\boldsymbol{\nu}_i+\sum_{s=k-d+1}^{k}\alpha_i^{k-s}\boldsymbol{x}^{\mathrm{T}}(s)\boldsymbol{v}_i-\alpha_i\boldsymbol{x}^{\mathrm{T}}(k)\boldsymbol{\nu}_i-\sum_{s=k-d}^{k-1}\alpha_i^{k-s}\boldsymbol{x}^{\mathrm{T}}(s)\boldsymbol{v}_i\\&=\boldsymbol{x}^{\mathrm{T}}(k)\boldsymbol{A}_i^{\mathrm{T}}\boldsymbol{\nu}_i+\boldsymbol{x}^{\mathrm{T}}(k-d)\boldsymbol{A}_{di}^{\mathrm{T}}\boldsymbol{\nu}_i-\alpha_i\boldsymbol{x}^{\mathrm{T}}(k)\boldsymbol{\nu}_i+\boldsymbol{x}^{\mathrm{T}}(k)\boldsymbol{v}_i-\alpha_i^d\boldsymbol{x}^{\mathrm{T}}(k-d)\boldsymbol{v}_i\\&=\boldsymbol{x}^{\mathrm{T}}(k)(\boldsymbol{A}_i^{\mathrm{T}}\boldsymbol{\nu}_i-\alpha_i\boldsymbol{\nu}_i+\boldsymbol{v}_i)+\boldsymbol{x}^{\mathrm{T}}(k-d)(\boldsymbol{A}_{di}^{\mathrm{T}}\boldsymbol{\nu}_i-\alpha_i^d\boldsymbol{v}_i)。\end{aligned}$$

结合不等式(3.5.5a)和不等式(3.5.5b)可知，

$$\boldsymbol{V}_{\sigma(k)}(k+1)-\alpha_{\sigma(k)}\boldsymbol{V}_{\sigma(k)}(k)\leqslant 0,\quad \forall k\in[k_m,\ k_{m+1}-1)。$$

若 $k=k_m-1$，则有 $\boldsymbol{\sigma}(k)=\boldsymbol{\sigma}(k_m-1)=j$，$\boldsymbol{\sigma}(k+1)=\boldsymbol{\sigma}(k_m)=i$。因此，

$$\begin{aligned}
&\boldsymbol{V}_{\sigma(k)}(k+1)-\alpha_{\sigma(k)}\boldsymbol{V}_{\sigma(k)}(k)=\boldsymbol{V}_j(k_m)-\alpha_j\boldsymbol{V}_j(k_m-1)\\
&=\boldsymbol{x}^{\mathrm{T}}(k_m)\boldsymbol{\nu}_j+\sum_{s=k_m-d}^{k_m-1}\alpha_j^{k_m-s-1}\boldsymbol{x}^{\mathrm{T}}(s)\boldsymbol{v}_j-\alpha_j\boldsymbol{x}^{\mathrm{T}}(k_m-1)\boldsymbol{\nu}_j-\sum_{s=k_m-d-1}^{k_m-2}\alpha_j^{k_m-s-1}\boldsymbol{x}^{\mathrm{T}}(s)\boldsymbol{v}_j\\
&=\boldsymbol{x}^{\mathrm{T}}(k_m-1)\boldsymbol{E}_{ij}^{\mathrm{T}}\boldsymbol{\nu}_j-\alpha_j\boldsymbol{x}^{\mathrm{T}}(k_m-1)\boldsymbol{\nu}_j+\boldsymbol{x}^{\mathrm{T}}(k_m-1)\boldsymbol{v}_j-\alpha_j^d\boldsymbol{x}^{\mathrm{T}}(k_m-d-1)\boldsymbol{v}_j\\
&\leqslant\boldsymbol{x}^{\mathrm{T}}(k_m-1)(\boldsymbol{E}_{ij}^{\mathrm{T}}\boldsymbol{\nu}_j-\alpha_j\boldsymbol{\nu}_j+\boldsymbol{v}_j)。
\end{aligned}$$

根据不等式(3.5.5c)可知，$\boldsymbol{V}_{\sigma(k)}(k+1)-\alpha_{\sigma(k)}\boldsymbol{V}_{\sigma(k)}(k)\leqslant 0,\quad \forall k=k_m-1,\ m\in\mathbf{N}_+$。因此，

$$\boldsymbol{V}_{\sigma(k)}(k+1)-\alpha_{\sigma(k)}\boldsymbol{V}_{\sigma(k)}(k)\leqslant 0,\quad \forall k\in[k_m,\ k_{m+1})。$$

由不等式(3.5.7)可得 $\boldsymbol{V}_i(k_m)\leqslant\boldsymbol{\mu}_i\boldsymbol{V}_j(k_m^-)$。于是，$\forall k\geqslant 0$，有

$$\begin{aligned}
\boldsymbol{V}_{\sigma(k)}(k)&\leqslant\alpha_{\sigma(k)}^{k-k_{N_\sigma(k,\ 0)}}\boldsymbol{V}_{\sigma(k_{N_\sigma(k,\ 0)})}(k_{N_\sigma(k,\ 0)})\\
&\leqslant\alpha_{\sigma(k)}^{k-k_{N_\sigma(k,\ 0)}}\boldsymbol{\mu}_{\sigma(k_{N_\sigma(k,\ 0)})}\boldsymbol{V}_{\sigma(k_{N_\sigma(k,\ 0)-1})}(k_{N_\sigma(k,\ 0)}^-)\\
&\leqslant\boldsymbol{\mu}_{\sigma(k_{N_\sigma(k,\ 0)})}\alpha_{\sigma(k)}^{k-k_{N_\sigma(k,\ 0)}}\alpha_{\sigma(k_{N_\sigma(k,\ 0)-1})}^{k_{N_\sigma(k,\ 0)}-k_{N_\sigma(k,\ 0)-1}}\boldsymbol{V}_{\sigma(k_{N_\sigma(k,\ 0)-1})}(k_{N_\sigma(k,\ 0)-1})\\
&\leqslant\cdots\\
&\leqslant\prod_{s=0}^{N_\sigma(k,\ 0)}\boldsymbol{\mu}_{\sigma(k_s)}\prod_{s=0}^{N_\sigma(k,\ 0)-1}\alpha_{\sigma(k_s)}^{k_{s+1}-k_s}\alpha_{\sigma(k)}^{k-k_{N_\sigma(k,\ 0)}}\boldsymbol{V}_{\sigma(0)}(0)\\
&=\prod_{i=1}^{N}\boldsymbol{\mu}_i^{N_{\sigma i}(k,\ 0)}\prod_{i=1}^{N}\alpha_i^{\sum_{s\in\phi(i)}(k_{s+1}-k_s)}\alpha_{\sigma(k)}^{k-k_{N_\sigma(k,\ 0)}}\boldsymbol{V}_{\sigma(0)}(0)\\
&=\exp\left\{\sum_{i=1}^{N}N_{\sigma i}(k,\ 0)\ln\boldsymbol{\mu}_i\right\}\cdot\exp\left\{\sum_{i=1}^{N}T_i(k,\ 0)\ln\alpha_i\right\}\boldsymbol{V}_{\sigma(0)}(0),
\end{aligned}$$

其中，$\phi(i)=\{s:\ \boldsymbol{\sigma}(k_s)=i,\ k_s\in\{k_0,\ k_1,\ \cdots,\ k_{N_\sigma(k,\ 0)}\}\}$。

又由于 $\boldsymbol{\sigma}(k)$ 具有模型依赖平均驻留时间 $\boldsymbol{\tau}_{ai}$，则有 $N_{\sigma i}(k,\ 0)\leqslant\dfrac{T_i(k,\ 0)}{\boldsymbol{\tau}_{ai}}$，$i\in\mathcal{M}$。因此，

$$\begin{aligned}
\boldsymbol{V}_{\sigma(k)}(k)&\leqslant\exp\left\{\sum_{i=1}^{N}\frac{T_i(k,\ 0)}{\boldsymbol{\tau}_{ai}}\cdot\ln\boldsymbol{\mu}_i\right\}\exp\left\{\sum_{i=1}^{N}T_i(k,\ 0)\ln\alpha_i\right\}\boldsymbol{V}_{\sigma(0)}(0)\\
&=\exp\left\{\sum_{i=1}^{N}\left(\frac{\ln\boldsymbol{\mu}_i}{\boldsymbol{\tau}_{ai}}+\ln\alpha_i\right)T_i(k,\ 0)\right\}\boldsymbol{V}_{\sigma(0)}(0)。
\end{aligned}$$

取 $\boldsymbol{\lambda}=\max_{i\in\mathcal{M}}\left(\dfrac{\ln\boldsymbol{\mu}_i}{\boldsymbol{\tau}_{ai}}+\ln\alpha_i\right)$，则对任意的 $k\in[0,\ K_f]$，有 $\boldsymbol{V}_{\sigma(k)}(k)\leqslant\mathrm{e}^{\lambda K_f}\boldsymbol{V}_{\sigma(0)}(0)$。

结合式(3.5.5d)可以很容易得到 $\boldsymbol{V}_{\sigma(k)}(k)\geqslant\xi_1\boldsymbol{x}^{\mathrm{T}}(k)\epsilon$ 和

$$\boldsymbol{V}_{\sigma(0)}(0)\leqslant\xi_2\boldsymbol{x}^{\mathrm{T}}(0)\boldsymbol{\delta}+d\alpha^{d-1}\xi_3\sup_{-d\leqslant\theta\leqslant 0}\{\boldsymbol{x}^{\mathrm{T}}(\theta)\boldsymbol{\delta}\}\leqslant(\xi_2+d\alpha^{d-1}\xi_3)\sup_{-d\leqslant\theta\leqslant 0}\{\boldsymbol{x}^{\mathrm{T}}(\theta)\boldsymbol{\delta}\}。$$

当切换信号 $\sigma(k)$ 满足模型依赖平均驻留时间(3.5.6)时，有

$$\ln(\xi_1\alpha_i^{-K_f}) - \ln(\xi_2 + d\alpha^{d-1}\xi_3) > \frac{K_f\ln\mu_i}{\tau_{ai}}, \quad \forall i \in \mathcal{M}。$$

整理，得

$$e^{\left(\frac{\ln\mu_i}{\tau_{ai}}+\ln\alpha_i\right)K_f} < \frac{\xi_1}{\xi_2 + d\alpha^{d-1}\xi_3}, \qquad \forall i \in \mathcal{M}。$$

因此，$e^{\lambda K_f} < \dfrac{\xi_1}{\xi_2 + d\alpha^{d-1}\xi_3}$，即 $\xi_2 + d\alpha^{d-1}\xi_3 < \xi_1 e^{-\lambda K_f}$。

于是，若 $\sup\limits_{-d\leqslant\theta\leqslant 0}\{\boldsymbol{x}^{\mathrm{T}}(\theta)\boldsymbol{\delta}\} \leqslant 1$，则

$$\boldsymbol{x}^{\mathrm{T}}(k)\boldsymbol{\epsilon} \leqslant \frac{1}{\xi_1}e^{\lambda K_f}(\xi_2 + d\alpha^{d-1}\xi_3)\sup_{-d\leqslant\theta\leqslant 0}\{\boldsymbol{x}^{\mathrm{T}}(\theta)\boldsymbol{\delta}\} \leqslant \frac{1}{\xi_1}e^{\lambda K_f}(\xi_2 + d\alpha^{d-1}\xi_3) < 1。$$

由定义(3.5.3)可知，当切换信号满足模型依赖平均驻留时间(3.5.6)时，离散脉冲切换正时滞系统(3.5.1)关于($\boldsymbol{\delta}$，$\boldsymbol{\epsilon}$，K_f，$\boldsymbol{\sigma}$)是有限时间稳定的。

3.5.3 离散脉冲切换正时滞系统的异步有限时间控制

本节主要研究闭环系统(3.5.3)的异步有限时间控制。即对开环系统(3.5.1)，寻找一类具有模型依赖平均驻留时间的切换信号，以及一类状态反馈控制器(3.5.2)，使得所得到的闭环系统(3.5.6)是有限时间稳定的。

定理3.5.2 设对任意的i，$j \in \mathcal{M}$，$i \neq j$，$\hat{\boldsymbol{A}}_i \succeq 0$，$\hat{\boldsymbol{A}}_{ij} \succeq 0$，$\boldsymbol{A}_{di} \succeq 0$，$\boldsymbol{E}_{ij} \succeq 0$成立。考虑离散脉冲切换正时滞系统(3.5.3)对一个给定的正常数$K_f > 0$及两个向量$\boldsymbol{\delta} \succ \boldsymbol{\epsilon} \succ 0$，如果存在正常数$\xi_1$，$\xi_2$，$\xi_3$及向量$\boldsymbol{\nu}_i \succ 0$，$\boldsymbol{v}_i \succ 0$，$\boldsymbol{\nu}_{ij} \succ 0$，$\boldsymbol{v}_{ij} \succ 0$，使得对任意的$i$，$j \in \mathcal{M}$，$i \neq j$，有

$$\hat{\boldsymbol{A}}_i^{\mathrm{T}}\boldsymbol{\nu}_i - \alpha_i\boldsymbol{\nu}_i + \boldsymbol{v}_i \prec 0, \tag{3.5.8a}$$

$$\hat{\boldsymbol{A}}_{ij}^{\mathrm{T}}\boldsymbol{\nu}_{ij} - \beta_i\boldsymbol{\nu}_{ij} + \boldsymbol{v}_{ij} \prec 0, \tag{3.5.8b}$$

$$\boldsymbol{A}_{di}^{\mathrm{T}}\boldsymbol{\nu}_i - \alpha_i^d\boldsymbol{v}_i \prec 0, \tag{3.5.8c}$$

$$\boldsymbol{A}_{di}^{\mathrm{T}}\boldsymbol{\nu}_{ij} - \beta_i^d\boldsymbol{v}_{ij} \prec 0, \tag{3.5.8d}$$

$$\xi_1\boldsymbol{\epsilon} \prec \boldsymbol{\nu}_i \prec \xi_2\boldsymbol{\delta}, \qquad \boldsymbol{v}_i \prec \xi_3\boldsymbol{\delta} \tag{3.5.8e}$$

成立，其中，$0 < \alpha_i < 1$，$\beta_i \geqslant 1$是给定的正常数。那么，当$\boldsymbol{\sigma}(k)$满足模型依赖平均驻留时间

$$\tau_{ai} > \tau_{ai}^* = \frac{\left[\ln(\mu_{i1}\mu_{i2}) + \ln\left(\dfrac{\beta_i}{\alpha_i}\right)\Delta_{pi} - \ln\alpha_i\right]K_f}{\ln(\xi_1\alpha_i^{-K_f}) - \ln(\xi_2 + d\xi_3)} \tag{3.5.9}$$

时，离散脉冲切换正时滞系统(3.5.3)关于($\boldsymbol{\delta}$，$\boldsymbol{\epsilon}$，K_f，$\boldsymbol{\sigma}$)是有限时间稳定的。其中，Δ_{pi}表示第i个子系统的控制器的切换滞后于子系统的最大时滞周期。$\mu_{i0} = \min\left\{\left(\dfrac{\alpha_j}{\beta_i}\right)^{d-2} : j \in \mathcal{M}\right\}$，$\mu_{i1}\mu_{i2} \geqslant 1$且满足对任意的$i$，$j \in \mathcal{M} \times \mathcal{M}$，$i \neq j$，

$$\boldsymbol{E}_{ij}^{\mathrm{T}}\boldsymbol{\nu}_{ij}-\mu_{i2}\boldsymbol{\nu}_j+\boldsymbol{v}_{ij}<0, \tag{3.5.10a}$$

$$\mu_{i1}\boldsymbol{\nu}_{ij}\geq\boldsymbol{\nu}_i,\ \mu_{i1}\boldsymbol{v}_{ij}\geq\boldsymbol{v}_i,\ \mu_{i2}\mu_{i0}\boldsymbol{v}_j\geq\beta_i\boldsymbol{v}_{ij}。 \tag{3.5.10b}$$

证明 闭环系统(3.5.3)的正性可以由引理3.5.2直接得到。

为了研究离散脉冲切换正时滞系统(3.5.3)的异步有限时间稳定，考虑如下的候选Lyapunov-Krasovskii函数：

$$\boldsymbol{V}(k)=\begin{cases}\boldsymbol{V}_{\sigma(0)}(k)=\boldsymbol{x}^{\mathrm{T}}(k)\boldsymbol{\nu}_{\sigma(0)}+\sum\limits_{s=k-d}^{k-1}\alpha_{\sigma(0)}^{k-s-1}\boldsymbol{x}^{\mathrm{T}}(s)\boldsymbol{v}_{\sigma(0)},\ k\in[0,\ k_1-1],\\ \boldsymbol{V}_{\sigma(k)}(k)=\boldsymbol{x}^{\mathrm{T}}(k)\boldsymbol{\nu}_{\sigma(k)}+\sum\limits_{s=k-d}^{k-1}\alpha_{\sigma(k)}^{k-s-1}\boldsymbol{x}^{\mathrm{T}}(s)\boldsymbol{v}_{\sigma(k)},\\ k\in[k_m+\Delta_m,\ k_{m+1}-1],\ m=1,\ 2,\ \cdots\\ \boldsymbol{V}_{\sigma(k)\bar{\sigma}(k)}(k)=\boldsymbol{x}^{\mathrm{T}}(k)\boldsymbol{\nu}_{\sigma(k)\bar{\sigma}(k)}+\sum\limits_{s=k-d}^{k-1}\beta_{\sigma(k)}^{k-s-1}\boldsymbol{x}^{\mathrm{T}}(s)\boldsymbol{v}_{\sigma(k)\bar{\sigma}(k)},\\ k\in[k_m,\ k_m+\Delta_m),\ m=1,\ 2,\ \cdots。\end{cases}$$

设在切换时刻k_m时第i个子系统被激活，在切换时刻k_{m-1}时第j个子系统被激活，则对任意的$k\in[k_m+\Delta_m,\ k_{m+1}-1)$，有

$$\begin{aligned}&\boldsymbol{V}_i(k+1)-\alpha_i\boldsymbol{V}_i(k)\\&=\boldsymbol{x}^{\mathrm{T}}(k+1)\boldsymbol{\nu}_i+\sum_{s=k-d+1}^{k}\alpha_i^{k-s}\boldsymbol{x}^{\mathrm{T}}(s)\boldsymbol{v}_i-\alpha_i\boldsymbol{x}^{\mathrm{T}}(k)\boldsymbol{\nu}_i-\sum_{s=k-d}^{k-1}\alpha_i^{k-s}\boldsymbol{x}^{\mathrm{T}}(s)\boldsymbol{v}_i\\&=\boldsymbol{x}^{\mathrm{T}}(k)\hat{\boldsymbol{A}}_i^{\mathrm{T}}\boldsymbol{\nu}_i+\boldsymbol{x}^{\mathrm{T}}(k-d)\boldsymbol{A}_{di}^{\mathrm{T}}\boldsymbol{\nu}_i-\alpha_i\boldsymbol{x}^{\mathrm{T}}(k)\boldsymbol{\nu}_i+\boldsymbol{x}^{\mathrm{T}}(k)\boldsymbol{v}_i-\alpha_i^d\boldsymbol{x}^{\mathrm{T}}(k-d)\boldsymbol{v}_i\\&=\boldsymbol{x}^{\mathrm{T}}(k)(\hat{\boldsymbol{A}}_i^{\mathrm{T}}\boldsymbol{\nu}_i-\alpha_i\boldsymbol{\nu}_i+\boldsymbol{v}_i)+\boldsymbol{x}^{\mathrm{T}}(k-d)(\boldsymbol{A}_{di}^{\mathrm{T}}\boldsymbol{\nu}_i-\alpha_i^d\boldsymbol{v}_i)。\end{aligned}$$

由不等式(3.5.8a)和(3.5.8c)可得

$$\boldsymbol{V}_i(k+1)<\alpha_i\boldsymbol{V}_i(k),\quad k\in[k_m+\Delta_m,\ k_{m+1}-1)。 \tag{3.5.11}$$

同理，对任意的$k\in[k_m,\ k_m+\Delta_m)$，有

$$\begin{aligned}&\boldsymbol{V}_{ij}(k+1)-\beta_i\boldsymbol{V}_{ij}(k)\\&=\boldsymbol{x}^{\mathrm{T}}(k+1)\boldsymbol{\nu}_{ij}+\sum_{s=k-d+1}^{k}\beta_i^{k-s}\boldsymbol{x}^{\mathrm{T}}(s)\boldsymbol{v}_{ij}-\beta_i\boldsymbol{x}^{\mathrm{T}}(k)\boldsymbol{\nu}_{ij}-\sum_{s=k-d}^{k-1}\beta_i^{k-s}\boldsymbol{x}^{\mathrm{T}}(s)\boldsymbol{v}_{ij}\\&=\boldsymbol{x}^{\mathrm{T}}(k)\hat{\boldsymbol{A}}_{ij}^{\mathrm{T}}\boldsymbol{\nu}_{ij}+\boldsymbol{x}^{\mathrm{T}}(k-d)\boldsymbol{A}_{di}^{\mathrm{T}}\boldsymbol{\nu}_{ij}-\beta_i\boldsymbol{x}^{\mathrm{T}}(k)\boldsymbol{\nu}_{ij}+\boldsymbol{x}^{\mathrm{T}}(k)\boldsymbol{v}_{ij}-\beta_i^d\boldsymbol{x}^{\mathrm{T}}(k-d)\boldsymbol{v}_{ij}\\&=\boldsymbol{x}^{\mathrm{T}}(k)(\hat{\boldsymbol{A}}_{ij}^{\mathrm{T}}\boldsymbol{\nu}_{ij}-\beta_i\boldsymbol{\nu}_{ij}+\boldsymbol{v}_{ij})+\boldsymbol{x}^{\mathrm{T}}(k-d)(\boldsymbol{A}_{di}^{\mathrm{T}}\boldsymbol{\nu}_{ij}-\beta_i^d\boldsymbol{v}_{ij})。\end{aligned}$$

由式(3.5.8b)和式(3.5.8d)可得

$$\boldsymbol{V}_{ij}(k+1)<\beta_i\boldsymbol{V}_{ij}(k),\quad k\in[k_m,\ k_m+\Delta_m)。 \tag{3.5.12}$$

当$k=k_m-1$时，有$\boldsymbol{\sigma}(k)=\boldsymbol{\sigma}(k_m-1)=j$，$\boldsymbol{\sigma}(k+1)=\boldsymbol{\sigma}(k_m)=i$，沿着系统(3.5.3)的状态轨线，可得

$$\begin{aligned}&\boldsymbol{V}_{ij}(k_m)-\mu_{i2}\boldsymbol{V}_j(k_m-1)\\&=\boldsymbol{x}^{\mathrm{T}}(k_m)\boldsymbol{\nu}_{ij}+\sum_{s=k_m-d}^{k_m-1}\beta_i^{k_m-s-1}\boldsymbol{x}^{\mathrm{T}}(s)\boldsymbol{v}_{ij}-\mu_{i2}\boldsymbol{x}^{\mathrm{T}}(k_m-1)\boldsymbol{\nu}_j-\mu_{i2}\sum_{s=k_m-1-d}^{k_m-2}\alpha_j^{k_m-s-2}\boldsymbol{x}^{\mathrm{T}}(s)\boldsymbol{v}_j\end{aligned}$$

$$= \boldsymbol{x}^{\mathrm{T}}(k_m - 1)(\boldsymbol{E}_{ij}^{\mathrm{T}}\boldsymbol{v}_{ij} - \mu_{i2}\boldsymbol{v}_j + \boldsymbol{v}_{ij}) - \mu_{i2}\alpha_j^{d-1}\boldsymbol{x}^{\mathrm{T}}(k_m - 1 - d)\boldsymbol{v}_i$$

$$+ \sum_{s=k_m-d}^{k_m-2}(\beta_i\boldsymbol{x}^{\mathrm{T}}(s)\boldsymbol{v}_{ij}\beta_i^{k_m-s-2} - \mu_{i2}\boldsymbol{x}^{\mathrm{T}}(s)\boldsymbol{v}_j\alpha_j^{k_m-s-2})。$$

结合不等式(3.5.10a)和不等式(3.5.10b)，有

$$\boldsymbol{V}_{ij}(k_m) - \mu_{i2}\boldsymbol{V}_j(k_m - 1) \leqslant \sum_{s=k_m-d}^{k_m-2}(\mu_{i2}\mu_{i0}\boldsymbol{x}^{\mathrm{T}}(s)\boldsymbol{v}_j\beta_i^{k_m-s-2} - \mu_{i2}\boldsymbol{x}^{\mathrm{T}}(s)\boldsymbol{v}_j\alpha_j^{k_m-s-2})。$$

又因为$\mu_{i0} = \min\left\{\left(\dfrac{\alpha_j}{\beta_i}\right)^{d-2}: i \in \mathcal{M}\right\}$，所以$\mu_{i0} \leqslant \left(\dfrac{\alpha_j}{\beta_i}\right)^{d-2}$。因此，

$$\begin{aligned}\boldsymbol{V}_{ij}(k_m) - \mu_{i2}\boldsymbol{V}_j(k_m - 1) &\leqslant \sum_{s=k_m-d}^{k_m-2}(\mu_{i2}\boldsymbol{x}^{\mathrm{T}}(s)\boldsymbol{v}_j\alpha_j^{d-2}\beta_i^{k_m-s-d} - \mu_{i2}\boldsymbol{x}^{\mathrm{T}}(s)\boldsymbol{v}_j\alpha_j^{k_m-s-2})\\ &\leqslant \sum_{s=k_m-d}^{k_m-2}\mu_{i2}\boldsymbol{x}^{\mathrm{T}}(s)\boldsymbol{v}_j\alpha_j^{k_m-s-2}\left[\left(\frac{\alpha_j}{\beta_i}\right)^{s-k_m+d} - 1\right]\\ &\leqslant 0。\end{aligned}$$

于是，

$$\boldsymbol{V}_{ij}(k_m) \leqslant \mu_{i2}\boldsymbol{V}_j(k_m - 1)。\tag{3.5.13}$$

由不等式(3.5.10b)可知，

$$\boldsymbol{V}_{\sigma(k_m)}(k_m + \Delta_m) \leqslant \mu_{\sigma(k_m)1}\boldsymbol{V}_{\sigma(k_m)\overline{\sigma}(k_m)}((k_m + \Delta_m)^-)。\tag{3.5.14}$$

由于$\forall k \geqslant 0$，一定存在$m \in \mathbf{N}$，使得$k \in [k_m, k_{m+1})$。不妨设$k \geqslant k_m + \Delta_m$，结合不等式(3.5.11)～不等式(3.5.14)可知，

$$\begin{aligned}&\boldsymbol{V}_{\sigma(k)}(k) \leqslant \alpha_{\sigma(k_m)}^{k-k_m-\Delta_m}\boldsymbol{V}_{\sigma(k_m)}(k_m + \Delta_m)\\ &\leqslant \mu_{\sigma(k_m)1}\alpha_{\sigma(k_m)}^{k-k_m-\Delta_m}\boldsymbol{V}_{\sigma(k_m)\overline{\sigma}(k_m)}((k_m + \Delta_m)^-)\\ &\leqslant \mu_{\sigma(k_m)1}\alpha_{\sigma(k_m)}^{k-k_m-\Delta_m}\beta_{\sigma(k_m)}^{\Delta_m}\boldsymbol{V}_{\sigma(k_m)\overline{\sigma}(k_m)}(k_m + \Delta_m)\\ &\leqslant \mu_{\sigma(k_m)1}\mu_{\sigma(k_m)2}\alpha_{\sigma(k_m)}^{k-k_m-\Delta_m}\beta_{\sigma(k_m)}^{\Delta_m}\boldsymbol{V}_{\sigma(k_m-1)}(k_m - 1)\\ &\leqslant \mu_{\sigma(k_m)1}\mu_{\sigma(k_{m-1})1}\mu_{\sigma(k_m)2}\mu_{\sigma(k_{m-1})2}\alpha_{\sigma(k_m)}^{k-k_m-\Delta_m}\alpha_{\sigma(k_{m-1})}^{k_m-k_{m-1}-1-\Delta_{m-1}}\beta_{\sigma(k_m)}^{\Delta_m}\beta_{\sigma(k_{m-1})}^{\Delta_{m-1}}\boldsymbol{V}_{\sigma(k_{m-1}-1)}(k_{m-1} - 1)\\ &\leqslant \cdots\\ &\leqslant \prod_{i=1}^{N}(\mu_{i1}\mu_{i2})^{N_{\sigma i}(k,\ 0)}\prod_{i=1}^{N}\beta_i^{N_{\sigma i}(k,\ 0)\Delta_{pi}}\prod_{i=1}^{N}\alpha_i^{\sum\limits_{s\in\phi(i)}(k_{s+1}-k_s-\Delta_{pi})}\alpha_{\sigma(k_m)}^{k-k_m-\Delta_m}\\ &\quad\prod_{i=1}^{N}(\alpha_i^{-1})^{N_{\sigma i}(k,\ 0)}\boldsymbol{V}_{\sigma(0)}(0),\end{aligned}$$

其中，$\phi(i) = \{s: \sigma(k_s) = i,\ k_s \in \{k_0, k_1, \cdots, k_{N_\sigma(k,\ 0)}\}\}$。

又由于$\sigma(k)$具有模型依赖平均驻留时间τ_{ai}，则$N_{\sigma i}(k, 0) \leqslant \dfrac{T_i(k, 0)}{\tau_{ai}}$，$i \in \mathcal{M}$。因此，

$$\boldsymbol{V}_{\sigma(k)}(k) \leqslant \exp\left\{\sum_{i=1}^{N}[N_{\sigma i}(k, 0)\ln(\mu_{i1}\mu_{i2}) + \boldsymbol{N}_{\sigma i}(k, 0)\Delta_{pi}\ln\beta_i - N_{\sigma i}(k, 0)\ln\alpha_i]\right\}$$

$$\cdot \exp\left\{\sum_{i=1}^{N}[(T_i(k,0)-N_{\sigma i}(k,0)\Delta_{pi})\ln\alpha_i]\right\}V_{\sigma(0)}(0)$$

$$\leqslant \exp\left\{\sum_{i=1}^{N}\left[\frac{\ln(\mu_{i1}\mu_{i2})+\ln\left(\frac{\beta_i}{\alpha_i}\right)\Delta_{pi}-\ln\alpha_i}{\tau_{ai}}+\ln\alpha_i\right]T_i(k,0)\right\}V_{\sigma(0)}(0)。$$

选取 $\lambda=\max_{i\in\mathcal{M}}\left\{\frac{\ln(\mu_{i1}\mu_{i2})+\ln\left(\frac{\beta_i}{\alpha_i}\right)\Delta_{pi}-\ln\alpha_i}{\tau_{ai}}+\ln\alpha_i\right\}$，那么对任意的 $k\in[0,K_f]$，有 $V_{\sigma(k)}(k)\leqslant e^{\lambda K_f}V_{\sigma(0)}(0)$。根据不等式(3.5.8e)，得到

$$V_{\sigma(k)}(k)\geqslant \xi_1 x^{\mathrm{T}}(k)\epsilon,$$

$$V_{\sigma(0)}(0)\leqslant \xi_2 x^{\mathrm{T}}(0)\delta+d\xi_3\sup_{-d\leqslant\theta\leqslant 0}\{x^{\mathrm{T}}(\theta)\delta\}\leqslant(\xi_2+d\xi_3)\sup_{-d\leqslant\theta\leqslant 0}\{x^{\mathrm{T}}(\theta)\delta\}。$$

又当切换信号 $\sigma(k)$ 满足模型依赖平均驻留时间(3.5.9)时，有 $\forall i\in\mathcal{M}$，

$$\ln(\xi_1\alpha_i^{-K_f})-\ln(\xi_2+d\xi_3)>\frac{[\ln(\mu_{i1}\mu_{i2})+\ln(\frac{\beta_i}{\alpha_i})\Delta_{pi}-\ln\alpha_i]K_f}{\tau_{ai}},$$

整理，得 $\ln\xi_1-\ln(\xi_2+d\xi_3)>\left[\frac{\ln(\mu_{i1}\mu_{i2})+\ln(\frac{\beta_i}{\alpha_i})\Delta_{pi}-\ln\alpha_i}{\tau_{ai}}+\ln\alpha_i\right]K_f,\quad \forall i\in\mathcal{M}$。

因此，$\ln\xi_1-\ln(\xi_2+d\xi_3)>\lambda K_f$，即 $\xi_2+d\xi_3<\xi_1 e^{-\lambda K_f}$。于是，若 $\sup_{-d\leqslant\theta\leqslant 0}\{x^{\mathrm{T}}(\theta)\delta\}\leqslant 1$，则

$$x^{\mathrm{T}}(k)\epsilon\leqslant\frac{1}{\xi_1}e^{\lambda K_f}(\xi_2+d\xi_3)\sup_{-d\leqslant\theta\leqslant 0}\{x^{\mathrm{T}}(\theta)\delta\}\leqslant\frac{1}{\xi_1}e^{\lambda K_f}(\xi_2+d\xi_3)<1。$$

由定义3.5.3可知，当切换信号 $\sigma(k)$ 满足模型依赖平均驻留时间(3.5.9)时，离散脉冲切换时滞系统(3.5.3)关于$(\delta,\epsilon,K_f,\sigma)$是有限时间稳定的。

定理3.5.3　考虑离散脉冲切换时滞系统(3.5.1)，设对任意的 $i,j\in\mathcal{M}$，$i\neq j$，有 $A_{di}\geq 0$，$E_{ij}\geq 0$ 成立。对于给定的正常数 $0<\alpha_i<1$，$\beta_i\geqslant 1$，$K_f>0$ 及两个向量 $\delta>\epsilon>0$，如果存在正常数 ξ_1，ξ_2，ξ_3 及向量 $\nu_i>0$，$v_i>0$，$\nu_{ij}>0$，$v_{ij}>0$，$\tilde{v}_i$ 使得式(3.5.8a)～式(3.5.8e)成立，且对任意的 $i,j\in\mathcal{M}$，$i\neq j$，有

$$\tilde{v}_i^{\mathrm{T}}B_i^{\mathrm{T}}\nu_i(\tilde{v}_i^{\mathrm{T}}B_i^{\mathrm{T}}\nu_i A_i+B_i\tilde{v}_i z_i^{\mathrm{T}})\geq 0,\tag{3.5.15a}$$

$$\tilde{v}_i^{\mathrm{T}}B_i^{\mathrm{T}}\nu_j(\tilde{v}_j^{\mathrm{T}}B_j^{\mathrm{T}}\nu_j A_i+B_i\tilde{v}_j z_j^{\mathrm{T}})\geq 0,\tag{3.5.15b}$$

$$A_i^{\mathrm{T}}\nu_i+z_i-\alpha_i\nu_i+v_i<0,\tag{3.5.15c}$$

$$A_i^{\mathrm{T}}\nu_{ij}+z_j-\beta_i\nu_{ij}+v_{ij}<0\tag{3.5.15d}$$

成立，其中，$\tilde{v}_i$ 是一个给定的向量且满足 $\tilde{v}_i^{\mathrm{T}}B_i^{\mathrm{T}}\nu_i\neq 0$ 和 $\tilde{v}_j^{\mathrm{T}}B_i^{\mathrm{T}}\nu_{ij}\leqslant\tilde{v}_j^{\mathrm{T}}B_j^{\mathrm{T}}\nu_j$，那么当切换信号 $\sigma(k)$ 满足模型依赖平均驻留时间(3.5.9)时，存在一类状态反馈控制器

$$u(k)=K_i x(k)=\frac{1}{\tilde{v}_i^{\mathrm{T}}B_i^{\mathrm{T}}\nu_i}\tilde{v}_i z_i^{\mathrm{T}}x(k),\tag{3.5.16}$$

使得所得到的闭环系统(3.5.3)关于($\boldsymbol{\delta}$, $\boldsymbol{\epsilon}$, K_f, $\boldsymbol{\sigma}$)是有限时间稳定的。其中，Δ_{pi}表示第H_∞个子系统的控制器的切换滞后于子系统的最大时滞周期。$\mu_{i0}=\min\{(\frac{\alpha_j}{\beta_i})^{d-2}: j\in\mathcal{M}\}$，$\mu_{i1}\mu_{i2}\geqslant 1$且满足对任意的$i, j\in\mathcal{M}\times\mathcal{M}$，$i\neq j$，有式(3.5.10)成立。

证明 首先证明闭环系统(3.5.3)的正性。对不等式(3.5.15a)～不等式(3.5.15b)两边分别除以($\tilde{\boldsymbol{v}}_i^{\mathrm{T}}\boldsymbol{B}_i^{\mathrm{T}}\boldsymbol{\nu}_i$)^2，($\tilde{\boldsymbol{v}}_j^{\mathrm{T}}\boldsymbol{B}_j^{\mathrm{T}}\boldsymbol{\nu}_j$)^2，结合式(3.5.16)，得

$$\boldsymbol{A}_i+\boldsymbol{B}_i\boldsymbol{K}_i=\boldsymbol{A}_i+\frac{1}{\tilde{\boldsymbol{v}}_i^{\mathrm{T}}\boldsymbol{B}_i^{\mathrm{T}}\boldsymbol{\nu}_i}\boldsymbol{B}_i\tilde{\boldsymbol{v}}_i\boldsymbol{z}_i^{\mathrm{T}}\geq 0,$$

$$\boldsymbol{A}_i+\boldsymbol{B}_i\boldsymbol{K}_j=\boldsymbol{A}_i+\frac{1}{\tilde{\boldsymbol{v}}_j^{\mathrm{T}}\boldsymbol{B}_j^{\mathrm{T}}\boldsymbol{\nu}_j}\boldsymbol{B}_i\tilde{\boldsymbol{v}}_j\boldsymbol{z}_j^{\mathrm{T}}\geq 0。$$

又因为$\boldsymbol{A}_{di}\geq 0$，$\boldsymbol{E}_{ij}\geq 0$，根据引理3.5.2可知闭环系统(3.5.3)是正的。

接下来，利用定理3.5.2证明闭环系统(3.5.3)是有限时间稳定的。将$\boldsymbol{K}_i=\frac{1}{\tilde{\boldsymbol{v}}_i^{\mathrm{T}}\boldsymbol{B}_i^{\mathrm{T}}\boldsymbol{\nu}_i}\tilde{\boldsymbol{v}}_i\boldsymbol{z}_i^{\mathrm{T}}$代入不等式(3.5.8a)的左边，结合不等式(3.5.15c)，得

$$\begin{aligned}\hat{\boldsymbol{A}}_i^{\mathrm{T}}\boldsymbol{\nu}_i-a_i\boldsymbol{\nu}_i+\boldsymbol{v}_i&=(\boldsymbol{A}_i+\boldsymbol{B}_i\boldsymbol{K}_i)^{\mathrm{T}}\boldsymbol{\nu}_i-a_i\boldsymbol{\nu}_i+\boldsymbol{v}_i\\&=\boldsymbol{A}_i^{\mathrm{T}}\boldsymbol{\nu}_i+\frac{1}{\tilde{\boldsymbol{v}}_i^{\mathrm{T}}\boldsymbol{B}_i^{\mathrm{T}}\boldsymbol{\nu}_i}z_i\tilde{\boldsymbol{v}}_i^{\mathrm{T}}\boldsymbol{B}_i^{\mathrm{T}}\boldsymbol{\nu}_i-a_i\boldsymbol{\nu}_i+\boldsymbol{v}_i\\&=\boldsymbol{A}_i^{\mathrm{T}}\boldsymbol{\nu}_i+z_i-a_i\boldsymbol{\nu}_i+\boldsymbol{v}_i<0。\end{aligned}$$

同理，将$\boldsymbol{K}_i=\frac{1}{\tilde{\boldsymbol{v}}_i^{\mathrm{T}}\boldsymbol{B}_i^{\mathrm{T}}\boldsymbol{\nu}_i}\tilde{\boldsymbol{v}}_i\boldsymbol{z}_i^{\mathrm{T}}$代入式(3.5.8b)的左边，结合不等式$\tilde{\boldsymbol{v}}_j^{\mathrm{T}}\boldsymbol{B}_i^{\mathrm{T}}\boldsymbol{\nu}_{ij}\leqslant\tilde{\boldsymbol{v}}_j^{\mathrm{T}}\boldsymbol{B}_j^{\mathrm{T}}\boldsymbol{\nu}_j$及式(3.5.15d)可知，

$$\begin{aligned}\hat{\boldsymbol{A}}_{ij}^{\mathrm{T}}\boldsymbol{\nu}_{ij}-\beta_i\boldsymbol{\nu}_{ij}+\boldsymbol{v}_{ij}&=(\boldsymbol{A}_i+\boldsymbol{B}_i\boldsymbol{K}_j)^{\mathrm{T}}\boldsymbol{\nu}_{ij}-\beta_i\boldsymbol{\nu}_{ij}+\boldsymbol{v}_{ij}\\&=\boldsymbol{A}_i^{\mathrm{T}}\boldsymbol{\nu}_{ij}+\frac{1}{\tilde{\boldsymbol{v}}_j^{\mathrm{T}}\boldsymbol{B}_j^{\mathrm{T}}\boldsymbol{\nu}_j}z_i\tilde{\boldsymbol{v}}_j^{\mathrm{T}}\boldsymbol{B}_i^{\mathrm{T}}\boldsymbol{\nu}_{ij}-\beta_i\boldsymbol{\nu}_{ij}+\boldsymbol{v}_{ij}\\&\leq\boldsymbol{A}_i^{\mathrm{T}}\boldsymbol{\nu}_i+z_i-a_i\boldsymbol{\nu}_i+\boldsymbol{v}_i<0。\end{aligned}$$

根据定理3.5.2可以证明当$\boldsymbol{\sigma}(k)$满足式(3.5.9)时，系统(3.5.3)关于($\boldsymbol{\delta}$, $\boldsymbol{\epsilon}$, K_f, $\boldsymbol{\sigma}$)是有限时间稳定的。

当离散脉冲切换时滞系统(3.5.1)是单输入时，即$\boldsymbol{B}_i\in\mathbf{R}^{n\times l}$，可以得到如下推论：

推论3.5.1 考虑离散脉冲切换时滞系统(3.5.1)，设对任意的$i, j\in\mathcal{M}$，$i\neq j$，有$\boldsymbol{A}_{di}\geq 0$，$\boldsymbol{E}_{ij}\geq 0$成立。对于给定的正常数$0<\alpha_i<1$，$\beta_i\geqslant 1$，$K_f>0$及两个向量$\boldsymbol{\delta}>\boldsymbol{\epsilon}>0$，如果存在正常数$\xi_1$，$\xi_2$，$\xi_3$及向量$\boldsymbol{\nu}_i>0$，$\boldsymbol{v}_i>0$，$\boldsymbol{\nu}_{ij}>0$，$\boldsymbol{v}_{ij}>0$，使得式(3.5.8a)～式(3.5.8e)成立，且对任意的$i, j\in\mathcal{M}$，$i\neq j$，有

$$\boldsymbol{B}_i^{\mathrm{T}}\boldsymbol{\nu}_i(\boldsymbol{B}_i^{\mathrm{T}}\boldsymbol{\nu}_i\boldsymbol{A}_i+\boldsymbol{B}_i\boldsymbol{z}_i^{\mathrm{T}})\geq 0,$$

$$\boldsymbol{B}_j^{\mathrm{T}}\boldsymbol{\nu}_j(\boldsymbol{B}_j^{\mathrm{T}}\boldsymbol{\nu}_j\boldsymbol{A}_i+\boldsymbol{B}_i\boldsymbol{z}_j^{\mathrm{T}})\geq 0,$$

$$A_i^{\mathrm{T}}\boldsymbol{\nu}_i + z_i - a_i\boldsymbol{\nu}_i + \boldsymbol{v}_i < 0,$$

$$A_i^{\mathrm{T}}\boldsymbol{\nu}_{ij} + z_i - \beta_i\boldsymbol{\nu}_{ij} + \boldsymbol{v}_{ij} < 0$$

成立，其中，$\boldsymbol{B}_i^{\mathrm{T}}\boldsymbol{\nu}_i \neq 0$ 且 $\boldsymbol{B}_i^{\mathrm{T}}\boldsymbol{\nu}_{ij} \leqslant \boldsymbol{B}_j^{\mathrm{T}}\boldsymbol{\nu}_j$，那么存在一类状态反馈控制器

$$\boldsymbol{u}(k) = K_i\boldsymbol{x}(k) = \frac{1}{\boldsymbol{B}_i^{\mathrm{T}}\boldsymbol{\nu}_i}z_i^{\mathrm{T}}\boldsymbol{x}(k),$$

使得所得到的闭环系统(3.5.3)在切换信号 $\sigma(k)$ 满足式(3.5.9)的情况下关于($\boldsymbol{\delta}$, ϵ, K_f, $\boldsymbol{\sigma}$)是有限时间稳定的。其中，Δ_{pi} 表示第 i 个子系统的控制器的切换滞后于子系统的最大时滞周期。$\mu_{i0} = \min\{(\frac{\alpha_j}{\beta_i})^{d-2}: j \in \mathcal{M}\}$，$\mu_{i1}\mu_{i2} \geqslant 1$ 且满足对任意的 i, $j \in \mathcal{M}\times\mathcal{M}$, $i \neq j$，有式(3.5.10)成立。

3.5.4　数值模拟

考虑离散脉冲切换时滞系统(3.5.1)，其中，

$$\boldsymbol{A}_1 = \begin{bmatrix} 0.01 & 0.5 \\ 0.3 & 0.02 \end{bmatrix},\ \boldsymbol{A}_{d1} = \begin{bmatrix} 0.1 & 0 \\ 0 & 0 \end{bmatrix},\ \boldsymbol{E}_{12} = \begin{bmatrix} 1.7 & 0.8 \\ 2 & 0.5 \end{bmatrix},\ \boldsymbol{B}_1 = \begin{bmatrix} 0.2 \\ 0.4 \end{bmatrix},$$

$$\boldsymbol{A}_2 = \begin{bmatrix} 0.05 & 0.3 \\ 0.1 & 0.02 \end{bmatrix},\ \boldsymbol{A}_{d2} = \begin{bmatrix} 0.1 & 0 \\ 0 & 0 \end{bmatrix},\ \boldsymbol{E}_{21} = \begin{bmatrix} 1.5 & 0.5 \\ 1.8 & 0.9 \end{bmatrix},\ \boldsymbol{B}_2 = \begin{bmatrix} 0.1 \\ 0.3 \end{bmatrix}。$$

取 $K_f = 8$，$\alpha_1 = 0.8$，$\alpha_2 = 0.7$，$\beta_1 = 1.03$，$\beta_2 = 1.01$，$d = 2$，$\boldsymbol{\delta} = [2.6\quad 3]^{\mathrm{T}}$，$\epsilon = [0.12\quad 0.15]^{\mathrm{T}}$，$\Delta_{p1} = \Delta_{p2} = 1$，根据定理 3.5.3 的不等式，可得

$$\boldsymbol{\nu}_1 = \begin{bmatrix} 6.4634 \\ 7.9632 \end{bmatrix},\ \boldsymbol{v}_1 = \begin{bmatrix} 2.2961 \\ 2.0755 \end{bmatrix},\ \boldsymbol{\nu}_2 = \begin{bmatrix} 6.5510 \\ 8.3558 \end{bmatrix},\ \boldsymbol{v}_2 = \begin{bmatrix} 2.0544 \\ 1.7560 \end{bmatrix},\ \boldsymbol{\nu}_{12} = \begin{bmatrix} 4.9390 \\ 5.1101 \end{bmatrix},$$

$$\boldsymbol{v}_{12} = \begin{bmatrix} 2.8990 \\ 2.3570 \end{bmatrix},\ \boldsymbol{\nu}_{21} = \begin{bmatrix} 7.5342 \\ 8.1900 \end{bmatrix},\ \boldsymbol{v}_{12} = \begin{bmatrix} 4.1736 \\ 3.8524 \end{bmatrix},\ z_1 = \begin{bmatrix} 0.1455 \\ 0.1016 \end{bmatrix},\ z_2 = \begin{bmatrix} 0.0791 \\ 0.0019 \end{bmatrix}。$$

由式(3.5.16)可知 $\boldsymbol{K}_1 = [0.0325\quad 0.0227]$，$\boldsymbol{K}_2 = [0.0250\quad 0.0006]$。根据不等式(3.5.9)和不等式(3.5.10)可得 $\mu_{11} = 1.5584$，$\mu_{21} = 1.02003$，$\mu_{12} = 2.3482$，$\mu_{22} = 3.1124$。取 $\xi_1 = 50$，$\xi_2 = 3$，$\xi_3 = 0.9$，则 $\tau_{a1}^* = 3.4360$，$\tau_{a2}^* = 2.8922$。通过计算可得

$$\hat{\boldsymbol{A}}_1 = \begin{bmatrix} 0.0165 & 0.5045 \\ 0.3130 & 0.0291 \end{bmatrix},\ \hat{\boldsymbol{A}}_2 = \begin{bmatrix} 0.0525 & 0.3001 \\ 0.1075 & 0.0202 \end{bmatrix},$$

$$\hat{\boldsymbol{A}}_{12} = \begin{bmatrix} 0.0150 & 0.5001 \\ 0.3100 & 0.0291 \end{bmatrix},\ \hat{\boldsymbol{A}}_{21} = \begin{bmatrix} 0.0533 & 0.3023 \\ 0.1098 & 0.0268 \end{bmatrix}。$$

取 $\boldsymbol{x}(0) = [0.2\quad 0.1]^{\mathrm{T}}$，$\boldsymbol{x}(\theta) = [0.35\quad 0.03]^{\mathrm{T}}$，$\theta \in [-2, 0)$，可以看出初始条件满足 $\sup\limits_{-d\leqslant\theta\leqslant 0}\{\boldsymbol{x}^{\mathrm{T}}(\theta)\boldsymbol{\delta}\} \leqslant 1$，令 $\tau_{a1} = 4$，$\tau_{a2} = 3$，图 3.9 ~ 图 3.11 给出了系统的仿真图。

图 3.9 给出了系统的切换信号 $\boldsymbol{\sigma}(k)$ 和控制器的切换信号 $\bar{\boldsymbol{\sigma}}(k)$。由图 3.9 可以看出，控制器的切换时刻是滞后于子系统的切换时刻的。也就是说，控制器和子系统的切换是不同步的。图 3.10 给出了闭环系统(3.5.3)的状态响应曲线，由图 3.10 可以看出，闭环系

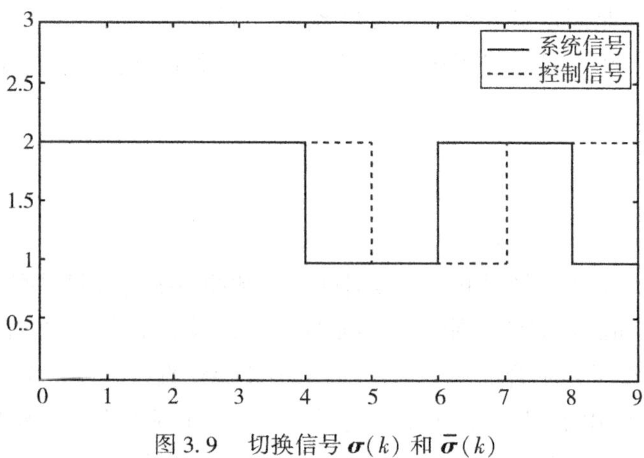

图 3.9　切换信号 $\boldsymbol{\sigma}(k)$ 和 $\bar{\boldsymbol{\sigma}}(k)$

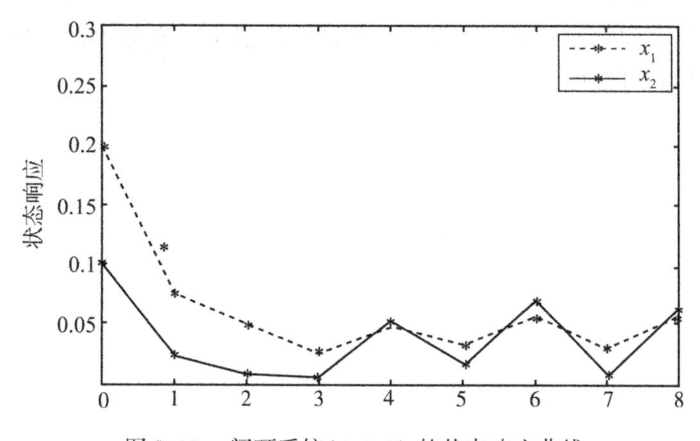

图 3.10　闭环系统(4.4.3)的状态响应曲线

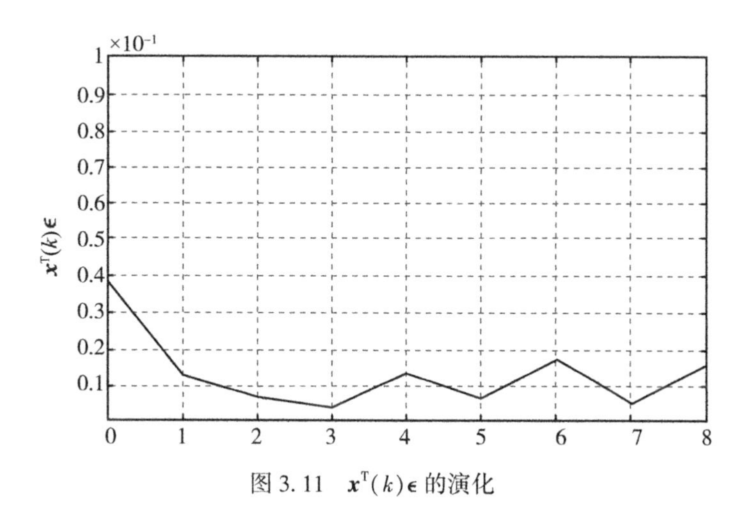

图 3.11　$\boldsymbol{x}^{\mathrm{T}}(k)\boldsymbol{\epsilon}$ 的演化

统(3.5.3)有可能不是渐近稳定的。图3.11给出了$\boldsymbol{x}^{\mathrm{T}}(k)\epsilon$的具体演化过程，很容易可以看出$\boldsymbol{x}^{\mathrm{T}}(k)\epsilon < 1$，这也就表明了闭环系统(3.5.3)关于($\boldsymbol{\delta}$，$\epsilon$，$K_f$，$\boldsymbol{\sigma}$)是有限时间稳定的。

3.6 小结

本章首先分别研究了离散时间和连续时间线性脉冲系统的有限时间滤波问题，给出了系统有限时间稳定和满足滤波性能要求的充分条件，最后给出了滤波问题可解的充分条件。由于结论中的变量是耦合的，因而不能用MATLAB直接求解，为了避免上述情况，又给出了两个相对实用的结果。接下来研究了脉冲切换正时滞系统的异步有限时间稳定性和控制问题，利用模型依赖平均驻留时间切换信号，给出了输入$u(k)$为零时系统有限时间稳定的一个充分条件，然后对于开环系统，寻找一类具有模型依赖平均驻留时间的切换信号和一类状态反馈控制器，建立闭环系统有限时间稳定的充分条件。最后通过数据模拟表明方法的可行性和可靠性。

第4章 脉冲奇异系统的有限时间滤波

上一章分别研究了离散时间和连续时间线性脉冲的有限时间滤波问题和离散脉冲切换正时滞系统的有限时间稳定和可稳定问题。本章我们把有限时间滤波问题推广到奇异系统。首先给出奇异系统有限时间稳定的概念以及奇异系统有限时间滤波问题的描述，然后利用 Lyapunov 方法给出线性奇异系统有限时间稳定以及满足性能要求的充分条件，最后通过数值模拟表明结论的可行性和有效性。

4.1 离散时间情形问题描述

考虑如下形式的离散时间线性脉冲奇异系统：

$$\begin{cases} \boldsymbol{E}\boldsymbol{x}(k+1)=\boldsymbol{A}\boldsymbol{x}(k)+\boldsymbol{B}\boldsymbol{\omega}(k), & k\neq\tau_j, \\ \boldsymbol{x}(\tau_j+1)=\boldsymbol{M}\boldsymbol{x}(\tau_j), & j\in\mathbf{Z}^+, \\ \boldsymbol{y}(k)=\boldsymbol{C}\boldsymbol{x}(k)+\boldsymbol{D}\boldsymbol{v}(k), & \\ \boldsymbol{z}(k)=\boldsymbol{L}\boldsymbol{x}(k), & \boldsymbol{x}(0)=\boldsymbol{x}_0。\end{cases} \tag{4.1.1}$$

其中，$\boldsymbol{x}(k)\in\mathbf{R}^n$是系统的状态向量；$\boldsymbol{y}(k)\in\mathbf{R}^l$是可测输出向量；$z(k)\in\mathbf{R}^p$是待估测的信号；时间列$\tau_j$是脉冲时刻，即系统的状态在这些时刻经历了一个突然的跳跃；$\boldsymbol{A}$，$\boldsymbol{B}$，$\boldsymbol{M}$，$\boldsymbol{C}$ 和 $\boldsymbol{D}$ 是具有适当阶数已知的实的常矩阵；$\boldsymbol{E}$ 是奇异矩阵；$\boldsymbol{\omega}(k)\in\mathbf{R}^q$ 和 $\boldsymbol{v}(k)\in\mathbf{R}^r$ 分别是过程噪音和测量噪音，且都属于 $L_2[0,\infty)$。

为了研究奇异系统(4.1.1)，假定下列条件成立：

(H4.1) 对于任意给定的正数 d，噪音信号 $\boldsymbol{\omega}(k)$ 和 $\boldsymbol{v}(k)$ 是时变的且满足

$$\sum_{k=0}^{T}[\boldsymbol{\omega}^{\mathrm{T}}(k)\boldsymbol{\omega}(k)+\boldsymbol{v}^{\mathrm{T}}(k)\boldsymbol{v}(k)]\leqslant d; \tag{4.1.2}$$

(H4.2) $(\boldsymbol{E},\boldsymbol{A})$ 是正则的，即存在一个复数 s，满足 $\det(s\boldsymbol{E}-\boldsymbol{A})\neq 0$；

(H4.3) 系统(4.1.1) 是脉冲自由的，即满足 $\deg(\det(s\boldsymbol{E}-\boldsymbol{A}))=\mathrm{rank}(\boldsymbol{E})$。

注 4.1.1 (H4.2) 和(H4.3) 可以保证奇异系统(4.1.1) 的解的存在唯一性。

在研究奇异系统(4.1.1) 的有限时间滤波问题之前，我们依照文献[128] 中离散时间脉冲系统的有限时间稳定定义来给出广义系统有限时间稳定的概念。

定义 4.1.1 给定两个正数c_1，c_2且$c_1\leqslant c_1$，正定矩阵$\boldsymbol{R}$和一个定义在$[0,T]$上的正定的矩阵值函数$\boldsymbol{\Gamma}(\cdot)$，且$\boldsymbol{\Gamma}(0)<\boldsymbol{R}$，系统(4.1.1) 称为关于$(c_1,c_2,T,\boldsymbol{R},\boldsymbol{\Gamma}(\cdot),d)$是有限时间稳定的，如果满足

$$x_0^{\mathrm{T}} E^{\mathrm{T}} R E x_0 \leqslant c_1 \Rightarrow x^{\mathrm{T}}(k) E^{\mathrm{T}} \Gamma(k) E x(k) \leqslant c_2, \quad \forall k \in [0, T]。$$

我们设计一个具有下列实现形式的 n 维线性滤波器：

$$\begin{cases} \hat{x}(k+1) = A_f \hat{x}(k) + B_f y(k), & k \neq \tau_j, \\ \hat{x}(\tau_j + 1) = M_f \hat{x}(\tau_j), & j \in \mathbf{Z}^+, \\ \hat{z}(k) = L\hat{x}(k), & \hat{x}(0) = \mathbf{0}, \end{cases} \tag{4.1.3}$$

其中，$\hat{x}(k) \in \mathbf{R}^n$ 和 $\hat{z}(k) \in \mathbf{R}^p$ 分别表示滤波器的状态向量和输出向量．矩阵 $A_f \in \mathbf{R}^{n\times n}$，$B_f \in \mathbf{R}^{n\times l}$ 和 $M_f \in \mathbf{R}^{n\times n}$ 是待定矩阵。

令 $\bar{x}(k) = \begin{bmatrix} x(t) \\ \hat{x}(t) \end{bmatrix}$ 和 $\bar{z}(k) = z(k) - \hat{z}(k)$，则滤波误差系统为

$$\begin{cases} \bar{E}\bar{x}(k+1) = \bar{A}\bar{x}(k) + \bar{B}\eta(k), & k \neq \tau_j, \\ \bar{x}(\tau_j + 1) = \bar{M}\bar{x}(\tau_j), & j \in \mathbf{Z}^+, \\ \bar{z}(k) = \bar{L}\bar{x}(k), & \bar{x}(0) = \bar{x}_0, \end{cases} \tag{4.1.4}$$

其中，

$$\bar{E} = \mathrm{diag}\{E, I\}, \quad \bar{B} = \mathrm{diag}\{B, B_f D\}, \quad \bar{M} = \mathrm{diag}\{M, M_f\}, \quad \bar{L} = [L \ \ -L],$$

$$\bar{A} = \begin{bmatrix} A & 0 \\ B_f C & A_f \end{bmatrix}, \quad \bar{x}_0 = \begin{bmatrix} x_0 \\ \mathbf{0} \end{bmatrix}, \quad \eta(k) = \begin{bmatrix} \omega(k) \\ v(k) \end{bmatrix}。 \tag{4.1.5}$$

离散时间脉冲奇异系统的有限时间滤波问题描述如下：

定义 4.1.2　给定一个离散时间线性脉冲奇异系统(4.1.1) 和一个指定的噪音衰减水平 $\gamma > 0$，确定一个形如(4.1.3) 的线性脉冲滤波器，使得滤波误差系统(4.1.4) 是有限时间稳定的；并且在零初始条件下，对于所有非零的 $\eta(k) \in L_2([0, T], \mathbf{R}^{q+r})$，滤波误差满足

$$\sum_{k=0}^{T} \bar{z}^{\mathrm{T}}(k)\bar{z}(k) \leqslant \gamma \sum_{k=0}^{T} \eta^{\mathrm{T}}(k)\eta(k)。 \tag{4.1.6}$$

4.2　离散时间情形结论及证明

定理 4.2.1　假定(H4.1) ~ (H4.3) 成立，给定系统(4.1.1) 和滤波系统(4.1.3)，若存在对称矩阵 P 和常数 $h > 0$ 满足

$$\begin{bmatrix} \bar{A}^{\mathrm{T}} P \bar{A} + \bar{L}^{\mathrm{T}}\bar{L} - \bar{E}^{\mathrm{T}} P \bar{E} & \bar{A}^{\mathrm{T}} P \bar{B} \\ \bar{B}^{\mathrm{T}} P \bar{A} & \bar{B}^{\mathrm{T}} P \bar{B} - \gamma I \end{bmatrix} < 0, \tag{4.2.1}$$

$$\bar{M}^{\mathrm{T}} \bar{E}^{\mathrm{T}} P \bar{E} \bar{M} + \bar{L}^{\mathrm{T}}\bar{L} \leqslant \bar{E}^{\mathrm{T}} P \bar{E}, \tag{4.2.2}$$

$$\bar{\boldsymbol{E}}^{\mathrm{T}}\boldsymbol{\Gamma}(k)\bar{\boldsymbol{E}} \leqslant h\bar{\boldsymbol{E}}^{\mathrm{T}}\boldsymbol{P}\bar{\boldsymbol{E}}, \tag{4.2.3}$$

$$h[\lambda c_1 + \gamma d] < c_2 \tag{4.2.4}$$

则滤波误差系统(4.1.4)是有限时间稳定的，且满足不等式(4.1.6)，其中，$\lambda = \lambda_{\max}(\mathbf{R}^{-1}\boldsymbol{P})$。

证明 由式(4.2.3)可知 $\bar{\boldsymbol{E}}^{\mathrm{T}}\boldsymbol{P}\bar{\boldsymbol{E}} \geqslant 0$。对于滤波误差系统(4.1.4)，我们考虑 Lyapunov 函数

$$\boldsymbol{V}(k) = \bar{\boldsymbol{x}}^{\mathrm{T}}(k)\bar{\boldsymbol{E}}^{\mathrm{T}}\boldsymbol{P}\bar{\boldsymbol{E}}\bar{\boldsymbol{x}}(k)。$$

当 $k \neq \tau_j$，$j \in \mathbf{Z}^{+}$时，由式(4.2.1)可得

$$\begin{aligned}
\boldsymbol{V}(k+1) &= \bar{\boldsymbol{x}}^{\mathrm{T}}(k+1)\bar{\boldsymbol{E}}^{\mathrm{T}}\boldsymbol{P}\bar{\boldsymbol{E}}\bar{\boldsymbol{x}}(k+1)\\
&= [\bar{\boldsymbol{A}}\bar{\boldsymbol{x}}(k) + \bar{\boldsymbol{B}}\boldsymbol{\eta}(k)]^{\mathrm{T}}\boldsymbol{P}[\bar{\boldsymbol{A}}\bar{\boldsymbol{x}}(k) + \bar{\boldsymbol{B}}\boldsymbol{\eta}(k)]\\
&= \bar{\boldsymbol{x}}^{\mathrm{T}}(k)\bar{\boldsymbol{A}}^{\mathrm{T}}\boldsymbol{P}\bar{\boldsymbol{A}}\bar{\boldsymbol{x}}(k) + 2\boldsymbol{\eta}^{\mathrm{T}}(k)\bar{\boldsymbol{B}}^{\mathrm{T}}\boldsymbol{P}\bar{\boldsymbol{A}}\bar{\boldsymbol{x}}(k) + \boldsymbol{\eta}^{\mathrm{T}}(k)\bar{\boldsymbol{B}}^{\mathrm{T}}\boldsymbol{P}\bar{\boldsymbol{B}}\boldsymbol{\eta}(k)\\
&\leqslant \boldsymbol{V}(k) + \gamma\boldsymbol{\eta}^{\mathrm{T}}(k)\boldsymbol{\eta}(k),
\end{aligned}$$

当 $k = \tau_j$，$j \in \mathbf{Z}^{+}$时，由式(4.2.2)可得

$$\boldsymbol{V}(\tau_j + 1) = \bar{\boldsymbol{x}}^{\mathrm{T}}(\tau_j)\bar{\boldsymbol{M}}^{\mathrm{T}}\bar{\boldsymbol{E}}^{\mathrm{T}}\boldsymbol{P}\bar{\boldsymbol{E}}\bar{\boldsymbol{M}}\bar{\boldsymbol{x}}(\tau_j) \leqslant \boldsymbol{V}(\tau_j)。$$

因此，$\forall k \in (\tau_j, \tau_{j+1}]$，有

$$\begin{aligned}
\boldsymbol{V}(k) &\leqslant \boldsymbol{V}(k-1) + \gamma\boldsymbol{\eta}^{\mathrm{T}}(k-1)\boldsymbol{\eta}(k-1)\\
&\leqslant \cdots\\
&\leqslant \boldsymbol{V}(\tau_j + 1) + \gamma\sum_{i=\tau_j+1}^{k-1}\boldsymbol{\eta}^{\mathrm{T}}(i)\boldsymbol{\eta}(i)\\
&\leqslant \boldsymbol{V}(\tau_j) + \gamma\sum_{i=\tau_j+1}^{k-1}\boldsymbol{\eta}^{\mathrm{T}}(i)\boldsymbol{\eta}(i)\\
&\leqslant \boldsymbol{V}(\tau_j - 1) + \gamma\sum_{i=\tau_j+1}^{k-1}\boldsymbol{\eta}^{\mathrm{T}}(i)\boldsymbol{\eta}(i) + \gamma\boldsymbol{\eta}^{\mathrm{T}}(\tau_j - 1)\boldsymbol{\eta}(\tau_j - 1)\\
&\leqslant \cdots\\
&\leqslant \boldsymbol{V}(0) + \gamma\sum_{i=0}^{k-1}\boldsymbol{\eta}^{\mathrm{T}}(i)\boldsymbol{\eta}(i) - \gamma\sum_{i=1}^{j}\boldsymbol{\eta}^{\mathrm{T}}(\tau_i)\boldsymbol{\eta}(\tau_i),
\end{aligned}$$

当 $\bar{\boldsymbol{x}}_0$ 满足 $\bar{\boldsymbol{x}}_0^{\mathrm{T}}\bar{\boldsymbol{E}}^{\mathrm{T}}R\bar{\boldsymbol{E}}\bar{\boldsymbol{x}}_0 \leqslant c_1$ 时，利用式(4.2.3)和式(4.2.4)可得 $\forall k \in [0, T]$，有

$$\begin{aligned}
\bar{\boldsymbol{x}}^{\mathrm{T}}(k)\bar{\boldsymbol{E}}^{\mathrm{T}}\boldsymbol{\Gamma}(k)\bar{\boldsymbol{E}}\bar{\boldsymbol{x}}(k) &\leqslant h\bar{\boldsymbol{x}}^{\mathrm{T}}(k)\bar{\boldsymbol{E}}^{\mathrm{T}}\boldsymbol{P}\bar{\boldsymbol{E}}\bar{\boldsymbol{x}}(k)\\
&\leqslant h[\bar{\boldsymbol{x}}_0^{\mathrm{T}}\bar{\boldsymbol{E}}^{\mathrm{T}}\boldsymbol{P}\bar{\boldsymbol{E}}\bar{\boldsymbol{x}}_0 + \gamma\sum_{i=0}^{k-1}\boldsymbol{\eta}^{\mathrm{T}}(i)\boldsymbol{\eta}(i)]\\
&\leqslant h(\lambda c_1 + \gamma d)\\
&< c_2。
\end{aligned}$$

根据定义4.1.1，滤波误差系统(4.1.4)是有限时间稳定的。

下面证明滤波误差系统满足不等式(4.1.6)。

当 $k \neq \tau_j$ 时，由式(4.2.1)可得

$$\boldsymbol{V}(k+1) \leqslant \boldsymbol{V}(k) + \gamma \boldsymbol{\eta}^{\mathrm{T}}(k)\boldsymbol{\eta}(k) - \bar{z}^{\mathrm{T}}(k)\bar{z}(k),$$

即

$$\bar{z}^{\mathrm{T}}(k)\bar{z}(k) - \gamma \boldsymbol{\eta}^{\mathrm{T}}(k)\boldsymbol{\eta}(k) \leqslant \boldsymbol{V}(k) - \boldsymbol{V}(k+1)。\tag{4.2.5}$$

当 $k=\tau_j$ 时，式(4.2.2)可以保证 $\boldsymbol{V}(\tau_j+1) \leqslant \boldsymbol{V}(\tau_j) - \bar{z}^{\mathrm{T}}(\tau_j)\bar{z}(\tau_j)$ 成立。则显然有

$$\bar{z}^{\mathrm{T}}(\tau_j)\bar{z}(\tau_j) - \gamma \boldsymbol{\eta}^{\mathrm{T}}(\tau_j)\boldsymbol{\eta}(\tau_j) \leqslant \boldsymbol{V}(\tau_j) - \boldsymbol{V}(\tau_j+1)。\tag{4.2.6}$$

根据零初始条件和不等式(4.2.5)、不等式(4.2.6)，可得

$$\sum_{k=0}^{T}\left[\bar{z}^{\mathrm{T}}(k)\bar{z}(k) - \gamma \boldsymbol{\eta}^{\mathrm{T}}(k)\boldsymbol{\eta}(k)\right] \leqslant \boldsymbol{V}(0) - \boldsymbol{V}(k+1) \leqslant 0,$$

因此不等式(4.1.6)成立。证毕。

注 4.2.1　如果取 $\boldsymbol{E}=\boldsymbol{I}$，则定理 4.2.1 和文献[128]中的定理 1 类似。但是由于引入了松弛变量 h，它使得定理 4.2.1 应用的范围更广一些，当 $\lambda c_1 + \gamma d < c_2$ 时，可以选择适当的 $h > 1$，它既能保证式(4.2.4)成立，又给了 $\boldsymbol{P}$ 更大的自由度；当 $\lambda c_1 + \gamma d > c_2$ 时，则可以选择适当的 $h < 1$，使得式(4.2.4)仍然能成立(参看数值算例)。特别地，若令 $h=1$ 和 $\boldsymbol{E}=\boldsymbol{I}$ 成立，则它们是相同的。

接下来研究系统的有限时间滤波可解问题。

定理 4.2.2　假定(H4.1)～(H4.3)成立，给定常数 $\gamma > 0$，则滤波问题可解的充分条件是存在矩阵 $\boldsymbol{N}_1$，$\boldsymbol{N}_2$，$\boldsymbol{N}_3$，对称矩阵 $\boldsymbol{P}=\mathrm{diag}\{\boldsymbol{P}_{11}, \boldsymbol{P}_{22}\}$ 和正数 λ，h 满足式(4.2.3)和如下条件：

$$\begin{bmatrix} \boldsymbol{\Omega}_1 & -\boldsymbol{L}^{\mathrm{T}}\boldsymbol{L} & \boldsymbol{A}^{\mathrm{T}}\boldsymbol{P}_{11}\boldsymbol{B} & \boldsymbol{0} & \boldsymbol{C}^{\mathrm{T}}\boldsymbol{N}_1 \\ * & \boldsymbol{\Omega}_2 & \boldsymbol{0} & \boldsymbol{0} & \boldsymbol{N}_2 \\ * & * & \boldsymbol{B}^{\mathrm{T}}\boldsymbol{P}_{11}\boldsymbol{B} - \gamma\boldsymbol{I} & \boldsymbol{0} & \boldsymbol{0} \\ * & * & * & -\gamma\boldsymbol{I} & \boldsymbol{D}^{\mathrm{T}}\boldsymbol{N}_1 \\ * & * & * & * & -\boldsymbol{P}_{22} \end{bmatrix} < 0,\tag{4.2.7}$$

$$\begin{bmatrix} \boldsymbol{\Omega}_3 & -\boldsymbol{L}^{\mathrm{T}}\boldsymbol{L} & \boldsymbol{0} \\ * & \boldsymbol{\Omega}_2 & \boldsymbol{N}_3 \\ * & * & -\boldsymbol{P}_{22} \end{bmatrix} \leqslant 0,\tag{4.2.8}$$

$$\boldsymbol{P} < \lambda \boldsymbol{R},\tag{4.2.9}$$

$$\begin{bmatrix} \gamma d - \dfrac{c_2}{h} & \sqrt{c_1} \\ \sqrt{c_1} & -\lambda^{-1} \end{bmatrix}\tag{4.2.10}$$

其中，　$\boldsymbol{\Omega}_1 = \boldsymbol{A}^{\mathrm{T}}\boldsymbol{P}_{11}\boldsymbol{A} - \boldsymbol{E}^{\mathrm{T}}\boldsymbol{P}_{11}\boldsymbol{E} + \boldsymbol{L}^{\mathrm{T}}\boldsymbol{L}$，$\boldsymbol{\Omega}_2 = -\boldsymbol{P}_{22} + \boldsymbol{L}^{\mathrm{T}}\boldsymbol{L}$，

$$\boldsymbol{\Omega}_3 = \boldsymbol{M}^{\mathrm{T}}\boldsymbol{E}^{\mathrm{T}}\boldsymbol{P}_{11}\boldsymbol{E}\boldsymbol{M} - \boldsymbol{E}^{\mathrm{T}}\boldsymbol{P}_{11}\boldsymbol{E} + \boldsymbol{L}^{\mathrm{T}}\boldsymbol{L}。$$

当上面的条件满足时，所求的有限时间滤波器的参数如下：

$$\boldsymbol{A}_f = \boldsymbol{P}_{22}^{-1}\boldsymbol{N}_2^{\mathrm{T}},\ \boldsymbol{B}_f = \boldsymbol{P}_{22}^{-1}\boldsymbol{N}_1^{\mathrm{T}},\ \boldsymbol{M}_f = \boldsymbol{P}_{22}^{-1}\boldsymbol{N}_3^{\mathrm{T}}。\tag{4.2.11}$$

证明 令 $\boldsymbol{P} = \mathrm{diag}\{\boldsymbol{P}_{11}, \boldsymbol{P}_{22}\}$，把式(4.1.5)代入不等式(4.2.1)和不等式(4.2.2)，则它们分别等价于

$$\begin{bmatrix} \boldsymbol{\Omega}_4 & \boldsymbol{C}^{\mathrm{T}}\boldsymbol{B}_f^{\mathrm{T}}\boldsymbol{P}_{22}\boldsymbol{A}_f - \boldsymbol{L}^{\mathrm{T}}\boldsymbol{L} & \boldsymbol{A}^{\mathrm{T}}\boldsymbol{P}_{11}\boldsymbol{B} & \boldsymbol{C}^{\mathrm{T}}\boldsymbol{B}_f^{\mathrm{T}}\boldsymbol{P}_{22}\boldsymbol{B}_f\boldsymbol{D} \\ * & \boldsymbol{A}_f^{\mathrm{T}}\boldsymbol{P}_{22}\boldsymbol{A}_f + \boldsymbol{\Omega}_2 & \boldsymbol{0} & \boldsymbol{A}_f^{\mathrm{T}}\boldsymbol{P}_{22}\boldsymbol{B}_f\boldsymbol{D} \\ * & * & \boldsymbol{B}^{\mathrm{T}}\boldsymbol{P}_{11}\boldsymbol{B} - \gamma\boldsymbol{I} & \boldsymbol{0} \\ * & * & * & \boldsymbol{D}^{\mathrm{T}}\boldsymbol{B}_f^{\mathrm{T}}\boldsymbol{P}_{22}\boldsymbol{B}_f\boldsymbol{D} - \gamma\boldsymbol{I} \end{bmatrix} < 0, \tag{4.2.12}$$

$$\begin{bmatrix} \boldsymbol{\Omega}_3 & -\boldsymbol{L}^{\mathrm{T}}\boldsymbol{L} \\ * & \boldsymbol{M}_f^{\mathrm{T}}\boldsymbol{P}_{22}\boldsymbol{M}_f + \boldsymbol{\Omega}_2 \end{bmatrix} \leqslant 0, \tag{4.2.13}$$

其中，$\boldsymbol{\Omega}_4 = \boldsymbol{A}^{\mathrm{T}}\boldsymbol{P}_{11}\boldsymbol{A} - \boldsymbol{E}^{\mathrm{T}}\boldsymbol{P}_{11}\boldsymbol{E} + \boldsymbol{L}^{\mathrm{T}}\boldsymbol{L} + \boldsymbol{C}^{\mathrm{T}}\boldsymbol{B}_f^{\mathrm{T}}\boldsymbol{P}_{22}\boldsymbol{B}_f C$。

由式(4.2.7)可知 $\boldsymbol{P}_{22} > 0$。应用Schur补，式(4.2.12)和式(4.2.13)分别等价于

$$\begin{bmatrix} \boldsymbol{\Omega}_1 & -\boldsymbol{L}^{\mathrm{T}}\boldsymbol{L} & \boldsymbol{A}^{\mathrm{T}}\boldsymbol{P}_{11}\boldsymbol{B} & \boldsymbol{0} & \boldsymbol{C}^{\mathrm{T}}\boldsymbol{P}_f^{\mathrm{T}}\boldsymbol{P}_{22} \\ * & \boldsymbol{\Omega}_2 & \boldsymbol{0} & \boldsymbol{0} & \boldsymbol{A}_f^{\mathrm{T}}\boldsymbol{P}_{22} \\ * & * & \boldsymbol{B}^{\mathrm{T}}\boldsymbol{P}_{11}\boldsymbol{B} - \gamma\boldsymbol{I} & \boldsymbol{0} & \boldsymbol{0} \\ * & * & * & -\gamma\boldsymbol{I} & \boldsymbol{D}^{\mathrm{T}}\boldsymbol{B}_f^{\mathrm{T}}\boldsymbol{P}_{22} \\ * & * & * & * & -\boldsymbol{P}_{22} \end{bmatrix} < 0, \tag{4.2.14}$$

$$\begin{bmatrix} \boldsymbol{\Omega}_3 & -\boldsymbol{L}^{\mathrm{T}}\boldsymbol{L} & \boldsymbol{0} \\ * & \boldsymbol{\Omega}_2 & \boldsymbol{M}_f^{\mathrm{T}}\boldsymbol{P}_{22} \\ * & * & -\boldsymbol{P}_{22} \end{bmatrix} \leqslant 0。\tag{4.2.15}$$

令 $\boldsymbol{N}_1 = \boldsymbol{B}_f^{\mathrm{T}}\boldsymbol{P}_{22}$，$\boldsymbol{N}_2 = \boldsymbol{A}_f^{\mathrm{T}}\boldsymbol{P}_{22}$，$\boldsymbol{N}_3 = \boldsymbol{M}_f^{\mathrm{T}}\boldsymbol{P}_{22}$，则式(4.2.14)和式(4.2.15)分别等价于式(4.2.7)和式(4.2.8)。利用Schur补，由不等式(4.2.10)可以得到 $\lambda c_1 + \gamma d - \frac{c_2}{h} < 0$，另外由式(4.2.9)可得 $\lambda > \lambda_{\max}(\boldsymbol{R}^{-1}\boldsymbol{P})$，即 $\lambda c_1 + \gamma d - \frac{c_2}{h} < 0$ 对于大于 $\lambda_{\max}(\boldsymbol{R}^{-1}\boldsymbol{P})$ 的某个数值 λ 成立。由于 $c_1 > 0$，则当 $\lambda = \lambda_{\max}(\boldsymbol{R}^{-1}\boldsymbol{P})$ 时式(4.2.10)也成立。

当所有的条件满足时，我们可以由 $\boldsymbol{N}_1 = \boldsymbol{B}_f^{\mathrm{T}}\boldsymbol{P}_{22}$，$\boldsymbol{N}_2 = \boldsymbol{A}_f^{\mathrm{T}}\boldsymbol{P}_{22}$，$\boldsymbol{N}_3 = \boldsymbol{M}_f^{\mathrm{T}}\boldsymbol{P}_{22}$ 得到滤波器的参数为 $\boldsymbol{A}_f = \boldsymbol{P}_{22}^{-1}\boldsymbol{N}_2^{\mathrm{T}}$，$\boldsymbol{B}_f = \boldsymbol{P}_{22}^{-1}\boldsymbol{N}_1^{\mathrm{T}}$，$\boldsymbol{M}_f = \boldsymbol{P}_{22}^{-1}\boldsymbol{N}_3^{\mathrm{T}}$。证毕。

如果考虑定理4.2.1中对称矩阵 $\boldsymbol{P}$ 的一般情形，即 $\boldsymbol{P} = \begin{bmatrix} \boldsymbol{P}_{11} & \boldsymbol{P}_{12} \\ * & \boldsymbol{P}_{22} \end{bmatrix}$，利用定理4.2.2类似的方法可以得到类似于文献[131]中定理3的结论。但是它是一个包含等式的充分条件，利用MATLAB是很难求解的。为了避免出现上述情况，我们就考虑充分利用原系统

的信息，设计一个如下形式的 n 维线性滤波器：

$$\begin{cases}\hat{\boldsymbol{x}}(k+1)=\boldsymbol{A}_f\hat{\boldsymbol{x}}(k)+\boldsymbol{B}_f\boldsymbol{y}(k), & k\neq\tau_j,\\ \hat{\boldsymbol{x}}(\tau_j+1)=\boldsymbol{M}\hat{\boldsymbol{x}}(\tau_j), & j\in\mathbf{Z}^+,\\ \hat{z}(k)=\boldsymbol{L}\hat{\boldsymbol{x}}(k), & \hat{\boldsymbol{x}}(0)=\boldsymbol{0},\end{cases}\tag{4.2.16}$$

其中，$\boldsymbol{A}_f\in\mathbf{R}^{n\times n}$ 和 $\boldsymbol{B}_f\in\mathbf{R}^{n\times l}$ 是待定矩阵。则有如下定理。

定理 4.2.3　假定(H4.1) ~ (H4.3) 成立，给定常数 $\gamma>0$，若存在矩阵 $\boldsymbol{A}_f$，$\boldsymbol{B}_f$，对称矩阵 $\boldsymbol{P}=\begin{bmatrix}\boldsymbol{P}_{11} & \boldsymbol{P}_{12}\\ * & \boldsymbol{P}_{22}\end{bmatrix}$ 和正数 λ，h 满足式(4.2.3)、式(4.2.9)、式(4.2.10) 和

$$\begin{bmatrix}\boldsymbol{\Omega}_5 & \boldsymbol{\Omega}_6 & \boldsymbol{A}^{\mathrm{T}}\boldsymbol{P}_{11}\boldsymbol{B}+\boldsymbol{C}^{\mathrm{T}}\boldsymbol{B}_f^{\mathrm{T}}\boldsymbol{P}_{12}^{\mathrm{T}}\boldsymbol{B} & \boldsymbol{A}^{\mathrm{T}}\boldsymbol{P}_{12}\boldsymbol{B}_f\boldsymbol{D} & \boldsymbol{C}^{\mathrm{T}}\boldsymbol{B}_f^{\mathrm{T}}\boldsymbol{P}_{22}\\ * & \boldsymbol{\Omega}_2 & \boldsymbol{A}_f^{\mathrm{T}}\boldsymbol{P}_{12}^{\mathrm{T}}\boldsymbol{B} & \boldsymbol{0} & \boldsymbol{A}_f^{\mathrm{T}}\boldsymbol{P}_{22}\\ * & * & \boldsymbol{B}^{\mathrm{T}}\boldsymbol{P}_{11}\boldsymbol{B}-\gamma\boldsymbol{I} & \boldsymbol{B}^{\mathrm{T}}\boldsymbol{P}_{12}\boldsymbol{B}_f\boldsymbol{D} & \boldsymbol{0}\\ * & * & * & -\gamma\boldsymbol{I} & \boldsymbol{D}^{\mathrm{T}}\boldsymbol{B}_f^{\mathrm{T}}\boldsymbol{P}_{22}\\ * & * & * & * & -\boldsymbol{P}_{22}\end{bmatrix}<0,\tag{4.2.17}$$

$$\begin{bmatrix}\boldsymbol{\Omega}_3 & \boldsymbol{M}^{\mathrm{T}}\boldsymbol{E}^{\mathrm{T}}\boldsymbol{P}_{12}\boldsymbol{M}-\boldsymbol{E}^{\mathrm{T}}\boldsymbol{P}_{12}-\boldsymbol{L}^{\mathrm{T}}\boldsymbol{L} & \boldsymbol{0}\\ * & \boldsymbol{\omega}_2 & \boldsymbol{M}^{\mathrm{T}}\boldsymbol{P}_{22}\\ * & * & -\boldsymbol{P}_{22}\end{bmatrix}\leqslant 0,\tag{4.2.18}$$

则有限时间滤波问题是可解的。其中，

$$\boldsymbol{\Omega}_5=\boldsymbol{A}^{\mathrm{T}}\boldsymbol{P}_{11}\boldsymbol{A}-\boldsymbol{E}^{\mathrm{T}}\boldsymbol{P}_{11}\boldsymbol{E}+\boldsymbol{L}^{\mathrm{T}}\boldsymbol{L}+\boldsymbol{C}^{\mathrm{T}}\boldsymbol{B}_f^{\mathrm{T}}\boldsymbol{P}_{12}^{\mathrm{T}}\boldsymbol{A}+\boldsymbol{A}^{\mathrm{T}}\boldsymbol{P}_{12}\boldsymbol{B}_f\boldsymbol{C},\ \boldsymbol{\Omega}_6=\boldsymbol{A}^{\mathrm{T}}\boldsymbol{P}_{12}\boldsymbol{A}_f-\boldsymbol{L}^{\mathrm{T}}\boldsymbol{L}-\boldsymbol{E}^{\mathrm{T}}\boldsymbol{P}_{12}。$$

证明　把 $\boldsymbol{P}=\begin{bmatrix}\boldsymbol{P}_{11} & \boldsymbol{P}_{12}\\ * & \boldsymbol{P}_{22}\end{bmatrix}$ 代入不等式(4.2.1) 和不等式(4.2.2)，则它们分别等价于

$$\begin{bmatrix}\boldsymbol{\Omega}_7 & \boldsymbol{\Omega}_8 & \boldsymbol{A}^{\mathrm{T}}\boldsymbol{P}_{11}\boldsymbol{B}+\boldsymbol{C}^{\mathrm{T}}\boldsymbol{B}_f^{\mathrm{T}}\boldsymbol{P}_{12}^{\mathrm{T}}\boldsymbol{B} & [\boldsymbol{A}^{\mathrm{T}}\boldsymbol{P}_{12}+\boldsymbol{C}^{\mathrm{T}}\boldsymbol{B}_f^{\mathrm{T}}\boldsymbol{P}_{22}]\boldsymbol{B}_f\boldsymbol{D}\\ * & \boldsymbol{\Omega}_9 & \boldsymbol{A}_f^{\mathrm{T}}\boldsymbol{P}_{12}^{\mathrm{T}}\boldsymbol{B} & \boldsymbol{A}_f^{\mathrm{T}}\boldsymbol{P}_{22}\boldsymbol{B}_f\boldsymbol{D}\\ * & * & \boldsymbol{B}^{\mathrm{T}}\boldsymbol{P}_{11}\boldsymbol{B}-\gamma\boldsymbol{I} & \boldsymbol{B}^{\mathrm{T}}\boldsymbol{P}_{12}\boldsymbol{B}_f\boldsymbol{D}\\ * & * & * & \boldsymbol{D}^{\mathrm{T}}\boldsymbol{B}_f^{\mathrm{T}}\boldsymbol{P}_{22}\boldsymbol{B}_f\boldsymbol{D}-\gamma\boldsymbol{I}\end{bmatrix}<0,\tag{4.2.19}$$

$$\begin{bmatrix}\boldsymbol{\Omega}_2 & \boldsymbol{M}^{\mathrm{T}}\boldsymbol{E}^{\mathrm{T}}\boldsymbol{P}_{12}\boldsymbol{M}-\boldsymbol{E}^{\mathrm{T}}\boldsymbol{P}_{12}-\boldsymbol{L}^{\mathrm{T}}\boldsymbol{L}\\ * & \boldsymbol{M}^{\mathrm{T}}\boldsymbol{P}_{22}\boldsymbol{M}-\boldsymbol{P}_{22}+\boldsymbol{L}^{\mathrm{T}}\boldsymbol{L}\end{bmatrix}\leqslant 0,\tag{4.2.20}$$

其中，　$\boldsymbol{\Omega}_7=\boldsymbol{A}^{\mathrm{T}}\boldsymbol{P}_{11}\boldsymbol{A}-\boldsymbol{E}^{\mathrm{T}}\boldsymbol{P}_{11}\boldsymbol{E}+\boldsymbol{L}^{\mathrm{T}}\boldsymbol{L}+\boldsymbol{C}^{\mathrm{T}}\boldsymbol{B}_f^{\mathrm{T}}\boldsymbol{P}_{22}\boldsymbol{B}_f\boldsymbol{C}+\boldsymbol{C}^{\mathrm{T}}\boldsymbol{B}_f^{\mathrm{T}}\boldsymbol{P}_{12}^{\mathrm{T}}\boldsymbol{A}+\boldsymbol{A}^{\mathrm{T}}\boldsymbol{P}_{12}\boldsymbol{B}_f\boldsymbol{C}$，

$\boldsymbol{\Omega}_8=\boldsymbol{A}^{\mathrm{T}}\boldsymbol{P}_{12}\boldsymbol{A}_f+\boldsymbol{C}^{\mathrm{T}}\boldsymbol{B}_f^{\mathrm{T}}\boldsymbol{P}_{22}\boldsymbol{A}_f-\boldsymbol{L}^{\mathrm{T}}\boldsymbol{L}-\boldsymbol{E}^{\mathrm{T}}\boldsymbol{P}_{12}$，$\boldsymbol{\Omega}_9=\boldsymbol{A}_f^{\mathrm{T}}\boldsymbol{P}_{22}\boldsymbol{A}_f-\boldsymbol{P}_{22}+\boldsymbol{L}^{\mathrm{T}}\boldsymbol{L}$。

由式(4.2.17) 可知 $\boldsymbol{P}_{22}$ 是正定矩阵。应用Schur补，式(4.2.19) 和式(4.2.20) 分别等价于式(4.2.17) 和式(4.2.18)。证毕。

注 4.2.2　对于定理 4.2.3，可以按照下列步骤来得到滤波器的参数矩阵。

第一步：解线性矩阵不等式(4.2.18)，求出矩阵 $\boldsymbol{P}_{11}$，$\boldsymbol{P}_{12}$ 和 $\boldsymbol{P}_{22}$；

第二步：验证式(4.2.3)，看是否能找到一个常数 $\lambda > 0$ 使得式(4.2.9)和式(4.2.10)成立；

第三步：把 $\boldsymbol{P}_{11}$，$\boldsymbol{P}_{12}$ 和 $\boldsymbol{P}_{22}$ 代入式(4.2.17)，解线性矩阵不等式(4.2.17)，求出滤波器的参数矩阵 $\boldsymbol{A}_f$ 和 $\boldsymbol{B}_f$。

4.3　连续时间情形问题描述

考虑如下形式的连续时间线性脉冲奇异系统

$$\begin{cases}\boldsymbol{E}\dot{\boldsymbol{x}}(t)=\boldsymbol{A}\boldsymbol{x}(t)+\boldsymbol{B}\boldsymbol{\omega}(t), & t\neq\tau_j,\\ \boldsymbol{x}(\tau_j^+)=\boldsymbol{M}\boldsymbol{x}(\tau_j), & j\in\mathbf{Z}^+,\\ \boldsymbol{y}(t)=\boldsymbol{C}\boldsymbol{x}(t)+\boldsymbol{D}\boldsymbol{v}(t), & \\ \boldsymbol{z}(t)=\boldsymbol{L}\boldsymbol{x}(t), & \boldsymbol{x}(0)=\boldsymbol{x}_0。\end{cases} \tag{4.3.1}$$

其中，$\boldsymbol{x}(t)\in\mathbf{R}^n$ 是系统的状态向量；$\boldsymbol{y}(t)\in\mathbf{R}^l$ 是可测输出向量；$\boldsymbol{z}(t)\in\mathbf{R}^p$ 是待估测的信号；时间列 τ_j 是脉冲时刻，即系统的状态在这些时刻经历了一个突然的跳跃；$\boldsymbol{A}$，$\boldsymbol{B}$，$\boldsymbol{M}$，$\boldsymbol{C}$ 和 $\boldsymbol{D}$ 是具有适当阶数已知的实的常矩阵；$\boldsymbol{E}$ 是奇异矩阵；$\boldsymbol{\omega}(t)\in\mathbf{R}^p$ 和 $\boldsymbol{v}(t)\in\mathbf{R}^r$ 分别是过程噪音和测量噪音，且都属于 $L_2[0,\infty)$。

为了研究奇异系统(4.3.1)，假定下列条件成立：

(H4.4) $\lim\limits_{j\to+\infty}\tau_j=+\infty$，且存在 $m\in\mathbf{Z}^+$ 满足 $0<\tau_1<\cdots<\tau_m\leqslant T<\tau_{m+1}<\cdots$。

(H4.5) 对于任意给定的正数 d，噪音信号 $\boldsymbol{\omega}(t)$ 和 $\boldsymbol{v}(t)$ 是时变的且满足

$$\int_0^T[\boldsymbol{\omega}^{\mathrm{T}}(t)\boldsymbol{\omega}(t)+\boldsymbol{v}^{\mathrm{T}}(t)\boldsymbol{v}(t)]\mathrm{d}t\leqslant d。 \tag{4.3.2}$$

注 4.3.1　类似于注 4.1.1，条件(H4.2)和(H4.3)可以保证奇异系统(4.3.1)的解的存在性和唯一性。

定义 4.3.1　给定两个正常数 c_1，c_2 且 $c_1\leqslant c_2$，正定矩阵 $\boldsymbol{R}$ 和一个定义在 $[0,T]$ 上的正定的矩阵值函数 $\boldsymbol{\Gamma}(\cdot)$，且 $\boldsymbol{\Gamma}(0)<\boldsymbol{R}$，系统(4.3.1)称为关于 $(c_1,c_2,T,\boldsymbol{R},\boldsymbol{\Gamma}(\cdot),d)$ 是有限时间稳定的，如果满足

$$\boldsymbol{x}_0^{\mathrm{T}}\boldsymbol{E}^{\mathrm{T}}\boldsymbol{R}\boldsymbol{E}\boldsymbol{x}_0\leqslant c_1\Rightarrow\boldsymbol{x}^{\mathrm{T}}(t)\boldsymbol{E}^{\mathrm{T}}\boldsymbol{\Gamma}(t)\boldsymbol{E}\boldsymbol{x}(t)\leqslant c_2,\quad\forall t\in[0,T]。$$

设计一个具有下列实现形式的 n 维线性滤波器：

$$\begin{cases}\dot{\hat{\boldsymbol{x}}}(t)=\boldsymbol{A}_f\hat{\boldsymbol{x}}(t)+\boldsymbol{B}_f\boldsymbol{y}(t), & t\neq\tau_j,\\ \hat{\boldsymbol{x}}(\tau_j^+)=\boldsymbol{M}_f\hat{\boldsymbol{x}}(\tau_j), & j\in\mathbf{Z}^+,\\ \hat{\boldsymbol{z}}(t)=\boldsymbol{L}\hat{\boldsymbol{x}}(t), & \hat{\boldsymbol{x}}(0)=\mathbf{0},\end{cases} \tag{4.3.3}$$

其中，$\hat{\boldsymbol{x}}(t)\in\mathbf{R}^n$ 和 $\hat{\boldsymbol{z}}(t)\in\mathbf{R}^q$ 分别表示滤波器的状态向量和输出向量。矩阵 $\boldsymbol{A}_f\in\mathbf{R}^{n\times n}$，$\boldsymbol{B}_f\in\mathbf{R}^{n\times l}$ 和 $\boldsymbol{M}_f\in\mathbf{R}^{n\times n}$ 是待定矩阵。

令 $\bar{x}(t)=\begin{bmatrix}x(t)\\ \hat{x}(t)\end{bmatrix}$ 和 $\bar{z}(t)=z(t)-\hat{z}(t)$，则滤波误差系统为

$$\begin{cases}\bar{E}\dot{\bar{x}}(t)=\bar{A}\bar{x}(t)+\bar{B}\eta(t), & t\neq\tau_j,\\ \bar{x}(\tau_j^+)=\bar{M}\bar{x}(\tau_j), & j\in\mathbf{Z}^+,\\ \bar{z}(t)=\bar{L}\bar{x}(t), & \bar{x}(0)=\bar{x}_0,\end{cases}\tag{4.3.4}$$

其中，

$$\bar{E}=\begin{bmatrix}E & 0\\ 0 & I\end{bmatrix},\ \bar{B}=\begin{bmatrix}B & 0\\ 0 & B_fD\end{bmatrix},\ \bar{M}=\begin{bmatrix}M & 0\\ 0 & M_f\end{bmatrix},\ \bar{L}=[L\ -L],$$

$$\bar{A}=\begin{bmatrix}A & 0\\ B_fC & A_f\end{bmatrix},\ \bar{x}_0=\begin{bmatrix}x_0\\ 0\end{bmatrix},\ \eta(t)=\begin{bmatrix}\omega(t)\\ v(t)\end{bmatrix}。\tag{4.3.5}$$

连续时间脉冲奇异系统的有限时间滤波问题描述如下：

定义 4.3.2　给定一个连续时间线性脉冲奇异系统(4.3.1) 和一个指定的噪音衰减水平 $\gamma>0$，确定一个形如(4.3.3) 的线性脉冲滤波器，使得滤波误差系统(4.3.4) 是有限时间稳定的；并且在零初始条件下，对于所有非零的 $\eta(t)\in L_2([0,T],\mathbf{R}^{p+r})$，滤波误差满足

$$\int_0^T\bar{z}^{\mathrm{T}}(t)\bar{z}(t)\mathrm{d}t\leqslant\gamma\int_0^T\eta^{\mathrm{T}}(t)\eta(t)\mathrm{d}t。\tag{4.3.6}$$

4.4　连续时间情形结论及证明

定理 4.4.1　假定(H4.2) ~ (H4.5) 成立，给定系统(4.3.1) 和滤波系统(4.3.3)，若存在对称矩阵 P 和常数 $h>0$ 满足

$$\begin{bmatrix}\bar{E}^{\mathrm{T}}P\bar{A}+A^{\mathrm{T}}P\bar{E}+L^{\mathrm{T}}L & E^{\mathrm{T}}P\bar{B}\\ \bar{B}^{\mathrm{T}}P\bar{E} & -\gamma I\end{bmatrix}\leqslant 0,\tag{4.4.1}$$

$$\bar{M}^{\mathrm{T}}\bar{E}^{\mathrm{T}}P\bar{E}\bar{M}\leqslant\bar{E}^{\mathrm{T}}P\bar{E},\tag{4.4.2}$$

$$\bar{E}^{\mathrm{T}}\Gamma(k)\bar{E}\leqslant h\bar{E}^{\mathrm{T}}P\bar{E},\tag{4.4.3}$$

$$h[\lambda c_1+\gamma d]<c_2,\tag{4.4.4}$$

则滤波误差系统(4.3.4) 是有限时间稳定的且满足式(4.3.6)，其中，$\lambda=\lambda_{\max}(R^{-1}P)$。

证明　由式(4.4.3) 可得 $\bar{E}^{\mathrm{T}}P\bar{E}\geqslant 0$。对于滤波误差系统(4.3.4)，我们考虑如下的 Lyapunov 函数

$$V(t)=\bar{x}^{\mathrm{T}}(t)\bar{E}^{\mathrm{T}}P\bar{E}\bar{x}(t),$$

当$t\in(\tau_j^+,\ \tau_{j+1})$，$j\in\mathbf{Z}^+$时，由式(4.4.1)可知

$$\begin{aligned}\dot{V}(t)&=2\dot{\bar{\boldsymbol{x}}}^{\mathrm{T}}(t)\bar{\boldsymbol{E}}^{\mathrm{T}}\boldsymbol{P}\bar{\boldsymbol{E}}\bar{\boldsymbol{x}}(t)\\&=[\bar{\boldsymbol{A}}\bar{\boldsymbol{x}}(t)+\bar{\boldsymbol{B}}\boldsymbol{\eta}(t)]^{\mathrm{T}}\boldsymbol{P}\bar{\boldsymbol{E}}\bar{\boldsymbol{x}}(t)+\bar{\boldsymbol{x}}^{\mathrm{T}}(t)\bar{\boldsymbol{E}}^{\mathrm{T}}\boldsymbol{P}[\bar{\boldsymbol{A}}\bar{\boldsymbol{x}}(t)+\bar{\boldsymbol{B}}\boldsymbol{\eta}(t)]\\&=\bar{\boldsymbol{x}}^{\mathrm{T}}(t)[\bar{\boldsymbol{E}}^{\mathrm{T}}\boldsymbol{P}\bar{\boldsymbol{A}}+\bar{\boldsymbol{A}}^{\mathrm{T}}\boldsymbol{P}\bar{\boldsymbol{E}}]\bar{\boldsymbol{x}}(t)+2\boldsymbol{\eta}^{\mathrm{T}}(t)\bar{\boldsymbol{B}}^{\mathrm{T}}\boldsymbol{P}\bar{\boldsymbol{E}}\bar{\boldsymbol{x}}(t)\\&\leqslant\gamma\boldsymbol{\eta}^{\mathrm{T}}(t)\boldsymbol{\eta}(t)。\end{aligned}$$

两边在$[\tau_j^+,\ t]$上求定积分得

$$\boldsymbol{V}(t)-\boldsymbol{V}(\tau_j^+)\leqslant\int_{\tau_j^+}^{t}\gamma\boldsymbol{\eta}^{\mathrm{T}}(t)\boldsymbol{\eta}(t)\mathrm{d}t,$$

再由式(4.4.2)可得

$$\boldsymbol{V}(\tau_j^+)=\bar{\boldsymbol{x}}^{\mathrm{T}}(\tau_j)\bar{\boldsymbol{M}}^{\mathrm{T}}\bar{\boldsymbol{E}}^{\mathrm{T}}\boldsymbol{P}\bar{\boldsymbol{E}}\bar{\boldsymbol{M}}\bar{\boldsymbol{x}}(\tau_j)\leqslant\boldsymbol{V}(\tau_j)。$$

所以，当$t\in(\tau_j,\ \tau_{j+1}]$时，有

$$\begin{aligned}\boldsymbol{V}(t)&\leqslant\boldsymbol{V}(\tau_j^+)+\gamma\int_{\tau_j^+}^{t}\boldsymbol{\eta}^{\mathrm{T}}(t)\boldsymbol{\eta}(t)\mathrm{d}t\\&\leqslant\boldsymbol{V}(\tau_j)+\gamma\int_{\tau_j}^{t}\boldsymbol{\eta}^{\mathrm{T}}(t)\boldsymbol{\eta}(t)\mathrm{d}t\\&\leqslant\boldsymbol{V}(\tau_{j-1})+\gamma\int_{\tau_{j-1}}^{t}\boldsymbol{\eta}^{\mathrm{T}}(t)\boldsymbol{\eta}(t)\mathrm{d}t\\&\leqslant\cdots\\&\leqslant\boldsymbol{V}(0)+\gamma\boldsymbol{\eta}^{\mathrm{T}}(t)\boldsymbol{\eta}(t)\mathrm{d}t。\end{aligned}$$

对于满足$\bar{\boldsymbol{x}}_0^{\mathrm{T}}\bar{\boldsymbol{E}}^{\mathrm{T}}R\bar{\boldsymbol{E}}\bar{\boldsymbol{x}}_0\leqslant c_1$的$\bar{\boldsymbol{x}}_0$，利用式(4.4.3)和式(4.4.4)，$\forall t\in[0,\ T]$，则有

$$\begin{aligned}\bar{\boldsymbol{x}}^{\mathrm{T}}(t)\bar{\boldsymbol{E}}^{\mathrm{T}}\boldsymbol{\Gamma}(t)\bar{\boldsymbol{E}}\bar{\boldsymbol{x}}(t)&\leqslant h\bar{\boldsymbol{x}}^{\mathrm{T}}(t)\bar{\boldsymbol{E}}^{\mathrm{T}}\boldsymbol{P}\bar{\boldsymbol{E}}\bar{\boldsymbol{x}}(t)\\&\leqslant h[\bar{\boldsymbol{x}}_0^{\mathrm{T}}\bar{\boldsymbol{E}}^{\mathrm{T}}\boldsymbol{P}\bar{\boldsymbol{E}}\bar{\boldsymbol{x}}_0+\gamma\boldsymbol{\eta}^{\mathrm{T}}(t)\boldsymbol{\eta}(t)]\\&\leqslant h(\lambda c_1+\gamma d)\\&<c_1。\end{aligned}$$

由定义4.3.1可知滤波误差系统(4.3.4)是有限时间稳定的。

下面证明滤波误差系统满足不等式(4.3.6)。

当$t\in(\tau_j^+,\ \tau_{j+1})$，$j\in\mathbf{Z}^+$时，由式(4.4.1)可得

$$\boldsymbol{V}(t)\leqslant\boldsymbol{V}(\tau_j^+)+\int_{\tau_j}^{t}[\gamma\boldsymbol{\eta}^{\mathrm{T}}(t)\boldsymbol{\eta}(t)-\bar{z}^{\mathrm{T}}(t)\bar{z}(t)]\mathrm{d}t,$$

即

$$\int_{\tau_j}^{t}[\bar{z}^{\mathrm{T}}(t)\bar{z}(t)-\gamma\boldsymbol{\eta}^{\mathrm{T}}(t)\boldsymbol{\eta}(t)]\mathrm{d}t\leqslant V(\tau_j^+)-\boldsymbol{V}(t),\tag{4.4.5}$$

当$t=\tau_j$时，$V(\tau_j^+)\leqslant V(\tau_j)$。由零初始条件和不等式(4.4.5)可知

$$\int_0^{T}[\bar{z}^{\mathrm{T}}(t)\bar{z}(t)-\gamma\boldsymbol{\eta}^{\mathrm{T}}(t)\boldsymbol{\eta}(t)]\mathrm{d}t\leqslant\boldsymbol{V}(0)-\boldsymbol{V}(T)\leqslant 0,$$

则式(4.3.6)成立。证毕。

接下来研究系统的有限时间滤波可解问题。

定理 4.4.2　假定(H4.2) ~ (H4.5)成立，给定常数$\gamma > 0$，则滤波问题可解的充分条件是存在矩阵$\boldsymbol{N}_1$，$\boldsymbol{N}_2$，$\boldsymbol{N}_3$，对称矩阵$\boldsymbol{P} = \mathrm{diag}\{\boldsymbol{P}_{11}, \boldsymbol{P}_{22}\}$和正数$\lambda$，$h$满足式(4.4.3)和如下条件

$$\begin{bmatrix} \boldsymbol{\Omega}_{10} & \boldsymbol{C}^{\mathrm{T}}\boldsymbol{N}_1 - \boldsymbol{L}^{\mathrm{T}}\boldsymbol{L} & \bar{\boldsymbol{E}}^{\mathrm{T}}\boldsymbol{P}_{11}\boldsymbol{B} & \boldsymbol{0} \\ * & \boldsymbol{N}_2 + \boldsymbol{N}_2^{\mathrm{T}} + \boldsymbol{L}^{\mathrm{T}}\boldsymbol{L} & \boldsymbol{0} & \boldsymbol{N}_1^{\mathrm{T}}\boldsymbol{D} \\ * & * & -\gamma I & \boldsymbol{0} \\ * & * & * & -\gamma \boldsymbol{I} \end{bmatrix} \leqslant 0, \tag{4.4.6}$$

$$\begin{bmatrix} \boldsymbol{M}^{\mathrm{T}}\boldsymbol{E}^{\mathrm{T}}\boldsymbol{P}_{11}\boldsymbol{E}\boldsymbol{M} - \bar{\boldsymbol{E}}^{\mathrm{T}}\boldsymbol{P}_{11}\boldsymbol{E} & \boldsymbol{0} & \boldsymbol{0} \\ * & -\boldsymbol{P}_{22} & \boldsymbol{N}_3 \\ * & * & -\boldsymbol{P}_{22} \end{bmatrix} \leqslant 0, \tag{4.4.7}$$

$$\boldsymbol{P} < \lambda \boldsymbol{R}, \tag{4.4.8}$$

$$\begin{bmatrix} rd - \dfrac{c_2}{h} & \sqrt{c_1} \\ \sqrt{c_1} & -\lambda^{-1} \end{bmatrix} < 0, \tag{4.4.9}$$

其中，$\boldsymbol{\Omega}_{10} = \boldsymbol{E}^{\mathrm{T}}\boldsymbol{P}_{11}\boldsymbol{A} + \boldsymbol{A}^{\mathrm{T}}\boldsymbol{P}_{11}\boldsymbol{E} + \boldsymbol{L}^{\mathrm{T}}\boldsymbol{L}$。

当上面的条件满足时，所求的有限时间滤波器的参数如下：

$$\boldsymbol{A}_f = \boldsymbol{P}_{22}^{-1}\boldsymbol{N}_2^{\mathrm{T}},\ \boldsymbol{B}_f = \boldsymbol{P}_{22}^{-1}\boldsymbol{N}_1^{\mathrm{T}},\ \boldsymbol{M}_f = \boldsymbol{P}_{22}^{-1}\boldsymbol{N}_3^{\mathrm{T}}。 \tag{4.4.10}$$

证明　令$\boldsymbol{P} = \mathrm{diag}\{\boldsymbol{P}_{11}, \boldsymbol{P}_{22}\}$，把式(4.3.5)代入不等式(4.4.1)和不等式(4.4.2)，则它们分别等价于

$$\begin{bmatrix} \boldsymbol{\Omega}_{10} & \boldsymbol{C}^{\mathrm{T}}\boldsymbol{B}_f^{\mathrm{T}}\boldsymbol{P}_{22} - \boldsymbol{L}^{\mathrm{T}}\boldsymbol{L} & \boldsymbol{E}^{\mathrm{T}}\boldsymbol{P}_{11}\boldsymbol{B} & \boldsymbol{0} \\ * & \boldsymbol{A}_f^{\mathrm{T}}\boldsymbol{P}_{22} + \boldsymbol{P}_{22}\boldsymbol{A}_f + \boldsymbol{L}^{\mathrm{T}}\boldsymbol{L} & \boldsymbol{0} & \boldsymbol{P}_{22}\boldsymbol{B}_f\boldsymbol{D} \\ * & * & -\gamma I & \boldsymbol{0} \\ * & * & * & -\gamma \boldsymbol{I} \end{bmatrix} \leqslant 0, \tag{4.4.11}$$

$$\begin{bmatrix} \boldsymbol{M}^{\mathrm{T}}\boldsymbol{E}^{\mathrm{T}}\boldsymbol{P}_{11}\boldsymbol{E}\boldsymbol{M} - \boldsymbol{E}^{\mathrm{T}}\boldsymbol{P}_{11}\boldsymbol{E} & \boldsymbol{0} \\ \boldsymbol{0} & \boldsymbol{M}_f^{\mathrm{T}}\boldsymbol{P}_{22}\boldsymbol{M}_f - \boldsymbol{P}_{22} \end{bmatrix} \leqslant 0, \tag{4.4.12}$$

应用 Schur 补，式(4.4.12)等价于

$$\begin{bmatrix} \boldsymbol{M}^{\mathrm{T}}\boldsymbol{E}^{\mathrm{T}}\boldsymbol{P}_{11}\boldsymbol{E}\boldsymbol{M} - \boldsymbol{E}^{\mathrm{T}}\boldsymbol{P}_{11}\boldsymbol{E} & -\boldsymbol{L}^{\mathrm{T}}\boldsymbol{L} & \boldsymbol{0} \\ * & -\boldsymbol{P}_{22} & \boldsymbol{M}_f^{\mathrm{T}}\boldsymbol{P}_{22} \\ * & * & -\boldsymbol{P}_{22} \end{bmatrix} \leqslant 0。 \tag{4.4.13}$$

令 $N_1 = B_f^{\mathrm{T}} P_{22}$，$N_2 = A_f^{\mathrm{T}} P_{22}$，$N_3 = M_f^{\mathrm{T}} P_{22}$，则式(4.4.11)和式(4.4.13)分别等价于式(4.4.6)和式(4.4.7)。利用Schur补，由不等式(4.4.9)可以得到 $\lambda c_1 + \gamma d - \frac{c_2}{h} < 0$，另外由式(4.4.8)可得 $\lambda > \lambda_{\max}(R^{-1}P)$，即 $\lambda c_1 + \gamma d - \frac{c_2}{h} < 0$ 对于大于 $\lambda_{\max}(R^{-1}P)$ 的某个数值 λ 成立。由于 $c_1 > 0$，则式(4.4.9)当 $\lambda = \lambda_{\max}(R^{-1}P)$ 时也成立。

当所有的条件满足时，由 $N_1 = B_f^{\mathrm{T}} P_{22}$，$N_2 = A_f^{\mathrm{T}} P_{22}$ 和 $N_3 = M_f^{\mathrm{T}} P_{22}$，可以求得滤波器的参数为 $A_f = P_{22}^{-1} N_2^{\mathrm{T}}$，$B_f = P_{22}^{-1} N_1^{\mathrm{T}}$，$M_f = P_{22}^{-1} N_3^{\mathrm{T}}$。证毕。

如果考虑定理4.4.1中对称矩阵 P 的一般情形，即 $P = \begin{bmatrix} P_{11} & P_{12} \\ * & P_{22} \end{bmatrix}$，利用定理4.4.2类似的方法可以得到类似于文献[131]中定理3的结论。但是它是一个包含需要满足严格矩阵等式的线性矩阵不等式条件，从计算的角度来看是很难实行的。为了避免出现上述情况，我们就考虑充分利用原系统的信息，设计一个如下形式的 n 维线性滤波器：

$$\begin{cases} \dot{\hat{x}}(t) = A_f \hat{x}(t) + B_f y(t), & t \neq \tau_j, \\ \hat{x}(\tau_j^+) = M \hat{x}(\tau_j), & j \in \mathbf{Z}^+, \\ \hat{z}(t) = L \hat{x}(t), & \hat{x}(0) = \mathbf{0}, \end{cases} \tag{4.4.14}$$

其中，$A_f \in \mathbf{R}^{n \times n}$ 和 $B_f \in \mathbf{R}^{n \times l}$ 是待定矩阵。则可以得到如下定理。

定理4.4.3 假定(H4.2)~(H4.5)成立，给定常数 $\gamma > 0$，若存在矩阵 A_f，B_f，对称矩阵 $P = \begin{bmatrix} P_{11} & P_{12} \\ * & P_{22} \end{bmatrix}$ 和正常数 λ，h 满足式(4.4.3)、式(4.4.8)、式(4.4.9)和

$$\begin{bmatrix} \Omega_{11} & \Omega_{12} & E^{\mathrm{T}} P_{11} B & E^{\mathrm{T}} P_{12} B_f D \\ * & A_f^{\mathrm{T}} P_{22} + P_{22} A_f + L^{\mathrm{T}} L & P_{12}^{\mathrm{T}} B & P_{22} B_f D \\ * & * & -\gamma I & \mathbf{0} \\ * & * & * & -\gamma I \end{bmatrix} \leqslant 0, \tag{4.4.15}$$

$$\begin{bmatrix} M^{\mathrm{T}} E^{\mathrm{T}} P_{11} E M & M^{\mathrm{T}} E^{\mathrm{T}} P_{12} M \\ * & M^{\mathrm{T}} P_{22} M \end{bmatrix} \leqslant 0, \tag{4.4.16}$$

则有限时间滤波问题是可解的。其中，

$$\Omega_{11} = E^{\mathrm{T}} P_{11} A + A^{\mathrm{T}} P_{11} E + L^{\mathrm{T}} L + C^{\mathrm{T}} B_f^{\mathrm{T}} P_{12}^{\mathrm{T}} E + E^{\mathrm{T}} P_{12} B_f C,$$

$$\Omega_{12} = E^{\mathrm{T}} P_{12} A_f - L^{\mathrm{T}} L + A^{\mathrm{T}} P_{12} + C^{\mathrm{T}} B_f^{\mathrm{T}} P_{22}。$$

证明 把 $P = \begin{bmatrix} P_{11} & P_{12} \\ * & P_{22} \end{bmatrix}$ 代入不等式(4.4.1)和不等式(4.4.2)，则它们分别等价于式(4.4.15)和式(4.4.16)。证毕。

4.5 数值模拟

算例 4.5.1 考虑如下的离散时间线性奇异脉冲系统：

$$\begin{cases} \begin{bmatrix} 1 & 0 \\ 0 & 0 \end{bmatrix} \boldsymbol{x}(k+1) = \begin{bmatrix} 0.7 & 0 \\ 0 & 0.5 \end{bmatrix} \boldsymbol{x}(k) + \begin{bmatrix} 0.6 \\ 1.1 \end{bmatrix} \boldsymbol{\omega}(k),\ k \neq \tau_j, \\ \boldsymbol{x}(\tau_j + 1) = \begin{bmatrix} 0.5 & 0 \\ 1 & -0.4 \end{bmatrix} \boldsymbol{x}(\tau_j),\ j = \mathbf{Z}^+, \\ \boldsymbol{y}(k) = \begin{bmatrix} 0.5 & 0.4 \\ 0.2 & 1.1 \end{bmatrix} \boldsymbol{x}(k) + \begin{bmatrix} 0.9 \\ 1 \end{bmatrix} \boldsymbol{v}(k), \\ \boldsymbol{z}(k) = [0.3 \quad 0]\, \boldsymbol{x}(k), \end{cases} \tag{4.5.1}$$

初始值为 $\boldsymbol{x}_0 = [0.1 \quad 0.2]^{\mathrm{T}}$。令 $d = 1$，$c_1 = 0.28$，$c_2 = 3$，$\gamma = 3$，$\boldsymbol{\Gamma}(t) = \mathrm{diag}\{1.5,\ 2 + \sin k,\ 1,\ 1\}$，$\boldsymbol{R} = 3\boldsymbol{I}$，我们考虑系统(4.5.1)在时间区间[0，8]上的有限时间滤波问题，它的脉冲时刻为 $\tau_j = 2j$，$j = 1,\ 2,\ 3$。

$(\boldsymbol{E},\ \boldsymbol{A})$ 是正则和脉冲自由的，并且 $\bar{\boldsymbol{x}}_0^{\mathrm{T}} \boldsymbol{R} \bar{\boldsymbol{x}}_0 = 0.15 \leqslant c_1$ 且 $\boldsymbol{\Gamma}(0) < \boldsymbol{R}$。如果没有松弛变量 h，显然 $\gamma d - c_2 = 0$，则条件(4.2.10)不成立，结论不可行。在添加了松弛变量 h 之后，我们可以令 $h = 0.8$，利用定理 4.2.2，可以得到满足条件的矩阵 $\boldsymbol{P}_{11}$，$\boldsymbol{P}_{22}$，$\boldsymbol{N}_1$，$\boldsymbol{N}_2$，$\boldsymbol{N}_3$ 和常数 $\lambda > 0$ 分别为

$$\boldsymbol{P}_{11} = \begin{bmatrix} 1.9732 & -0.0614 \\ -0.0614 & -0.1847 \end{bmatrix},\ \boldsymbol{P}_{22} = \begin{bmatrix} 1.5680 & -0.0894 \\ -0.0894 & 1.3610 \end{bmatrix},\ \lambda^{-1} = 1.6695,$$

$$\boldsymbol{N}_1 = \begin{bmatrix} -0.8761 & 0.0330 \\ 0.3526 & -0.0151 \end{bmatrix},\ \boldsymbol{N}_2 = \begin{bmatrix} 0.0381 & -0.6292 \\ -0.6142 & 0.0389 \end{bmatrix},$$

$$\boldsymbol{N}_3 = \begin{bmatrix} -0.0087 & 0.6199 \\ 0.6216 & -0.5814 \end{bmatrix}。$$

则由式(4.2.7)可以得到线性脉冲滤波器(4.1.3)的参数矩阵为

$$\boldsymbol{A}_f = \begin{bmatrix} -0.0021 & -0.3915 \\ -0.4624 & 0.0029 \end{bmatrix},\ \boldsymbol{B}_f = \begin{bmatrix} -0.5595 & 0.2251 \\ -0.0125 & 0.0037 \end{bmatrix},$$

$$\boldsymbol{M}_f = \begin{bmatrix} 0.0205 & 0.3735 \\ 0.4568 & -0.4027 \end{bmatrix}。$$

图 4.1 是上述系统对应于 $\boldsymbol{\omega}(k) = \dfrac{1}{11 - k}$，$\boldsymbol{v}(k) = \dfrac{1}{10 - k}$ 的仿真输出结果。其中，图 4.1(a) 中 * 和○分别表示原系统状态分量 $\boldsymbol{x}_1$ 和 $\boldsymbol{x}_2$ 的轨迹；图 4.1(b) 中 * 和○分别表示滤波器的状态分量 $\hat{\boldsymbol{x}}_1$ 和 $\hat{\boldsymbol{x}}_2$ 的轨迹。

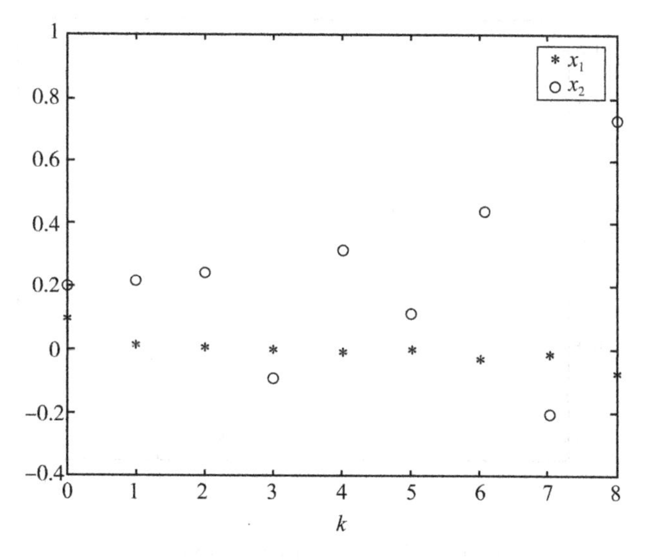

图 4.1(a)　系统(4.5.1)状态分量轨迹

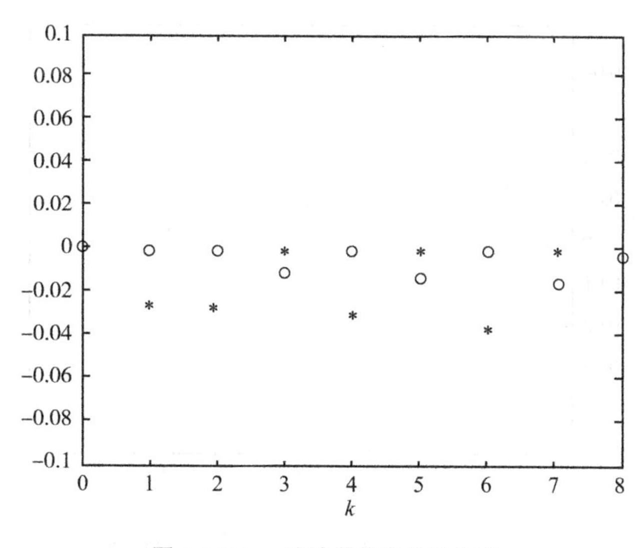

图 4.1(b)　滤波器状态分量轨迹

图 4.2 是 $\bar{\boldsymbol{x}}^{\mathrm{T}}(k)\boldsymbol{\Gamma}(k)\bar{\boldsymbol{x}}(k)$ 的轨迹。很显然在时间区间[0, 8]上它不超过阈值 $c_2 = 3$。

图 4.3 是误差 $\bar{z}(k) = z(k) - \hat{z}(k)$ 的轨迹。

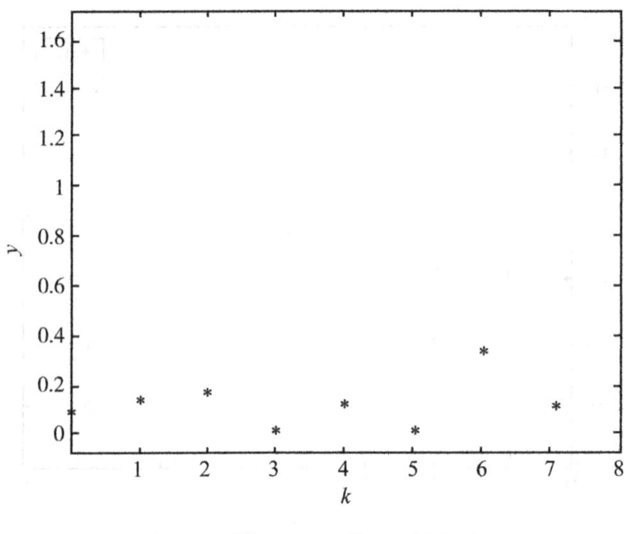

图 4.2　$\bar{\boldsymbol{x}}^{\mathrm{T}}(k)\boldsymbol{\Gamma}(k)\bar{\boldsymbol{x}}(k)$ 的轨迹

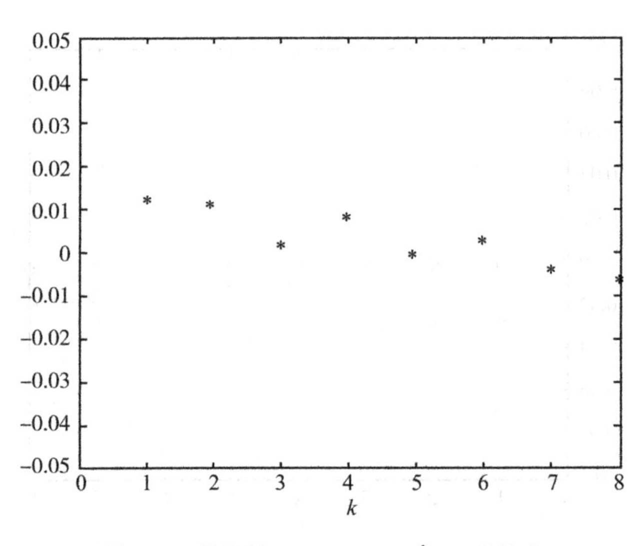

图 4.3　误差 $\bar{z}(k)=z(k)-\hat{z}(k)$ 的轨迹

4.6　时变奇异脉冲系统的有限时间稳定和 L_2 增益分析

Xu 等[158] 于 2010 年给出了奇异脉冲系统有限时间稳定的一般概念，并且给出了系统有限时间稳定的充分条件。但是还没有关于线性时变奇异系统相对应的结论。本节研究了线性时变奇异脉冲系统的有限时间稳定性和 L_2 增益问题。给出了系统有限时间稳定和满足增益要求的充分条件，由于利用了松弛变量的方法，降低了结论的保守性。第一节给出了时变奇异脉冲系统的有限时间稳定和 L_2 增益分析问题描述；第二节给出了系统有限时间稳定的充分条件；第三节给出了系统具有有限时间 L_2 增益的充分条件；与定常的扰动相比，具有时变扰动的系统更能真实反映现实世界，因而第四节针对要求系统中的扰动 $\boldsymbol{\omega}$ 是一个变量的问题展开研究，给出了具有时变扰动脉冲奇异系统是有限时间稳定的充分条件，如果扰动是定常的，利用松弛变量可降低结论的保守性。最后通过数值模拟表明了结论的可行性与有效性。

4.6.1　问题描述

定义 4.6.1[158]　如果存在 $t \in J$ 满足 $\det(\boldsymbol{E}(t))=0$，则称时变矩阵 $\boldsymbol{E}(t)$ 在时间区间 J 上是奇异的。

考虑如下形式的在确定时间点脉冲的线性时变奇异脉冲系统：

$$\begin{cases}\boldsymbol{E}(t)\dot{\boldsymbol{x}}(t)=\boldsymbol{A}(t)\boldsymbol{x}(t)+\boldsymbol{\omega}, & t \neq \tau_k,\\ \boldsymbol{x}(\tau_k^+)=\boldsymbol{B}_k\boldsymbol{x}(\tau_k), & t=\tau_k,\ k \in \mathbf{Z}^+,\\ \boldsymbol{z}(t)=\boldsymbol{C}(t)\boldsymbol{x}(t)+\boldsymbol{D}(t)\boldsymbol{\omega}, & \boldsymbol{x}_0=\boldsymbol{x}(0),\end{cases} \tag{4.6.1}$$

其中，$\boldsymbol{x}(t) \in \mathbf{R}^n$ 是状态变量，$\boldsymbol{z}(t) \in \mathbf{R}^m$ 是控制输出；矩阵 $\boldsymbol{E}(t) \in \mathbf{R}^{n\times n}$ 在时间区间 J 上是奇异的。$\boldsymbol{\omega} \in \mathbf{R}^n$ 是外部的扰动且 $\boldsymbol{A}(t) \in \mathbf{R}^{n\times n}$，$\boldsymbol{B}_k \in \mathbf{R}^{n\times n}$，$\boldsymbol{C}(t) \in \mathbf{R}^{m\times n}$，$\boldsymbol{D}(t) \in \mathbf{R}^{m\times n}$。

为了研究系统(4.6.1)，假定下列条件满足：

(H4.6) $\lim\limits_{k\to+\infty}\tau_k=+\infty$ 且存在正整数 m 满足 $0<\tau_1<\cdots<\tau_m\leqslant T<\tau_{m+1}<\cdots$。

(H4.7) 状态变量在每一个脉冲时刻点 τ_k 都是左连续的，即 $\boldsymbol{x}(\tau_k)=\boldsymbol{x}(\tau_k^-)=\lim\limits_{b\to0^+}\boldsymbol{x}(\tau_k-b)$ 和 $\boldsymbol{x}(\tau_k^+)=\lim\limits_{b\to0^+}\boldsymbol{x}(\tau_k+b)$ 成立。

(H4.8) 时变矩阵 $\boldsymbol{A}(t)$，$\boldsymbol{E}(t)$ 在 J 上是连续的。

(H4.9) 矩阵对 $(\boldsymbol{E},\boldsymbol{A})$ 是正则的，即存在一个复数 s，满足 $\det(s\boldsymbol{E}-\boldsymbol{A})\neq0$。

(H4.10) 系统(4.6.1)是脉冲自由的，即 $\deg(\det(s\boldsymbol{E}-\boldsymbol{A}))=\operatorname{rank}(\boldsymbol{E})$。

(H4.11) 外部扰动 $\boldsymbol{\omega}$ 是定常的且满足 $\boldsymbol{\omega}^{\mathrm{T}}\boldsymbol{\omega}\leqslant d$，$d\geqslant0$。

由文献[159]可知，条件(H4.8)～(H4.10)可以保证系统(4.6.1)在 J 上的解的存在性和唯一性。

定义 4.6.2　给定两个正实数 c_1 和 c_2，且 $c_1\leqslant c_2$，正定矩阵 $\boldsymbol{R}$ 和定义在 J 上的正定矩阵值函数 $\boldsymbol{\Gamma}(0)<\boldsymbol{R}$，系统(4.6.1)称为关于 $[c_1,\ c_2,\ \boldsymbol{J},\ \boldsymbol{R},\ \boldsymbol{\Gamma}(\cdot),\ d]$ 是有限时间稳定的，如果 $\forall t\in J$，$\forall\boldsymbol{\omega}$：$\boldsymbol{\omega}^{\mathrm{T}}\boldsymbol{\omega}\leqslant d$，有

$$\boldsymbol{x}_0^{\mathrm{T}}\boldsymbol{E}^{\mathrm{T}}(0)\boldsymbol{R}\boldsymbol{E}(0)\boldsymbol{x}_0\leqslant c_1\Rightarrow\boldsymbol{x}^{\mathrm{T}}(t)\boldsymbol{E}^{\mathrm{T}}(t)\boldsymbol{\Gamma}(t)\boldsymbol{E}(t)\boldsymbol{x}(t)\leqslant c_2 \tag{4.6.2}$$

成立。

定义 4.6.3[160]　给定 $T>0$，$k\geqslant0$ 和 $\gamma>0$，系统(4.6.1)称为具有有限权重 L_2 增

益，如果在零初始条件 $\boldsymbol{x}_0=\boldsymbol{0}$ 下，使得

$$\int_0^T \mathrm{e}^{-ks}\boldsymbol{z}^{\mathrm{T}}(s)\boldsymbol{z}(s)\mathrm{d}s \leqslant \gamma^2\int_0^T \boldsymbol{\omega}^{\mathrm{T}}(s)\boldsymbol{\omega}(s)\mathrm{d}s \tag{4.6.3}$$

成立。

4.6.2 有限时间有界分析

定理 4.6.1 假定(H4.6) ~ (H4.10) 满足，如果存在正数 h 和定义在区间 $[0, T]$ 上的分段连续可导的对称正定矩阵 $\boldsymbol{P}(\cdot)$，$\boldsymbol{Q}(\cdot)$ 满足下列不等式

$$\begin{bmatrix} \boldsymbol{M}(t) & \boldsymbol{E}^{\mathrm{T}}(t)\boldsymbol{P}(t) \\ \boldsymbol{P}(t)\boldsymbol{E}(t) & \dot{\boldsymbol{Q}}(t) \end{bmatrix} \leqslant 0, \tag{4.6.4}$$

$$\boldsymbol{B}_k^{\mathrm{T}}\boldsymbol{E}^{\mathrm{T}}(\tau_k)\boldsymbol{P}(\tau_k)\boldsymbol{E}(\tau_k)\boldsymbol{B}_k \leqslant \boldsymbol{E}^{\mathrm{T}}(\tau_k)\boldsymbol{P}(\tau_k)\boldsymbol{E}(\tau_k),\ k=1,\ 2,\ \cdots,\ m, \tag{4.6.5}$$

$$\boldsymbol{E}^{\mathrm{T}}(t)\boldsymbol{\Gamma}(t)\boldsymbol{E}(t) \leqslant h\boldsymbol{E}^{\mathrm{T}}(t)\boldsymbol{P}(t)\boldsymbol{E}(t), \tag{4.6.6}$$

$$\boldsymbol{E}^{\mathrm{T}}(0)\boldsymbol{P}(0)\boldsymbol{E}(0) \leqslant \boldsymbol{E}^{\mathrm{T}}(0)\boldsymbol{R}\boldsymbol{E}(0), \tag{4.6.7}$$

$$h[c_1 + d\lambda_{\max}(\boldsymbol{Q}(0))] < c_2, \tag{4.6.8}$$

则系统(4.6.1) 称为关于 $[c_1,\ c_2,\ \boldsymbol{J},\ \boldsymbol{R},\ \boldsymbol{\Gamma}(\cdot),\ d]$ 是有限时间稳定的。其中，

$$\boldsymbol{M}(t)=\boldsymbol{A}^{\mathrm{T}}(t)\boldsymbol{P}(t)\boldsymbol{E}(t)+\boldsymbol{E}^{\mathrm{T}}(t)\boldsymbol{P}(t)\boldsymbol{A}(t)+\dot{\boldsymbol{E}}^{\mathrm{T}}(t)\boldsymbol{P}(t)\boldsymbol{E}(t)$$
$$+\boldsymbol{E}^{\mathrm{T}}(t)\dot{\boldsymbol{P}}(t)\boldsymbol{E}(t)+\boldsymbol{E}^{\mathrm{T}}(t)\boldsymbol{P}(t)\dot{\boldsymbol{E}}(t)。$$

证明 考虑如下函数

$$\boldsymbol{V}(\boldsymbol{x},\ t)=\boldsymbol{x}^{\mathrm{T}}(t)\boldsymbol{E}^{\mathrm{T}}(t)\boldsymbol{P}(t)\boldsymbol{E}(t)\boldsymbol{x}(t)+\boldsymbol{\omega}^{\mathrm{T}}\boldsymbol{Q}(t)\boldsymbol{\omega}, \tag{4.6.9}$$

当 $\tau\in(0,\ \tau_1)$ 时，求 $\boldsymbol{V}(\boldsymbol{x},\ t)$ 关于时间 t 的导数，可得

$$\dot{\boldsymbol{V}}(\boldsymbol{x},\ t)=\boldsymbol{x}^{\mathrm{T}}(t)\boldsymbol{M}(t)\boldsymbol{x}(t)+2\boldsymbol{\omega}^{\mathrm{T}}\boldsymbol{P}(t)\boldsymbol{E}(t)\boldsymbol{x}(t)+\boldsymbol{\omega}^{\mathrm{T}}\dot{\boldsymbol{Q}}(t)\boldsymbol{\omega}。$$

令 $\boldsymbol{\eta}(t)=\begin{bmatrix}\boldsymbol{x}(t)\\ \boldsymbol{\omega}(t)\end{bmatrix}$，当式(4.6.4) 成立时，可得

$$\dot{\boldsymbol{V}}(\boldsymbol{x},\ t)=\boldsymbol{\eta}^{\mathrm{T}}(t)\begin{bmatrix} \boldsymbol{M}(t) & \boldsymbol{E}^{\mathrm{T}}(t)\boldsymbol{P}(t) \\ \boldsymbol{P}(t)\boldsymbol{E}(t) & \dot{\boldsymbol{Q}}(t) \end{bmatrix}\boldsymbol{\eta}(t) \leqslant 0。$$

由于 $\boldsymbol{x}(\tau_1)=\boldsymbol{x}(\tau_1^-)$ 和 $\boldsymbol{E}(t)$，$\boldsymbol{A}(t)$ 是连续的，因而 $\boldsymbol{V}(\boldsymbol{x},\ t)$ 在 $(0,\ \tau_1]$ 上是不增的。重复相似的过程，可以计算出 $\boldsymbol{V}(\boldsymbol{x},\ t)$ 在 $(\tau_k,\ \tau_{k+1}]$ 上也是不增的，$\forall k\in 1,\ \cdots,\ m-1$。另一方面，因为 $\boldsymbol{x}(\tau_k^+)=\boldsymbol{B}_k\boldsymbol{x}(\tau_k)$，所以

$$\begin{aligned}&\boldsymbol{V}(\boldsymbol{x},\ \tau_k^+)-\boldsymbol{V}(\boldsymbol{x},\ \tau_k)\\ &=\boldsymbol{x}^{\mathrm{T}}(\tau_k^+)\boldsymbol{E}^{\mathrm{T}}(\tau_k)\boldsymbol{P}(\tau_k)\boldsymbol{E}(\tau_k)\boldsymbol{x}(\tau_k)-\boldsymbol{x}^{\mathrm{T}}(\tau_k)\boldsymbol{E}^{\mathrm{T}}(\tau_k)\boldsymbol{P}(\tau_k)\boldsymbol{E}(\tau_k)\boldsymbol{x}(\tau_k)\\ &=\boldsymbol{x}^{\mathrm{T}}(\tau_k)[\boldsymbol{B}_k^{\mathrm{T}}\boldsymbol{E}^{\mathrm{T}}(\tau_k)\boldsymbol{P}(\tau_k)\boldsymbol{E}(\tau_k)\boldsymbol{B}_k-\boldsymbol{E}^{\mathrm{T}}(\tau_k)\boldsymbol{P}(\tau_k)\boldsymbol{E}(\tau_k)]\boldsymbol{x}(\tau_k),\end{aligned}$$

从式(4.6.5) 可以看出上式不大于0。这就意味着 $\boldsymbol{V}(\boldsymbol{x},\ t)$ 不仅在 $(0,\ \tau_1]$ 和 $(\tau_k,\ \tau_{k+1}]$ 上是非增的，而且满足

$$V(\boldsymbol{x},\ \tau_k^+) \leqslant V(\boldsymbol{x},\ \tau_k),\ \ \forall k \in 1,\ \cdots,\ m。$$

因此，$\boldsymbol{V}(\boldsymbol{x},\ t)$ 对应于系统(4.6.1) 的轨迹在时间区间 J 上都是非增的。利用不等式(4.6.6)、不等式(4.6.7) 和不等式(4.6.8)，当 $\boldsymbol{x}_0^{\mathrm{T}}\boldsymbol{E}^{\mathrm{T}}(0)\boldsymbol{R}\boldsymbol{E}(0)\boldsymbol{x}_0 \leqslant c_1$ 时，$\forall t \in J$，$\forall \boldsymbol{\omega}$：$\boldsymbol{\omega}^{\mathrm{T}}\boldsymbol{\omega} \leqslant d$，则有

$$\begin{aligned}
\boldsymbol{x}^{\mathrm{T}}(t)\boldsymbol{E}^{\mathrm{T}}(t)\boldsymbol{\Gamma}(t)\boldsymbol{E}(t)\boldsymbol{x}(t) &\leqslant h\boldsymbol{x}^{\mathrm{T}}(t)\boldsymbol{E}^{\mathrm{T}}(t)\boldsymbol{P}(t)\boldsymbol{E}(t)\boldsymbol{x}(t)\\
&\leqslant h[\boldsymbol{x}^{\mathrm{T}}(t)\boldsymbol{E}^{\mathrm{T}}(t)\boldsymbol{P}(t)\boldsymbol{E}(t)\boldsymbol{x}(t) + \boldsymbol{\omega}^{\mathrm{T}}\boldsymbol{Q}(t)\boldsymbol{\omega}]\\
&\leqslant h[\boldsymbol{x}^{\mathrm{T}}(0)\boldsymbol{E}^{\mathrm{T}}(0)\boldsymbol{P}(0)\boldsymbol{E}(0)\boldsymbol{x}(0) + \boldsymbol{\omega}^{\mathrm{T}}\boldsymbol{Q}(0)\boldsymbol{\omega}]\\
&\leqslant h[\boldsymbol{x}_0^{\mathrm{T}}\boldsymbol{E}^{\mathrm{T}}(0)\boldsymbol{R}\boldsymbol{E}(0)\boldsymbol{x}_0 + \lambda_{\max}(\boldsymbol{Q}(0))d]\\
&\leqslant h[c_1 + d\lambda_{\max}(\boldsymbol{Q}(0))]\\
&< c_2,
\end{aligned}$$

因此系统(4.6.1) 称为关于$[c_1,\ c_2,\ \boldsymbol{J},\ \boldsymbol{R},\ \boldsymbol{\Gamma}(\cdot),\ d]$ 是有限时间稳定的。

注 4.6.1 定理 4.2.1 类似于文献[158] 中的定理 1。但是由于引入了松弛变量 h，降低了结论的保守性(参看数值算例 4.6.2)。特别地，如果令 $h = 1$，则它们相同。

注 4.6.2 在定理 4.6.1 中，如果令 $d = 0$，$c_1 = c_2$，则可以得到文献[158] 中的定理 2。除了上述条件，如果再令 $\boldsymbol{E}(t) = I$，$c_1 = 1$，则可以得到文献[161] 中的定理 1。

4.6.3 有限时间权重 L_2 增益分析

上一节讨论了线性时变奇异脉冲系统的有限时间有界问题，接下来我们研究其有限时间权重 L_2 增益问题。首先考虑如下的非脉冲线性时变奇异系统：

$$\begin{cases}\boldsymbol{E}(t)\dot{\boldsymbol{x}}(t) = \boldsymbol{A}(t)\boldsymbol{x}(t) + \boldsymbol{\omega},\\ z(t) = \boldsymbol{C}(t)\boldsymbol{x}(t) + \boldsymbol{D}(t)\boldsymbol{\omega},\end{cases} \tag{4.6.10}$$

引理 4.6.1 如果存在常数 $\alpha \geqslant 0$，$\gamma > 0$ 和定义在区间$[0,\ T]$ 上的分段连续可导的对称正定矩阵 $\boldsymbol{P}(\cdot)$，$\boldsymbol{Q}(\cdot)$ 满足下列不等式

$$\begin{bmatrix}\boldsymbol{M}(t) - \alpha\boldsymbol{P}(t) + \boldsymbol{C}^{\mathrm{T}}(t)\boldsymbol{C}(t) & \boldsymbol{\Omega}_1\\ \boldsymbol{P}(t)\boldsymbol{E}(t) + \boldsymbol{D}^{\mathrm{T}}(t)\boldsymbol{C}(t) & \boldsymbol{\Omega}_2\end{bmatrix} < 0, \tag{4.6.11}$$

则沿着系统(4.6.10) 的轨迹，可得

$$\boldsymbol{V}(\boldsymbol{x},\ t) < \mathrm{e}^{\alpha(t-t_0)}\boldsymbol{V}(\boldsymbol{x}(t_0),\ t_0) + \int_{t_0}^{t}\mathrm{e}^{\alpha(t-s)}\left[\frac{\gamma^2}{2}\boldsymbol{\omega}^{\mathrm{T}}\boldsymbol{\omega} - \boldsymbol{z}^{\mathrm{T}}(s)\boldsymbol{z}(s)\right]\mathrm{d}s,$$

其中，

$$\boldsymbol{\Omega}_1 = \boldsymbol{E}^{\mathrm{T}}(t)\boldsymbol{P}(t) + \boldsymbol{C}^{\mathrm{T}}(t)\boldsymbol{D}(t),\ \boldsymbol{\Omega}_2 = \dot{\boldsymbol{Q}}(t) - \alpha\boldsymbol{Q}(t) - \frac{\gamma^2}{2}\boldsymbol{I} + \boldsymbol{D}^{\mathrm{T}}(t)\boldsymbol{D}(t)。$$

证明 选择如下的 Lyapunov 函数：

$$\boldsymbol{V}(\boldsymbol{x},\ t) = \boldsymbol{x}^{\mathrm{T}}(t)\boldsymbol{E}^{\mathrm{T}}(t)\boldsymbol{P}(t)\boldsymbol{E}(t)\boldsymbol{x}(t) + \boldsymbol{\omega}^{\mathrm{T}}\boldsymbol{Q}(t)\boldsymbol{\omega}。$$

令 $\boldsymbol{\eta}(t) = [\boldsymbol{x}^{\mathrm{T}}(t)\boldsymbol{\omega}^{\mathrm{T}}]^{\mathrm{T}}$，沿着系统(4.6.10) 的轨迹求 $\boldsymbol{V}(\boldsymbol{x},\ t)$ 关于时间 t 的导数

$$\dot{V}(x, t) = \eta^{\mathrm{T}}(t)\begin{bmatrix} M(t) & E^{\mathrm{T}}(t)P(t) \\ P(t)E(t) & \dot{Q}(t) \end{bmatrix}\eta(t),$$

则

$$\dot{V}(x, t) - \alpha V(x, t) = \eta^{\mathrm{T}}(t)\begin{bmatrix} M(t) - \alpha P(t) & E^{\mathrm{T}}(t)P(t) \\ P(t)E(t) & \dot{Q}(t) - \alpha Q(t) \end{bmatrix}\eta(t),$$

因为式(4.6.11)成立，所以

$$\begin{aligned}\dot{V}(x, t) - \alpha V(x, t) &< -\eta^{\mathrm{T}}(t)\begin{bmatrix} C^{\mathrm{T}}(t)C(t) & C^{\mathrm{T}}(t)D(t) \\ D^{\mathrm{T}}(t)C(t) & -\gamma^2 I + D^{\mathrm{T}}(t)D(t) \end{bmatrix}\eta(t) \\ &= \frac{\gamma^2}{2}\omega^{\mathrm{T}}\omega - z^{\mathrm{T}}(t)z(t)。\end{aligned}$$

通过计算可得

$$\frac{\mathrm{d}}{\mathrm{d}t}(\mathrm{e}^{-\alpha t}V(x, t)) < \mathrm{e}^{-\alpha t}\left[\frac{\gamma^2}{2}\omega^{\mathrm{T}}\omega - z^{\mathrm{T}}(t)z(t)\right]。\tag{4.6.12}$$

式(4.6.12)两边在区间$[t_0, t]$上积分，有

$$V(x, t) < \mathrm{e}^{\alpha(t-t_0)}V(x(t_0), t_0) + \int_{t_0}^{t}\mathrm{e}^{\alpha(t-s)}\left[\frac{\gamma^2}{2}\omega^{\mathrm{T}}\omega - z^{\mathrm{T}}(s)z(s)\right]\mathrm{d}s。$$

定理 4.6.2　假定(H4.1)～(H4.5)成立，如果存在常数$h > 0$，$\gamma > 0$，$\alpha \geqslant 0$和定义在区间$[0, T]$上的分段连续可导的对称正定矩阵$P(\cdot)$，$Q(\cdot)$满足下列不等式

$$\begin{bmatrix} M(t) - \alpha P(t) + C^{\mathrm{T}}(t)C(t) & \Omega_1 \\ P(t)E(t) + D^{\mathrm{T}}(t)C(t) & \Omega_2 \end{bmatrix} < 0, \tag{4.6.13a}$$

$$\begin{bmatrix} M(t) & E^{\mathrm{T}}(t)P(t) \\ P(t)E(t) & \dot{Q}(t) \end{bmatrix} \leqslant 0, \tag{4.6.13b}$$

$$B_k^{\mathrm{T}}E^{\mathrm{T}}(\tau_k)P(\tau_k)E(\tau_k)B_k \leqslant E^{\mathrm{T}}(\tau_k)P(\tau_k)E(\tau_k),\ k = 1, 2, \cdots, m, \tag{4.6.13c}$$

$$E^{\mathrm{T}}(t)\Gamma(t)E(t) \leqslant hE^{\mathrm{T}}(t)P(t)E(t), \tag{4.6.13d}$$

$$E^{\mathrm{T}}(0)P(0)E(0) \leqslant E^{\mathrm{T}}(0)RE(0), \tag{4.6.13e}$$

$$\lambda_{\max}(Q(0)) \leqslant \frac{\gamma^2}{2}T\mathrm{e}^{\alpha T},\ h[c_1 + d\lambda_{\max}(Q(0))] < c_2, \tag{4.6.13f}$$

则系统(4.6.1)关于$[c_1, c_2, J, R, \Gamma(\cdot), d]$是有限时间稳定的且具有有限时间权重$L_2$增益$\gamma$。

证明　考虑如下的函数

$$V(x(t), t) = x^{\mathrm{T}}(t)E^{\mathrm{T}}(t)P(t)E(t)x(t) + \omega^{\mathrm{T}}Q(t)\omega。$$

由定理 4.6.1 可知，条件(4.6.13b)～条件(4.6.13f)成立可以保证系统(4.6.1)关于$[c_1, c_2, J, R, \Gamma(\cdot), d]$是有限时间稳定的。

接下来证明系统(4.6.1)具有有限权重 L_2 增益 γ。

当 $t\in(0,\ \tau_1)$ 时，利用引理4.6.2，有

$$V(\boldsymbol{x}(t),\ t)<\mathrm{e}^{\alpha t}V(\boldsymbol{x}(0),\ 0)+\int_0^t \mathrm{e}^{\alpha(t-s)}\left[\frac{\gamma^2}{2}\boldsymbol{\omega}^{\mathrm{T}}\boldsymbol{\omega}-\boldsymbol{z}^{\mathrm{T}}(s)\boldsymbol{z}(s)\right]\mathrm{d}s。\quad(4.6.14)$$

由于 $\boldsymbol{x}(\tau_1)=\boldsymbol{x}(\tau_1^-)$ 且 $\boldsymbol{E}(t)$，$\boldsymbol{A}(t)$ 和 $\boldsymbol{Q}(t)$ 是连续的，所以有

$$V(\boldsymbol{x}(\tau_1),\ \tau_1)=\lim_{t\to\tau_1^-}V(\boldsymbol{x}(t),\ t)$$

和

$$V(\boldsymbol{x}(t),\ t)<\mathrm{e}^{\alpha t}V(\boldsymbol{x}(0^+),\ 0^+)+\int_0^t \mathrm{e}^{\alpha(t-s)}\left[\frac{\gamma^2}{2}\boldsymbol{\omega}^{\mathrm{T}}\boldsymbol{\omega}-\boldsymbol{z}^{\mathrm{T}}(s)\boldsymbol{z}(s)\right]\mathrm{d}s,\ t\in(0,\ \tau_1]。\quad(4.6.15)$$

重复相同的步骤，可以得到式(4.6.15)在$(\tau_k,\ \tau_{k+1}]$上成立，$\forall k\in 1,\ \cdots,\ m-1$。

另一方面，由于 $\boldsymbol{x}(\tau_k^+)=\boldsymbol{B}_k\boldsymbol{x}(\tau_k)$，所以

$$\begin{aligned}
&V(\boldsymbol{x},\ \tau_k^+)-V(\boldsymbol{x},\ \tau_k)\\
&=\boldsymbol{x}^{\mathrm{T}}(\tau_k^+)\boldsymbol{E}^{\mathrm{T}}(\tau_k)\boldsymbol{P}(\tau_k)\boldsymbol{E}(\tau_k)\boldsymbol{x}(\tau_k^+)-\boldsymbol{x}^{\mathrm{T}}(\tau_k)\boldsymbol{E}^{\mathrm{T}}(\tau_k)\boldsymbol{P}(\tau_k)\boldsymbol{E}(\tau_k)\boldsymbol{x}(\tau_k)\\
&=\boldsymbol{x}^{\mathrm{T}}(\tau_k)[\boldsymbol{B}_k^{\mathrm{T}}\boldsymbol{E}^{\mathrm{T}}(\tau_k)\boldsymbol{P}(\tau_k)\boldsymbol{E}(\tau_k)\boldsymbol{B}_k-\boldsymbol{E}^{\mathrm{T}}(\tau_k)\boldsymbol{P}(\tau_k)\boldsymbol{E}(\tau_k)]\boldsymbol{x}(\tau_k),
\end{aligned}$$

由式(4.6.13c)可知上式是非正的。

因此

$$\begin{aligned}
V(\boldsymbol{x}(T),\ T)&<\mathrm{e}^{\alpha(T-\tau_m)}V(\boldsymbol{x}(\tau_m^+),\ \tau_m^+)+\int_{\tau_m}^T \mathrm{e}^{\alpha(T-s)}\left[\frac{\gamma^2}{2}\boldsymbol{\omega}^{\mathrm{T}}\boldsymbol{\omega}-\boldsymbol{z}^{\mathrm{T}}(s)\boldsymbol{z}(s)\right]\mathrm{d}s\\
&\leqslant \mathrm{e}^{\alpha(T-\tau_m)}V(\boldsymbol{x}(\tau_m),\ \tau_m)+\int_{\tau_m}^T \mathrm{e}^{\alpha(T-s)}\left[\frac{\gamma^2}{2}\boldsymbol{\omega}^{\mathrm{T}}\boldsymbol{\omega}-\boldsymbol{z}^{\mathrm{T}}(s)\boldsymbol{z}(s)\right]\mathrm{d}s\\
&<\mathrm{e}^{\alpha(T-\tau_m)}\left[\mathrm{e}^{\alpha(\tau_m-\tau_{m-1})}V(\boldsymbol{x}(\tau_{m-1}^+),\ \tau_{m-1}^+)+\int_{\tau_{m-1}}^{\tau_m}\mathrm{e}^{\alpha(\tau_m-s)}\left(\frac{\gamma^2}{2}\boldsymbol{\omega}^{\mathrm{T}}\boldsymbol{\omega}\right.\right.\\
&\quad\left.\left.-\boldsymbol{z}^{\mathrm{T}}(s)\boldsymbol{z}(s)\right)\mathrm{d}s\right]+\int_{\tau_m}^T \mathrm{e}^{\alpha(T-s)}\left(\frac{\gamma^2}{2}\boldsymbol{\omega}^{\mathrm{T}}\boldsymbol{\omega}-\boldsymbol{z}^{\mathrm{T}}(s)\boldsymbol{z}(s)\right)\Bigg]\mathrm{d}s\\
&\leqslant \mathrm{e}^{\alpha T}V(\boldsymbol{x}(0),\ 0)+\int_0^T \mathrm{e}^{\alpha(T-s)}\left[\frac{\gamma^2}{2}\boldsymbol{\omega}^{\mathrm{T}}\boldsymbol{\omega}-\boldsymbol{z}^{\mathrm{T}}(s)\boldsymbol{z}(s)\right]\mathrm{d}s。
\end{aligned}\quad(4.6.16)$$

利用零初始条件和式(4.6.13f)，由式(4.6.16)可得

$$\begin{aligned}
V(\boldsymbol{x}(T),\ T)&<\boldsymbol{\omega}^{\mathrm{T}}\boldsymbol{Q}(0)\boldsymbol{\omega}+\int_0^T \mathrm{e}^{\alpha(T-s)}\left[\frac{\gamma^2}{2}\boldsymbol{\omega}^{\mathrm{T}}\boldsymbol{\omega}-\boldsymbol{z}^{\mathrm{T}}(s)\boldsymbol{z}(s)\right]\mathrm{d}s\\
&\leqslant \gamma^2\int_0^T \mathrm{e}^{\alpha T}\boldsymbol{\omega}^{\mathrm{T}}\boldsymbol{\omega}\mathrm{d}s-\int_0^T \mathrm{e}^{\alpha(T-s)}\boldsymbol{z}^{\mathrm{T}}(s)\boldsymbol{z}(s)\mathrm{d}s,
\end{aligned}$$

因此

$$\int_0^T \mathrm{e}^{-\alpha s}\boldsymbol{z}^{\mathrm{T}}(s)\boldsymbol{z}(s)\mathrm{d}s\leqslant \gamma^2\int_0^T \boldsymbol{\omega}^{\mathrm{T}}(s)\boldsymbol{\omega}(s)\mathrm{d}s。$$

令 $k=\alpha$，根据定义4.6.3，系统(4.6.1)具有有限权重 L_2 增益 γ。证毕。

4.6.4　扰动为时变的有限时间稳定问题

考虑如下形式的在确定时间点脉冲的线性时变奇异系统:

$$\begin{cases}\boldsymbol{E}(t)\dot{\boldsymbol{x}}(t)=\boldsymbol{A}(t)\boldsymbol{x}(t)+\boldsymbol{\omega}(t), & t\neq\tau_k,\\ \boldsymbol{x}(\tau_k^+)=\boldsymbol{B}_k\boldsymbol{x}(\tau_k), & t=\tau_k,\\ \boldsymbol{x}(0)=\boldsymbol{x}_0, & k=1,\ 2,\ \cdots,\end{cases}\tag{4.6.17}$$

其中, $\boldsymbol{x}(t)\in\mathbf{R}^n$ 是状态变量; 矩阵 $\boldsymbol{E}(t)\in\mathbf{R}^{n\times n}$ 在时间区间 J 上是奇异的; $\boldsymbol{\omega}(t)\in\mathbf{R}^n$ 是每个分量都可导的外部扰动且满足 $\boldsymbol{\omega}^{\mathrm{T}}(t)\boldsymbol{\omega}(t)\leqslant d$, $d>0$; $\boldsymbol{A}(t)\in\mathbf{R}^{n\times n}$, $\boldsymbol{B}_k\in\mathbf{R}^{n\times n}$。

为了研究系统(4.6.1), 假定条件(H5.6) ~ (H5.10) 成立。

引理 4.6.2　给定矩阵 $\boldsymbol{A}(t)\in\mathbf{R}^{n\times n}$, 奇异矩阵 $\boldsymbol{B}\in\mathbf{R}^{n\times n}$ 和对称矩阵 $\boldsymbol{C}\in\mathbf{R}^{n\times n}$, 下列陈述有且仅有一条成立:

(1) 0 是 $\boldsymbol{AB}+\boldsymbol{B}^{\mathrm{T}}\boldsymbol{A}^{\mathrm{T}}+\boldsymbol{B}^{\mathrm{T}}\boldsymbol{CB}$ 的特征值;

(2) 若0不是 $\boldsymbol{AB}+\boldsymbol{B}^{\mathrm{T}}\boldsymbol{A}^{\mathrm{T}}+\boldsymbol{B}^{\mathrm{T}}\boldsymbol{CB}$ 的特征值, 则存在 $\boldsymbol{AB}+\boldsymbol{B}^{\mathrm{T}}\boldsymbol{A}^{\mathrm{T}}+\boldsymbol{B}^{\mathrm{T}}\boldsymbol{CB}$ 的特征值 λ 和 u, 使得 $\lambda u<0$ 成立。

证明　由于 $\boldsymbol{B}\in\mathbf{R}^{n\times n}$ 是一个奇异矩阵, 则存在两个可逆矩阵 $\boldsymbol{P}$ 和 $\boldsymbol{Q}$ 满足

$$\boldsymbol{PBQ}=\begin{bmatrix}\boldsymbol{I} & \boldsymbol{0}\\ \boldsymbol{0} & \boldsymbol{0}\end{bmatrix}。$$

因此

$$\begin{aligned}\boldsymbol{AB}+\boldsymbol{B}^{\mathrm{T}}\boldsymbol{A}^{\mathrm{T}}+\boldsymbol{B}^{\mathrm{T}}\boldsymbol{CB}&=\boldsymbol{Q}^{-\mathrm{T}}\boldsymbol{Q}^{\mathrm{T}}\boldsymbol{AP}^{-1}(\boldsymbol{PBQ})\boldsymbol{Q}^{-1}+\boldsymbol{Q}^{-\mathrm{T}}(\boldsymbol{PBQ})^{\mathrm{T}}\boldsymbol{P}^{-\mathrm{T}}\boldsymbol{A}^{\mathrm{T}}\boldsymbol{QQ}^{-1}\\&\quad+\boldsymbol{Q}^{-\mathrm{T}}(\boldsymbol{PBQ})^{\mathrm{T}}\boldsymbol{P}^{-\mathrm{T}}\boldsymbol{CP}^{-1}(\boldsymbol{PBQ})\boldsymbol{Q}^{-1}\\&=\boldsymbol{Q}^{-\mathrm{T}}[\boldsymbol{Q}^{\mathrm{T}}\boldsymbol{AP}^{-1}\boldsymbol{PBQ}+(\boldsymbol{PBQ})^{\mathrm{T}}\boldsymbol{P}^{-\mathrm{T}}\boldsymbol{A}^{\mathrm{T}}\boldsymbol{Q}\\&\quad+(\boldsymbol{PBQ})^{\mathrm{T}}\boldsymbol{P}^{-\mathrm{T}}\boldsymbol{CP}^{-1}\boldsymbol{PBQ}]\boldsymbol{Q}^{-1}。\end{aligned}\tag{4.6.18}$$

令

$$\boldsymbol{Q}^{\mathrm{T}}\boldsymbol{AP}^{-1}=\begin{bmatrix}\boldsymbol{A}_1 & \boldsymbol{A}_2\\ \boldsymbol{A}_3 & \boldsymbol{A}_4\end{bmatrix},\ \boldsymbol{P}^{-\mathrm{T}}\boldsymbol{CP}^{-1}=\begin{bmatrix}\boldsymbol{C}_1 & \boldsymbol{C}_2\\ \boldsymbol{C}_2^{\mathrm{T}} & \boldsymbol{C}_3\end{bmatrix}。\tag{4.6.19}$$

由于 $\boldsymbol{C}$ 是一个对称矩阵, 所以 $\boldsymbol{C}_1$ 也是一个对称矩阵。把式(4.6.19) 代入式(4.6.18), 可得

$$\boldsymbol{AB}+\boldsymbol{B}^{\mathrm{T}}\boldsymbol{A}^{\mathrm{T}}+\boldsymbol{B}^{\mathrm{T}}\boldsymbol{CB}=(\boldsymbol{Q}^{-1})^{\mathrm{T}}\begin{bmatrix}\boldsymbol{A}_1+\boldsymbol{A}_1^{\mathrm{T}}+\boldsymbol{C}_1 & \boldsymbol{A}_3^{\mathrm{T}}\\ \boldsymbol{A}_3 & 0\end{bmatrix}\boldsymbol{Q}^{-1}。$$

$\boldsymbol{AB}+\boldsymbol{B}^{\mathrm{T}}\boldsymbol{A}^{\mathrm{T}}+\boldsymbol{B}^{\mathrm{T}}\boldsymbol{CB}$ 和 $\begin{bmatrix}\boldsymbol{A}_1+\boldsymbol{A}_1^{\mathrm{T}}+\boldsymbol{C}_1 & \boldsymbol{A}_3^{\mathrm{T}}\\ \boldsymbol{A}_3 & 0\end{bmatrix}$ 是相似矩阵, 因此有相同的特征值。

由于 $\begin{bmatrix}\boldsymbol{A}_1+\boldsymbol{A}_1^{\mathrm{T}}+\boldsymbol{C}_1 & \boldsymbol{A}_3^{\mathrm{T}}\\ \boldsymbol{A}_3 & 0\end{bmatrix}$ 是一个对称矩阵且在主对角线上有一个零矩阵, 因而它既不是正定矩阵也不是负定矩阵, 因此(1) 和(2) 有且仅有一个成立。

引理 4.6.3　给定两个向量 $\boldsymbol{x}=(x_1, x_2, \cdots, x_n)^{\mathrm{T}}$，$\boldsymbol{y}=(y_1, y_2, \cdots, y_n)^{\mathrm{T}}$ 和一个对称正定矩阵 $\boldsymbol{Q}$，如果 $|\boldsymbol{Q}^{\frac{1}{2}}x| \leqslant a|\boldsymbol{Q}^{\frac{1}{2}}y|$，则 $\boldsymbol{x}^{\mathrm{T}}\boldsymbol{Q}\boldsymbol{y} \leqslant a\boldsymbol{y}^{\mathrm{T}}\boldsymbol{Q}\boldsymbol{y}$。

证明　令 $\boldsymbol{Q}^{\frac{1}{2}}\boldsymbol{x}=(\bar{x}_1, \bar{x}_2, \cdots, \bar{x}_n)^{\mathrm{T}}$，$\boldsymbol{Q}^{\frac{1}{2}}\boldsymbol{y}=(\bar{y}_1, \bar{y}_2, \cdots, \bar{y}_n)^{\mathrm{T}}$，则

$$\begin{aligned}\boldsymbol{x}^{\mathrm{T}}\boldsymbol{Q}\boldsymbol{y} &= \boldsymbol{x}^{\mathrm{T}}(\boldsymbol{Q}^{\frac{1}{2}})^{\mathrm{T}}\boldsymbol{Q}^{\frac{1}{2}}\boldsymbol{y}\\ &= \bar{x}_1\bar{y}_1+\bar{x}_2\bar{y}_2+\cdots+\bar{x}_n\bar{y}_n\\ &\leqslant |\bar{x}_1\bar{y}_1|+|\bar{x}_2\bar{y}_2|+\cdots+|\bar{x}_n\bar{y}_n|\\ &= \alpha(|\bar{y}_1|^2+|\bar{y}_2|^2+\cdots+|\bar{y}_n|^2)\\ &= a|\boldsymbol{Q}^{\frac{1}{2}}\boldsymbol{y}|^{\mathrm{T}}|\boldsymbol{Q}^{\frac{1}{2}}\boldsymbol{y}|\\ &= a\boldsymbol{y}^{\mathrm{T}}\boldsymbol{Q}\boldsymbol{y}。\end{aligned}$$

4.6.5　时变扰动奇异系统的有限时间稳定性

通过利用 Lyapunov-Krasovskii 函数，本节给出了线性时变奇异脉冲系统有限时间稳定的几个充分条件。

定理 4.6.3　假定(H4.6) ~ (H4.10) 和 $\dot{\boldsymbol{\omega}}(t)=a\boldsymbol{\omega}(t)$ 成立，如果存在正数 h，定义在区间$[0, T]$上的分段连续可导的对称正定矩阵 $\boldsymbol{P}(\cdot)$，$\boldsymbol{Q}(\cdot)$ 满足下列不等式：

$$\boldsymbol{B}_k^{\mathrm{T}}\boldsymbol{E}^{\mathrm{T}}(\tau_k)\boldsymbol{P}(\tau_k)\boldsymbol{E}(\tau_k)\boldsymbol{B}_k \leqslant \boldsymbol{E}^{\mathrm{T}}(\tau_k)\boldsymbol{P}(\tau_k)\boldsymbol{E}(\tau_k),\ k=1, 2, \cdots, m, \tag{4.6.20a}$$

$$\boldsymbol{E}^{\mathrm{T}}(t)\boldsymbol{\Gamma}(t)\boldsymbol{E}(t) \leqslant h\boldsymbol{E}^{\mathrm{T}}(t)\boldsymbol{P}(t)\boldsymbol{E}(t), \tag{4.6.20b}$$

$$\boldsymbol{E}^{\mathrm{T}}(0)\boldsymbol{P}(0)\boldsymbol{E}(0) \leqslant \boldsymbol{E}^{\mathrm{T}}(0)\boldsymbol{R}\boldsymbol{E}(0), \tag{4.6.20c}$$

$$h[c_1+d\lambda_{\max}(\boldsymbol{Q}(0))] < c_2, \tag{4.6.20d}$$

$$\boldsymbol{\Omega}(t)=\begin{bmatrix}\boldsymbol{M}(t) & \boldsymbol{E}^{\mathrm{T}}(t)\boldsymbol{P}(t)\\ \boldsymbol{P}(t)\boldsymbol{E}(t) & 2a\boldsymbol{Q}(t)+\dot{\boldsymbol{Q}}(t)\end{bmatrix} \leqslant 0, \tag{4.6.20e}$$

则系统(4.6.1) 关于$[c_1, c_2, \boldsymbol{J}, \boldsymbol{R}, \boldsymbol{\Gamma}(\cdot), d]$是有限时间稳定的，其中，

$$\boldsymbol{M}(t)=[\boldsymbol{A}(t)+\dot{\boldsymbol{E}}(t)]^{\mathrm{T}}\boldsymbol{P}(t)\boldsymbol{E}(t)+\boldsymbol{E}^{\mathrm{T}}(t)\boldsymbol{P}(t)[\boldsymbol{A}(t)+\dot{\boldsymbol{E}}(t)]+\boldsymbol{E}^{\mathrm{T}}(t)\dot{\boldsymbol{P}}(t)\boldsymbol{E}(t)。$$

证明　考虑如下形式的 Lyapunov-Krasovskii 函数：

$$\boldsymbol{V}(\boldsymbol{x}, t)=\boldsymbol{x}^{\mathrm{T}}(t)\boldsymbol{E}^{\mathrm{T}}(t)\boldsymbol{P}(t)\boldsymbol{E}(t)\boldsymbol{x}(t)+\boldsymbol{\omega}^{\mathrm{T}}(t)\boldsymbol{Q}(t)\boldsymbol{\omega}(t), \tag{4.6.21}$$

当 $t\in(0, \tau_1)$ 时，沿着系统(4.6.1) 的解求 $\boldsymbol{V}(\boldsymbol{x}, t)$ 关于时间 t 的导数：

$$\begin{aligned}\dot{\boldsymbol{V}}(\boldsymbol{x}, t) &= \boldsymbol{x}^{\mathrm{T}}(t)\boldsymbol{M}(t)\boldsymbol{x}(t)+2\boldsymbol{\omega}^{\mathrm{T}}(t)\boldsymbol{P}(t)\boldsymbol{E}(t)\boldsymbol{x}(t)+\boldsymbol{\omega}^{\mathrm{T}}(t)\dot{\boldsymbol{Q}}(t)\boldsymbol{\omega}(t)\\ &\quad +2\dot{\boldsymbol{\omega}}^{\mathrm{T}}(t)\boldsymbol{Q}(t)\boldsymbol{\omega}(t)\\ &= \boldsymbol{x}^{\mathrm{T}}(t)\boldsymbol{M}(t)\boldsymbol{x}(t)+2\boldsymbol{\omega}^{\mathrm{T}}(t)\boldsymbol{P}(t)\boldsymbol{E}(t)\boldsymbol{x}(t)+\boldsymbol{\omega}^{\mathrm{T}}(t)[2a\boldsymbol{Q}(t)+\dot{\boldsymbol{Q}}(t)]\boldsymbol{\omega}(t)。\end{aligned}$$

令 $z(t)=\begin{bmatrix}\boldsymbol{x}(t)\\ \boldsymbol{\omega}(t)\end{bmatrix}$，由式(4.6.20e) 可得

$$\dot{V}(x,\ t)=z^{\mathrm{T}}(t)\begin{bmatrix} M(t) & E^{\mathrm{T}}(t)P(t) \\ P(t)E(t) & 2aQ(t)+\dot{Q}(t) \end{bmatrix}z(t)\leqslant 0,$$

由于$E(t)$，$A(t)$是连续的且$x(\tau_1)=x(\tau_1^-)$，所以$V(x,\ t)$在区间$(0,\ \tau_1]$上是递减的。重复相同的步骤，则可知$V(x,\ t)$在每一个时间区间$(\tau_k,\ \tau_{k+1}]$上都是递减的。另一方面，因为$x(\tau_k^+)=B_kx(\tau_k)$，所以

$$\begin{aligned}
&V(x,\ \tau_k^+)-V(x,\ \tau_k)\\
&=x^{\mathrm{T}}(\tau_k^+)E^{\mathrm{T}}(\tau_k)P(\tau_k)E(\tau_k)x(\tau_k^+)-x^{\mathrm{T}}(\tau_k)E^{\mathrm{T}}(\tau_k)P(\tau_k)E(\tau_k)x(\tau_k)\\
&=x^{\mathrm{T}}(\tau_k)[B_k^{\mathrm{T}}E^{\mathrm{T}}(\tau_k)P(\tau_k)E(\tau_k)B_k-E^{\mathrm{T}}(\tau_k)P(\tau_k)E(\tau_k)]x(\tau_k),
\end{aligned}$$

由式(4.6.20a)可知上式不大于0。由此可知，$V(x,\ t)$在时间区间$(0,\ \tau_1]$和$(\tau_k,\ t_{k+1}]$上递减且满足

$$V(x,\ \tau_k^+)\leqslant V(x,\ \tau_k),\ \forall k\in 1,\ \cdots,\ m。$$

因此$V(x,\ t)$关于系统(4.6.1)的轨迹在时间区间J上是递减的。再利用条件(4.6.20b)、条件(4.6.20c)和条件(4.6.20d)，当$x_0^{\mathrm{T}}E^{\mathrm{T}}(0)RE(0)x_0\leqslant c_1$时，$\forall t\in J$，$\forall\omega$：$\omega^{\mathrm{T}}\omega\leqslant d$，则有

$$\begin{aligned}
x^{\mathrm{T}}(t)E^{\mathrm{T}}(t)\Gamma(t)E(t)x(t)&\leqslant hx^{\mathrm{T}}(t)E^{\mathrm{T}}(t)P(t)E(t)x(t)\\
&\leqslant h[x^{\mathrm{T}}(t)E^{\mathrm{T}}(t)P(t)E(t)x(t)+\omega^{\mathrm{T}}Q(t)\omega(t)]\\
&\leqslant h[x^{\mathrm{T}}(0)E^{\mathrm{T}}(0)P(0)E(0)x(0)+\omega^{\mathrm{T}}Q(0)\omega(0)]\\
&\leqslant h[x_0^{\mathrm{T}}E^{\mathrm{T}}(0)RE(0)x_0+\lambda_{\max}(Q(0))d]\\
&\leqslant h[c_1+d\lambda_{\max}(Q(0))]\\
&<c_2,
\end{aligned}$$

则系统(4.6.1)关于$[c_1,\ c_2,\ J,\ R,\ \Gamma(\cdot),\ d]$是有限时间稳定的。

注 4.6.3　矩阵$E(t)$是奇异矩阵且$\Omega(t)\leqslant 0$，由引理4.6.2可知，0是$M(t)$的一个特征值，0也是$\Omega(t)$的一个特征值。因而不能利用MATLAB工具箱来解定理4.6.3中的(4.6.20e)。我们可以利用以下步骤来解决这个问题：

步骤1：任意选定一个正数ε。

步骤2：如果$\Omega(t)-\varepsilon I<0$无解，定理4.6.3适用此问题。如果$\Omega(t)-\varepsilon I<0$有解，到步骤3。

步骤3：把解代入式(4.6.20e)。如果式(4.6.20e)成立，则问题已解决。如果式(4.6.20e)不成立，到步骤4。

步骤4：选择一个更小的正数ε，到步骤2。

推论 4.6.1　假定(H4.6)～(H4.10)成立且ω是一个常向量，如果存在正数h和在$[0,\ T]$上分段连续可导的对称正定矩阵$P(\cdot)$，$Q(\cdot)$满足(4.6.20a)～(4.6.20d)和

$$\begin{bmatrix} M(t) & E^{\mathrm{T}}(t)P(t) \\ P(t)E(t) & \dot{Q}(t) \end{bmatrix}\leqslant 0, \tag{4.6.22}$$

则系统(4.6.1)关于$[c_1,\ c_2,\ J,\ R,\ \Gamma(\cdot),\ d]$是有限时间稳定的。

证明 由于 $\boldsymbol{\omega}$ 是一个常向量，因此有 $\dot{\boldsymbol{\omega}}=0$ 和 $\boldsymbol{\alpha}=0$。则条件(4.6.20e)就变成了(4.6.22)。

注 4.6.4 推论 4.6.1 就是定理 4.6.1。从上一章可以看到，由于利用了松弛变量，推论 4.6.1 比文献[121]具有更小的保守性(参看数值算例 4.6.2)。特别地，如果令 $h=1$，则它们是相同的。

注 4.6.5 在推论 4.6.1 中，如果令 $d=0$，$c_1=c_2$，则可以很容易得到文献[130]中的定理 2。除了上述条件，如果再令 $\boldsymbol{E}(t)=\boldsymbol{I}$，$c_1=1$，则可得到文献[161]中的定理 1。因此，推论 4.6.1 是文献[158]和[161]中结论的推广。

定理 4.6.4 假定(H4.6) ~ (H4.10)成立，如果存在正数 h 和在 $[0, T]$ 上分段连续可导的对称正定矩阵 $\boldsymbol{P}(\cdot)$，$\boldsymbol{Q}(\cdot)$ 满足 $|\boldsymbol{Q}^{\frac{1}{2}}(t)\dot{\boldsymbol{\omega}}(t)|\leqslant a|\boldsymbol{Q}^{\frac{1}{2}}(t)\boldsymbol{\omega}(t)|$ 和(4.6.20a) ~ (4.6.20e)，则系统(4.6.1)关于 $[c_1, c_2, \boldsymbol{J}, \boldsymbol{R}, \boldsymbol{\Gamma}(\cdot), d]$ 是有限时间稳定的。

证明 考虑和式(4.6.21)中一样的函数 $\boldsymbol{V}(\boldsymbol{x}, t)$，利用引理 4.6.3 可得

$$\begin{aligned}\dot{\boldsymbol{V}}(x, t)&=\boldsymbol{x}^{\mathrm{T}}(t)\boldsymbol{M}(t)\boldsymbol{x}(t)+2\boldsymbol{\omega}^{\mathrm{T}}(t)\boldsymbol{P}(t)\boldsymbol{E}(t)\boldsymbol{x}(t)+\boldsymbol{\omega}^{\mathrm{T}}(t)\dot{\boldsymbol{Q}}(t)\boldsymbol{\omega}(t)\\&\quad+2\dot{\boldsymbol{\omega}}^{\mathrm{T}}(t)\boldsymbol{Q}(t)\boldsymbol{\omega}(t)\\&\leqslant\boldsymbol{x}^{\mathrm{T}}(t)\boldsymbol{M}(t)\boldsymbol{x}(t)+2\boldsymbol{\omega}^{\mathrm{T}}(t)\boldsymbol{P}(t)\boldsymbol{E}(t)\boldsymbol{x}(t)+\boldsymbol{\omega}^{\mathrm{T}}(t)[2a\boldsymbol{Q}(t)+\dot{\boldsymbol{Q}}(t)]\boldsymbol{\omega}(t)。\end{aligned}$$

令 $z(t)=\begin{bmatrix}\boldsymbol{x}(t)\\ \boldsymbol{\omega}(t)\end{bmatrix}$，则有

$$\dot{\boldsymbol{V}}(x, t)=\boldsymbol{z}^{\mathrm{T}}(t)\begin{bmatrix}\boldsymbol{M}(t) & \boldsymbol{E}^{\mathrm{T}}(t)\boldsymbol{P}(t)\\ \boldsymbol{P}(t)\boldsymbol{E}(t) & 2a\boldsymbol{Q}(t)+\dot{\boldsymbol{Q}}(t)\end{bmatrix}z(t)\leqslant 0,$$

剩下的证明和定理 4.5.1 的证明类似。

注 4.6.6 定理 4.6.4 类似于定理 4.6.3，但是它们仍有一些不同。第一，因为定理 4.6.3 中的条件 $\dot{\boldsymbol{\omega}}(t)=a\boldsymbol{\omega}(t)$ 比定理 4.6.4 中的条件 $|\boldsymbol{Q}^{\frac{1}{2}}(t)\dot{\boldsymbol{\omega}}(t)|\leqslant a|\boldsymbol{Q}^{\frac{1}{2}}(t)\boldsymbol{\omega}(t)|$ 更难满足，所以定理 4.6.4 中的条件要比定理 4.6.3 中的条件具有更小的保守性；第二，如果 $a>0$，那么 $\dot{\boldsymbol{\omega}}(t)=a\boldsymbol{\omega}(t)$ 是 $|\boldsymbol{Q}^{\frac{1}{2}}(t)\dot{\boldsymbol{\omega}}(t)|\leqslant a|\boldsymbol{Q}^{\frac{1}{2}}(t)\boldsymbol{\omega}(t)|$ 的一个特殊情况；第三，如果 $a<0$，那么 $|\boldsymbol{Q}^{\frac{1}{2}}(t)\dot{\boldsymbol{\omega}}(t)|\leqslant a|\boldsymbol{Q}^{\frac{1}{2}}(t)\boldsymbol{\omega}(t)|$ 不成立。

定理 4.6.5 假定(H4.1) ~ (H4.5)和 $|\dot{\boldsymbol{\omega}}(t)|\leqslant a|\boldsymbol{\omega}(t)|$ 成立，如果存在正数 h，在 $[0, T]$ 上分段连续可导的对称正定矩阵 $\boldsymbol{P}(\cdot)$ 和在 $[0, T]$ 上分段连续可导的对称正定对角矩阵 $\boldsymbol{Q}(\cdot)$ 满足(4.6.20a) ~ (4.6.20e)，则系统(4.6.1)关于 $[c_1, c_2, \boldsymbol{J}, \boldsymbol{R}, \boldsymbol{\Gamma}(\cdot), d]$ 是有限时间稳定的。

注 4.6.7 定理 4.6.5 的证明和定理 4.6.4 的证明类似。在定理 4.6.5 中，$\boldsymbol{Q}(\cdot)$ 是一个在 $[0, T]$ 上分段连续可导的对称正定对角矩阵，它比定理 4.6.4 中要求的更严格，具有更大的保守性。但是定理 4.6.4 中的条件 $|\boldsymbol{Q}^{\frac{1}{2}}(t)\dot{\boldsymbol{\omega}}(t)|\leqslant a|\boldsymbol{Q}^{\frac{1}{2}}(t)\boldsymbol{\omega}(t)|$ 换成了定理

4.6.5 中的条件 $|\dot{\boldsymbol{\omega}}(t)| \leqslant a|\boldsymbol{\omega}(t)|$ 之后，它在实际情况中更容易满足。

定理 4.6.6　假定(H4.6) ~ (H4.10) 和 $|\dot{\boldsymbol{\omega}}(t)+\boldsymbol{\omega}(t)| \leqslant |\dot{\boldsymbol{\omega}}(t)|$ 成立，如果存在正数 h，在 $[0, T]$ 上分段连续可导的对称正定矩阵 $\boldsymbol{P}(\cdot)$ 和在 $[0, T]$ 上分段连续可导的对称正定对角矩阵 $\boldsymbol{Q}(\cdot)$ 满足(4.6.20a) ~ (4.6.20d) 和

$$\begin{bmatrix} \boldsymbol{M}(t) & \boldsymbol{E}^{\mathrm{T}}(t)\boldsymbol{P}(t) \\ \boldsymbol{P}(t)\boldsymbol{E}(t) & \dot{\boldsymbol{Q}}(t)+\boldsymbol{Q}(t) \end{bmatrix} \leqslant 0, \tag{4.6.23}$$

则系统(4.6.1) 关于 $[c_1, c_2, \boldsymbol{J}, \boldsymbol{R}, \boldsymbol{\Gamma}(\cdot), d]$ 是有限时间稳定的。

证明　考虑和(4.6.21) 中一样的函数 $\boldsymbol{V}(\boldsymbol{x}, t)$，则有

$$\begin{aligned}
\dot{\boldsymbol{V}}(x, t) &= \boldsymbol{x}^{\mathrm{T}}(t)\boldsymbol{M}(t)\boldsymbol{x}(t)+2\boldsymbol{\omega}^{\mathrm{T}}(t)\boldsymbol{P}(t)\boldsymbol{E}(t)\boldsymbol{x}(t)+2\dot{\boldsymbol{\omega}}^{\mathrm{T}}(t)\boldsymbol{Q}(t)\boldsymbol{\omega}(t) \\
&\quad +\boldsymbol{\omega}^{\mathrm{T}}(t)\dot{\boldsymbol{Q}}(t)\boldsymbol{\omega}(t) \\
&= \boldsymbol{x}^{\mathrm{T}}(t)\boldsymbol{M}(t)\boldsymbol{x}(t)+2\boldsymbol{\omega}^{\mathrm{T}}(t)\boldsymbol{P}(t)\boldsymbol{E}(t)\boldsymbol{x}(t)+\boldsymbol{\omega}^{\mathrm{T}}(t)[\dot{\boldsymbol{Q}}(t)-\boldsymbol{Q}(t)]\boldsymbol{\omega}(t) \\
&\quad +[\dot{\boldsymbol{\omega}}(t)+\boldsymbol{\omega}(t)]^{\mathrm{T}}\boldsymbol{Q}(t)[\dot{\boldsymbol{\omega}}(t)+\boldsymbol{\omega}(t)]-\dot{\boldsymbol{\omega}}^{\mathrm{T}}(t)\boldsymbol{Q}(t)\dot{\boldsymbol{\omega}}(t) \\
&\leqslant \boldsymbol{x}^{\mathrm{T}}(t)\boldsymbol{M}(t)\boldsymbol{x}(t)+2\boldsymbol{\omega}^{\mathrm{T}}(t)\boldsymbol{P}(t)\boldsymbol{E}(t)\boldsymbol{x}(t)+\boldsymbol{\omega}^{\mathrm{T}}(t)[\dot{\boldsymbol{Q}}(t)-\boldsymbol{Q}(t)]\boldsymbol{\omega}(t),
\end{aligned}$$

令 $z(t)=\begin{bmatrix} \boldsymbol{x}(t) \\ \boldsymbol{\omega}(t) \end{bmatrix}$，则由式(4.6.23) 可得

$$\dot{\boldsymbol{V}}(x, t)=z^{\mathrm{T}}(t)\begin{bmatrix} \boldsymbol{M}(t) & \boldsymbol{E}^{\mathrm{T}}(t)\boldsymbol{P}(t) \\ \boldsymbol{P}(t)\boldsymbol{E}(t) & \dot{\boldsymbol{Q}}(t)-\boldsymbol{Q}(t) \end{bmatrix} z(t) \leqslant 0,$$

剩余的证明与定理 4.6.3 的证明类似。

注 4.6.8　显然，定理 4.6.6 中的条件(4.6.23) 要比定理 4.6.5 中的条件(4.6.20e) 保守性小一些，并且 $|\dot{\boldsymbol{\omega}}(t)+\boldsymbol{\omega}(t)| \leqslant |\dot{\boldsymbol{\omega}}(t)|$ 和 $|\dot{\boldsymbol{\omega}}(t)| \leqslant a|\boldsymbol{\omega}(t)|$ 是不等价的。如果 a 是一个比较大的数，则 $\boldsymbol{\omega}(t)$ 满足 $|\dot{\boldsymbol{\omega}}(t)| \leqslant a|\boldsymbol{\omega}(t)|$ 有一个更大的适用范围，但是它会导致定理 4.6.5 中的条件(4.6.20e) 具有更大的保守性。

4.6.6　数值算例

算例 4.6.1　考虑如下形式的线性时变奇异脉冲系统：

$$\begin{cases}
\begin{bmatrix} 1 & 0 \\ 0 & (0.02-t)^2 \end{bmatrix}\boldsymbol{x}(t)=\begin{bmatrix} t-2 & 0 \\ 0.01 & -1 \end{bmatrix}\boldsymbol{x}(t)+\boldsymbol{\omega}, \quad t \neq \tau_k, \\
\boldsymbol{x}(\tau_k^+)=\begin{bmatrix} 0.2 & 0 \\ 0 & 0.1 \end{bmatrix}\boldsymbol{x}(\tau_k), \quad t=\tau_k,\ k \in \mathbf{Z}^+, \\
z(t)=[0.1 \quad 0.2]\boldsymbol{x}(t)+[0.2 \quad 1]\boldsymbol{\omega}, \\
\boldsymbol{x}(0)=\begin{bmatrix} 1 \\ 2 \end{bmatrix},\ \boldsymbol{\omega}=\begin{bmatrix} 0.02 \\ 0.05 \end{bmatrix}。
\end{cases} \tag{4.6.24}$$

$d=\boldsymbol{\omega}^{\mathrm{T}}\boldsymbol{\omega}=0.0029$。给定 $\boldsymbol{R}=\mathrm{diag}\{2, 3\}$，可得 $\boldsymbol{x}_0^{\mathrm{T}}\boldsymbol{E}^{\mathrm{T}}(0)\boldsymbol{R}\boldsymbol{E}(0)\boldsymbol{x}_0\leqslant 2.1$。对于给定的有限时间 $J=[0, 0.1]$，$c_1=2.1$，$c_2=2.2$，脉冲 $\tau_k=0.05k$ 和 $\boldsymbol{\Gamma}=0.4I_2$，考虑系统(4.6.24)的有限时间稳定和有限增益问题。令 $h=1$，$\boldsymbol{P}(t)$，$\boldsymbol{Q}(t)$，α 和 γ 可以选定为

$$\boldsymbol{P}(t)=\begin{bmatrix}1 & 0\\ 0 & 1\end{bmatrix},\ \boldsymbol{Q}(t)=\begin{bmatrix}3.3-3t & 0\\ 0 & 3.8-3t\end{bmatrix},\ \alpha=13.8385,\ \gamma=4.497。$$

则由定理4.6.2可得，系统(4.6.24)关于 $[c_1=2.1, c_2=2.2, J=[0, 0.1], \boldsymbol{R}=\mathrm{diag}\{2, 3\}, \boldsymbol{\Gamma}(t)=0.4\boldsymbol{I}_2, d=0.0029]$ 是有限时间稳定的且具有有限权重 L_2 增益为 $\gamma=4.497$。

算例4.6.2 为了表明本章的定理4.6.1比文献[158]中的定理1具有更小的保守性，考虑如下的算例：

$$\begin{cases}\begin{bmatrix}1 & 0 & 0\\ 0 & 1 & 0\\ 0 & 0 & 0\end{bmatrix}\dot{\boldsymbol{x}}(t)=\begin{bmatrix}-1 & 0.1 & 0\\ 0.05 & -1.25 & 0\\ 0 & 0 & -1\end{bmatrix}\boldsymbol{x}(t)+\begin{bmatrix}0.1\\ 1\\ 0.1\end{bmatrix}, & t\neq\tau_k,\\ \boldsymbol{x}(\tau_k^+)=\begin{bmatrix}-0.72 & 0.16 & 0\\ 0.13 & 0.078 & 0\\ 0 & 0 & -1\end{bmatrix}\boldsymbol{x}(\tau_k), & t=\tau_k,\\ \boldsymbol{x}(0)=\begin{bmatrix}1\\ 2\\ 0.1\end{bmatrix}, & k=1, 2, \cdots。\end{cases}\tag{4.6.25}$$

$d=\boldsymbol{\omega}^{\mathrm{T}}\boldsymbol{\omega}=1.02$。给定 $\boldsymbol{R}=\mathrm{diag}\{2, 1, 3\}$，可得 $\boldsymbol{\varphi}_0^{\mathrm{T}}\boldsymbol{E}^{\mathrm{T}}(0)\boldsymbol{R}\boldsymbol{E}(0)\boldsymbol{\varphi}_0=6$。显然，对于给定的有限时间 $J=[0, 9]$，$c_1=6$，$c_2=8$，脉冲 $\tau_1=2$，$\tau_2=5$ 和 $\boldsymbol{\Gamma}=\mathrm{diag}\{0.2, 0.2, 0.7\}$，可得 $c_1+\lambda_{\max}(\boldsymbol{R})d=9.06>8=c_2$。因此文献[158]中的定理1是不可行的。但是我们可以利用本章的定理4.6.1表明系统(4.6.25)是有限时间稳定的。利用MATLAB工具箱，可得 $\boldsymbol{P}(t)$ 和 $\boldsymbol{Q}(t)$ 为

$$\boldsymbol{P}(t)=\begin{bmatrix}0.4281 & 0.0157 & 0\\ 0.0157 & 0.3786 & 0\\ 0 & 0 & 1.0063\end{bmatrix},\ \boldsymbol{Q}(t)=(2-1.0063t)\boldsymbol{I}_3。$$

令 $h=0.8$，利用定理4.6.1，系统(4.6.25)关于 $[c_1=6, c_2=8, J=[0, 9], \boldsymbol{R}=\mathrm{diag}\{2, 1, 3\}, \boldsymbol{\Gamma}=\mathrm{diag}\{0.2, 0.2, 0.7\}, d=1.02]$ 是有限时间稳定的。

图4.4是上述系统的仿真输出结果。实线表示原系统状态分量 $\boldsymbol{x}_1$ 的轨迹；“—”线表示原系统状态分量 $\boldsymbol{x}_2$ 的轨迹；“…”线表示原系统状态分量 $\boldsymbol{x}_3$ 的轨迹。

图4.5表示 $\boldsymbol{x}^{\mathrm{T}}(t)\boldsymbol{E}^{\mathrm{T}}\boldsymbol{\Gamma}\boldsymbol{E}\boldsymbol{x}(t)$ 的轨迹。从图4.5可以看出，系统(4.6.25)在时间区间 $J=[0, 9]$ 上不超过事先指定的阈值 $c_2=8$。即系统(4.6.25)关于 $[c_1=6, c_2=8, J=[0, 9], \boldsymbol{R}=\mathrm{diag}\{2, 1, 3\}, \boldsymbol{\Gamma}=\mathrm{diag}\{0.2, 0.2, 0.7\}, d=1.02]$ 是有限时间稳定的。与理论分析相吻合。

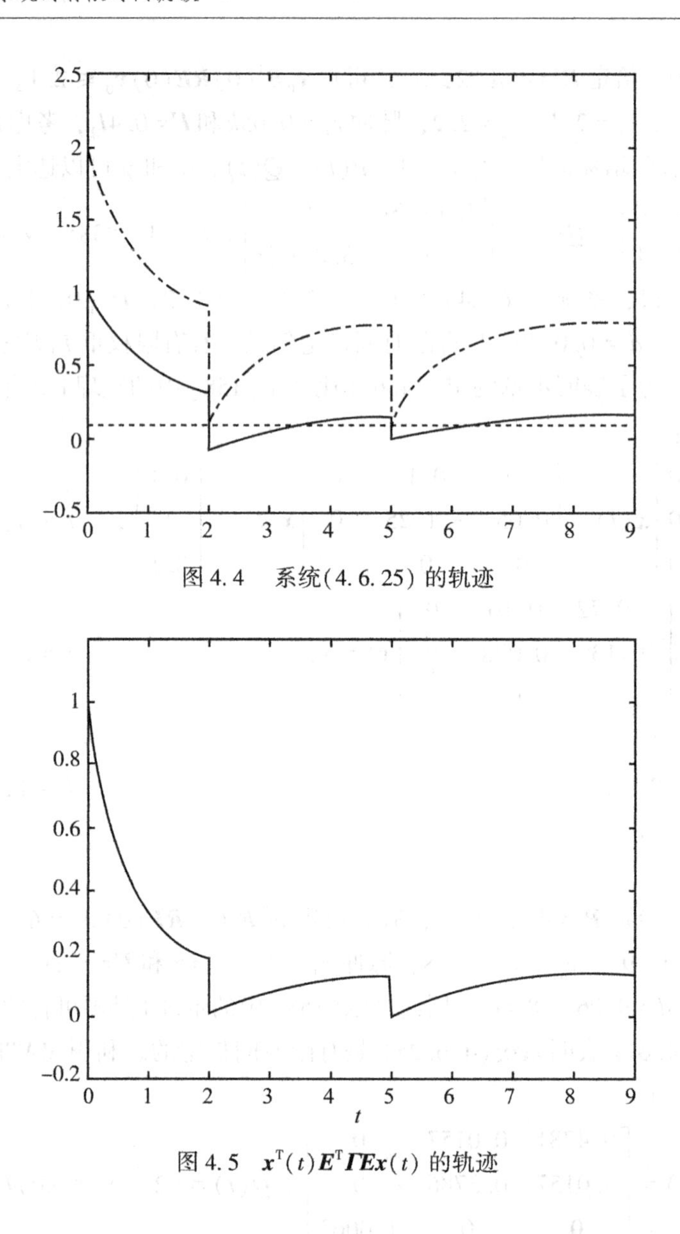

图 4.4　系统(4.6.25)的轨迹

图 4.5　$\boldsymbol{x}^{\mathrm{T}}(t)\boldsymbol{E}^{\mathrm{T}}\boldsymbol{\Gamma}\boldsymbol{E}\boldsymbol{x}(t)$ 的轨迹

算例 4.6.3　考虑如下形式的具有时变扰动的线性时变奇异脉冲系统：

$$\begin{cases} \begin{bmatrix}1 & 0\\ 0 & (0.02-t)2\end{bmatrix}\dot{\boldsymbol{x}}(t)=\begin{bmatrix}t-2 & 0\\ 0.01 & -1\end{bmatrix}\boldsymbol{x}(t)+\begin{bmatrix}\dfrac{\mathrm{e}^{-t}}{2}\\ \dfrac{\mathrm{e}^{-t}}{2}\end{bmatrix}, & t\neq\tau_k,\\ \boldsymbol{x}(\tau_k^{+})=\begin{bmatrix}0.2 & 0\\ 0 & 0.1\end{bmatrix}\boldsymbol{x}(\tau_k), & t=\tau_k,\\ \boldsymbol{x}_0=\begin{bmatrix}1\\ 2\end{bmatrix}, & k=1,2,\cdots。\end{cases} \tag{4.6.26}$$

给定 $\boldsymbol{R}=\mathrm{diag}\{2,\ 6\}$，$\boldsymbol{\Gamma}=0.1\boldsymbol{I}_2$，$c_1=2.1$，$c_2=2.6$，$d=0.5$，有限时间区间 $J=[0,\ 0.1]$ 和脉冲 $\tau_k=0.05k$，考虑上述系统的有限时间稳定问题。首先可知 $\boldsymbol{\omega}^{\mathrm{T}}\boldsymbol{\omega}\leqslant 0.5=d$，$\dot{\boldsymbol{\omega}}(t)=-\boldsymbol{\omega}(t)$ 且 $\boldsymbol{x}_0^{\mathrm{T}}\boldsymbol{E}^{\mathrm{T}}(0)\boldsymbol{R}\boldsymbol{E}(0)\boldsymbol{x}_0\leqslant 2.1$。$\boldsymbol{P}(t)$ 和 $\boldsymbol{Q}(t)$ 可以选为

$$\boldsymbol{P}(t)=\begin{bmatrix}1.8687 & 0\\ 0 & 5.5639\end{bmatrix},\quad \boldsymbol{Q}(t)=\begin{bmatrix}2.5223 & 0.0003\\ 0.0003 & 2.5697\end{bmatrix},$$

令 $h=0.7$，利用定理 4.6.3，则系统(4.6.26) 关于

$$[c_1=2.1,\ c_2=2.6,\ J=[0,\ 0.1],\ \boldsymbol{R}=\mathrm{diag}\{2,\ 6\},\ \boldsymbol{\Gamma}=0.1\boldsymbol{I}_2,\ d=0.5]$$

是有限时间稳定的。

算例 4.6.4 考虑如下形式的具有时变扰动的线性时变奇异脉冲系统：

$$\begin{cases}\begin{bmatrix}1 & 0\\ 0 & (0.02-t)^2\end{bmatrix}\dot{\boldsymbol{x}}(t)=\begin{bmatrix}t-2 & 0\\ 0.01 & -1\end{bmatrix}\boldsymbol{x}(t)+\begin{bmatrix}\dfrac{1}{t+2}\\ \dfrac{\mathrm{e}^{-t}}{2}\end{bmatrix}, & t\neq\tau_k,\\ \boldsymbol{x}(\tau_k^+)=\begin{bmatrix}0.2 & 0\\ 0 & 0.1\end{bmatrix}\boldsymbol{x}(\tau_k), & t=\tau_k,\\ \boldsymbol{x}_0=\begin{bmatrix}1\\ 2\end{bmatrix}, & k=1,\ 2,\ \cdots。\end{cases}\tag{4.6.27}$$

给定 $\boldsymbol{R}=\mathrm{diag}\{1,\ 2\}$，$\boldsymbol{\Gamma}=0.1\boldsymbol{I}_2$，$c_1=2.1$，$c_2=2.6$，$d=0.5$，有限时间区间 $J=[0,\ 0.1]$ 和脉冲 $\tau_k=0.05k$，考虑上述系统的有限时间稳定问题。首先可知 $\boldsymbol{\omega}^{\mathrm{T}}\boldsymbol{\omega}\leqslant 0.5=d$，$|\dot{\boldsymbol{\omega}}(t)|\leqslant|\boldsymbol{\omega}(t)|$ 且 $\boldsymbol{x}_0^{\mathrm{T}}\boldsymbol{E}^{\mathrm{T}}(0)\boldsymbol{R}\boldsymbol{E}(0)\boldsymbol{x}_0\leqslant 2.1$。在 J 上分段连续可导的对称正定矩阵 $\boldsymbol{P}(\cdot)$ 和分段连续可导的对称正定对角矩阵 $\boldsymbol{Q}(\cdot)$ 可以选为

$$\boldsymbol{P}(t)=\begin{bmatrix}0.2969 & 0.0003\\ 0.0003 & 1.0687\end{bmatrix},\quad \boldsymbol{Q}(t)=\begin{bmatrix}1-3.1t & 0\\ 0 & 1-3.1t\end{bmatrix},$$

令 $h=0.9$，利用定理 4.6.5，系统(4.6.4) 是关于

$$[c_1=2.1,\ c_2=2.6,\ J=[0,\ 0.1],\ \boldsymbol{R}=\mathrm{diag}\{1,\ 2\},\ \boldsymbol{\Gamma}=0.1\boldsymbol{I}_2,\ d=0.5]$$

有限时间稳定的。

4.7 小结

本章首先给出了广义线性脉冲系统有限时间稳定的定义以及有限时间滤波问题的描述，然后利用 Lyapunov 方法分别给出了离散时间和连续时间广义脉冲系统有限时间稳定以及满足性能要求的一些充分条件，并给出了滤波器的设计方法。针对线性时变奇异脉冲系统，采用 Lyapunov 方法研究了它的有限时间稳定和增益问题，给出了系统有限时间稳定和具有 L_2 增益的充分条件，且在研究其有限时间稳定性的过程中利用了松弛变量方法，

降低了结论的保守性。数值算例表明了该方法具有更大的适用范围。与定常的扰动相比，具有时变扰动的系统更能真实反映现实世界，因而就有必要来研究具有时变扰动的脉冲奇异系统的有限时间问题，接下来把系统中的扰动 $\boldsymbol{\omega}$ 是一个常量这个条件放松为一个可导的函数，研究了具有时变扰动脉冲奇异系统是有限时间稳定问题。对于不同特点的扰动，分别给出了相应的结论。如果扰动是定常的，利用松弛变量降低了结论的保守性。最后对于不同的扰动，通过数值算例表明了结论的可行性。

第5章　分段脉冲系统的有限时间稳定性与滤波

分段系统经常出现在实际系统中并为非线性控制系统的分析和设计提供了一个强有力的方法，因而在过去的数年中关于分段系统的研究已经受到了相当大的关注。无论有或没有仿射项，关于分段离散时间系统的稳定性分析和控制器设计在一些公开的文献中已有了一些结论，他们利用的是通常的二次或分段仿射 Lyapunov 函数方法。有些系统状态在某些时间点上会受到脉冲的影响，即状态跳跃，此类系统被称为脉冲系统。这类系统的实例包括病理学中的生物神经网路、经济系统中的最优控制模型和频率调制信号处理系统等。迄今为止，关于一般系统的有限时间滤波问题已有了一些结论[125-127]，但关于脉冲系统的有限时间滤波问题的结果非常少[128]，特别是分段脉冲系统，即当系统的某个输出进入某个事先指定的区域 S_m 时，系统运行第 m 个子系统，并且每个子系统在固定的时刻点还有脉冲跳。本章分别研究连续时间和离散时间分段脉冲系统的有限时间滤波问题，给出滤波问题可解的充分条件及滤波器的设计方法。最后通过数值模拟表明本章方法的可行性。

5.1　连续系统的问题描述

考虑如下形式的连续时间分段脉冲系统：

$$\begin{cases}\dot{\boldsymbol{x}}(t)=\boldsymbol{A}_m\boldsymbol{x}(t)+\boldsymbol{B}_m\boldsymbol{\omega}(t)+\boldsymbol{\alpha}_m, & t\neq\tau_j,\\ \boldsymbol{x}(\tau_j^+)=\boldsymbol{G}_m\boldsymbol{x}(\tau_j), & j\in\mathbf{Z}^+,\\ \boldsymbol{y}(t)=\boldsymbol{C}_m\boldsymbol{x}(t)+\boldsymbol{D}_m\boldsymbol{v}(t), & \boldsymbol{y}(t)\in\boldsymbol{S}_m,\\ \boldsymbol{z}(t)=\boldsymbol{L}\boldsymbol{x}(t), & m\in M,\end{cases}\tag{5.1.1}$$

其中，$\{S_m\}_{m=1}^{s}\subseteq\mathbf{R}^p$ 表示输出区域的多胞体划分，$M=\{1,2,\cdots,s\}$ 表示区域的指标集；$\boldsymbol{x}(t)\in\mathbf{R}^n$ 是系统的状态变量；$\boldsymbol{y}(t)\in\mathbf{R}^p$ 是可测输出变量；$\boldsymbol{z}(t)\in\mathbf{R}^q$ 是待估测的信号；时间列$\{\tau_j\}$是脉冲时刻，即系统的状态在这些时刻经历了一个突然的跳跃；$(\boldsymbol{A}_m,\boldsymbol{B}_m,\boldsymbol{G}_m,\boldsymbol{C}_m,\boldsymbol{D}_m,\boldsymbol{\alpha}_m,\boldsymbol{L}_m)$ 是系统的第 m 个局部模型，$\boldsymbol{\alpha}_m$ 是仿射项；$\boldsymbol{\omega}(t)\in\mathbf{R}^{r_1}$ 和 $\boldsymbol{v}(t)\in\mathbf{R}^{r_2}$ 分别是过程噪音和测量噪音，且都属于 $L_2[0,\infty)$。

为了研究分段脉冲系统(5.1.1)，假定下列条件成立：

(H5.1) $\lim\limits_{j\to+\infty}=+\infty$，且存在 $N\in\mathbf{Z}^+$ 满足 $0<\tau_1<\cdots<\tau_m\leqslant T<\tau_{m+1}<\cdots$。

(H5.2) 系统状态变量在每个脉冲时刻点 τ_j 都是左连续的，即

$$\boldsymbol{x}(\tau_j)=\boldsymbol{x}(\tau_j^-)=\lim_{b\to 0^-}\boldsymbol{x}(\tau_j+b)\ 且\ \boldsymbol{x}(\tau_j^+)=\lim_{b\to 0^+}\boldsymbol{x}(\tau_j+b)。$$

(H5.3) 当系统的输出在时刻 t 由区域 S_m 转移到 S_l 时，系统受控于区域 S_m 在时刻 t 所对应的局部系统；为了方便应用，定义集合 $\boldsymbol{\Phi}:=\{(m,\ l)\mid \boldsymbol{y}(t)\in S_m,\ \boldsymbol{y}(t^+)\in S_l\}$，当 $m=l$ 时，它表示输出仍在同一区域内；当 $m\neq l$ 时，它表示输出从一个区域转移到另一个区域。

(H5.4) 对于给定的正数 d，噪音信号 $\boldsymbol{\omega}(t)$ 和 $\boldsymbol{v}(t)$ 满足

$$\int_0^T[\boldsymbol{\omega}^{\mathrm{T}}(t)\boldsymbol{\omega}(t)+\boldsymbol{v}^{\mathrm{T}}(t)\boldsymbol{v}(t)]\mathrm{d}t\leqslant d。$$

注 5.1.1　系统(5.1.1)研究的模型实际上是一个仿射系统，它包含了一个当运行区域不包含原点时经常出现的额外的仿射项。例如在把一个非线性系统在它的状态空间内的几个运行点周围线性化时，如果运行点不在原点，就会出现仿射项。本章就研究含有仿射项的脉冲系统的有限时间滤波问题。如果没有仿射项，则系统(5.1.1)就类似于文献[131]和[158]研究的脉冲系统。

注 5.1.2　如果 $\boldsymbol{\omega}(t)=\boldsymbol{v}(t)$，则系统(5.1.1)对应于文献[162]研究的离散系统。但是，$\boldsymbol{\omega}(t)$ 和 $\boldsymbol{v}(t)$ 分别表示系统本身的噪音和测量过程中产生的噪音，是两个毫无关联的变量，因而在实际情况下是不会相等的，并且它们的差也不能归结到仿射项。因而就有必要考虑更接近实际情况的形如(5.1.1)的脉冲系统的滤波问题。

例 5.1.1　考虑如下的无脉冲线性系统：

子系统 1：　$\dot{x}(t)=x(t)+1,\quad y(t)=x(t),\quad y(t)\in S_1,$

子系统 2：　$\dot{x}(t)=2x(t)-1,\quad y(t)=x(t),\quad y(t)\in S_2,$

$S_1=\{y(t)\mid y(t)\leqslant 1\}$，$S_2=\{y(t)\mid y(t)>1\}$，初始值为 $x(0)=0$。可以解出子系统 1 的解为 $x(t)=\mathrm{e}^t-1$。在区间 $[0,\ \ln 2]$ 内，有 $y(t)\leqslant 1$，系统在子系统 1 上运行。当 $t>\ln 2$ 时，若按子系统 1 运行可知有 $y(t)>1$，则应该运行子系统 2。而对应于初始值为 $x(\ln 2)=1$ 的子系统 2 的解为 $x(t)=\dfrac{1}{2}-\dfrac{1}{8}\mathrm{e}^{2t}$，若运行子系统 2，可得 $y(t)<1$，$\forall t>\ln 2$，则应该运行子系统 1。为了避免出现上述情况，我们给出了另一个假设：

(H5.5) $\forall t\in[0,\ T]$，若 $y(t)\in S_i$，$y(t^+)\in S_j$，$j\neq i$，则存在常数 $\varepsilon>0$ 满足 $y(\delta)\in S_j$，$\forall\delta\in(t,\ t+\varepsilon]$。

定义 5.1.1　给定两个正数 c_1，c_2 且 $c_1\leqslant c_2$，正定矩阵 $\boldsymbol{R}$ 和一个定义在 $[0,\ T]$ 上的正定的矩阵值函数 $\boldsymbol{\Gamma}(\cdot)$ 且 $\boldsymbol{\Gamma}(0)<\boldsymbol{R}$，系统(5.1.1)称为关于 $[c_1,\ c_2,\ T,\ \boldsymbol{R},\ \boldsymbol{\Gamma}(\cdot),\ d]$ 是有限时间稳定的，如果满足

$$\boldsymbol{x}_0^{\mathrm{T}}\boldsymbol{R}\boldsymbol{x}_0\leqslant c_1\Rightarrow\boldsymbol{x}^{\mathrm{T}}(t)\boldsymbol{\Gamma}(t)\boldsymbol{x}(t)\leqslant c_2,\quad\forall t\in[0,\ T]。$$

本节的目的就是设计一个具有如下实现形式的滤波器：

$$\begin{cases}\dot{\hat{\boldsymbol{x}}}(t)=\boldsymbol{A}_m\hat{\boldsymbol{x}}(t)+\boldsymbol{H}_m(\hat{\boldsymbol{y}}(t)-\boldsymbol{y}(t))+\boldsymbol{\alpha}_m, & t\neq\tau_j,\\ \hat{\boldsymbol{x}}(\tau_j^+)=\boldsymbol{G}_m\hat{\boldsymbol{x}}(\tau_j), & j\in\mathbf{Z}^+,\\ \hat{\boldsymbol{y}}(t)=\boldsymbol{C}_m\hat{\boldsymbol{x}}(t), & \boldsymbol{y}(t)\in S_m,\\ \hat{z}(t)=\boldsymbol{L}_m\hat{\boldsymbol{x}}(t), \end{cases}\tag{5.1.2}$$

其中，$\hat{\boldsymbol{x}}(t)$ 和 $\hat{z}(t)$ 分别表示滤波器的状态向量和测量输出。矩阵 $\boldsymbol{H}_m\in\mathbf{R}^{n\times p}$ 是待定矩阵。令 $\bar{\boldsymbol{x}}(t)=\boldsymbol{x}(t)-\hat{\boldsymbol{x}}(t)$ 和 $\bar{z}(t)=z(t)-\hat{z}(t)$，则由式(5.1.1)和式(5.1.2)可得滤波误差系统为

$$\begin{cases}\dot{\bar{\boldsymbol{x}}}(t)=\bar{\boldsymbol{A}}_m\bar{\boldsymbol{x}}(t)+\bar{\boldsymbol{B}}_m\eta(t), & t\neq\tau_j,\\ \bar{\boldsymbol{x}}(\tau_j^+)=\boldsymbol{G}_m\bar{\boldsymbol{x}}(\tau_j), & j\in\mathbf{Z}^+,\\ \bar{z}(t)=\boldsymbol{L}_m\bar{\boldsymbol{x}}(t), & \boldsymbol{y}(t)\in\boldsymbol{S}_m,\end{cases}\tag{5.1.3}$$

其中，$\bar{\boldsymbol{A}}_m=\boldsymbol{A}_m+\boldsymbol{H}_m\boldsymbol{C}_m$，$\bar{\boldsymbol{B}}_m=[\boldsymbol{H}_m\boldsymbol{D}_m,\ \boldsymbol{B}_m]$，$\boldsymbol{\eta}(t)=[\boldsymbol{v}^{\mathrm{T}}(t)\boldsymbol{\omega}^{\mathrm{T}}(t)]$。

连续时间分段脉冲系统的有限时间滤波问题描述如下：

给定一个连续时间分段脉冲系统(5.1.1)和一个指定的噪音衰减水平 $\gamma>0$，确定一个形如式(5.1.2)的脉冲滤波器，使得滤波误差系统(5.1.3)关于$(c_1,\ c_2,\ \boldsymbol{J},\ \boldsymbol{R},\ \boldsymbol{\Gamma}(\cdot),\ d)$是有限时间稳定的；并且在零初始条件下，对于所有非零的 $\boldsymbol{\omega}(t)$ 和 $\boldsymbol{v}(t)$，滤波误差满足

$$\int_0^T\bar{z}^{\mathrm{T}}(t)\bar{z}(t)\mathrm{d}t\leqslant\gamma\int_0^T[\boldsymbol{\omega}^{\mathrm{T}}(t)\boldsymbol{\omega}(t)+\boldsymbol{v}^{\mathrm{T}}(t)\boldsymbol{v}(t)]\mathrm{d}t,\tag{5.1.4}$$

则称脉冲系统(5.1.1)的滤波问题是可解的。

5.2 连续系统的主要结论

首先建立系统(5.1.3)是有限时间稳定的充分条件。

定理 5.2.1 假定(H5.1)～(H5.5)成立，若存在正定函数 $\boldsymbol{V}(t,\ \bar{\boldsymbol{x}}(t))$ 和常数 $h_1\geqslant 1$，$h_2>0$ 满足

$$\bar{\boldsymbol{x}}^{\mathrm{T}}(t)\boldsymbol{\Gamma}(t)\bar{\boldsymbol{x}}(t)\leqslant h_2\boldsymbol{V}(t,\ \bar{\boldsymbol{x}}(t)),\tag{5.2.1a}$$

$$h_2h_1^N[V(0,\ \bar{\boldsymbol{x}}(0))+\gamma d]\leqslant c_2,\tag{5.2.1b}$$

当 $t=\tau_j$ 时，

$$\boldsymbol{V}(\tau_j^+,\ \bar{\boldsymbol{x}}(\tau_j^+))\leqslant h_1\boldsymbol{V}(\tau_j,\ \bar{\boldsymbol{x}}(\tau_j)),\tag{5.2.1c}$$

当 $t\neq\tau_j$ 时，

$$\dot{\boldsymbol{V}}(t,\ \bar{\boldsymbol{x}}(t))\leqslant\gamma\boldsymbol{\eta}^{\mathrm{T}}(t)\boldsymbol{\eta}(t),\tag{5.2.1d}$$

则滤波误差系统(5.1.3)关于$(c_1, c_2, T, \boldsymbol{R}, \boldsymbol{\Gamma}(\cdot), d)$是有限时间稳定的。

证明 当$t \in (\tau_j, \tau_{j+1})$，$j \in \mathbf{Z}^+$时，由式(5.2.1d)可得

$$\boldsymbol{V}(t, \bar{\boldsymbol{x}}(t)) - \boldsymbol{V}(\tau_j^+, \bar{\boldsymbol{x}}(\tau_j^+)) = \int_{\tau_j^+}^{t} \dot{\boldsymbol{V}}(t, \bar{\boldsymbol{x}}(t))\mathrm{d}t \leqslant \gamma \int_{\tau_j^+}^{t} \boldsymbol{\eta}^{\mathrm{T}}(t)\boldsymbol{\eta}(t)\mathrm{d}t。$$

因为$h_1 \geqslant 1$和式(5.2.1c)，所以

$$\begin{aligned}
\boldsymbol{V}(t, \bar{\boldsymbol{x}}(t)) &\leqslant h_1\boldsymbol{V}(\tau_j, \bar{\boldsymbol{x}}(\tau_j)) + \gamma \int_{\tau_j}^{t} \boldsymbol{\eta}^{\mathrm{T}}(t)\boldsymbol{\eta}(t)\mathrm{d}t \\
&\leqslant h_1^2\boldsymbol{V}(\tau_{j-1}, \bar{\boldsymbol{x}}(\tau_{j-1})) + \gamma\left[h_1 \int_{\tau_{j-1}}^{\tau_j} \boldsymbol{\eta}^{\mathrm{T}}(t)\boldsymbol{\eta}(t)\mathrm{d}t + \int_{\tau_j}^{t} \boldsymbol{\eta}^{\mathrm{T}}(t)\boldsymbol{\eta}(t)\mathrm{d}t\right] \\
&\leqslant \cdots \\
&\leqslant h_1^j\boldsymbol{V}(0, \bar{\boldsymbol{x}}(0)) + \gamma\left[h_1^j \int_{0}^{T_1} \boldsymbol{\eta}^{\mathrm{T}}(t)\boldsymbol{\eta}(t)\mathrm{d}t + \cdots\right. \\
&\quad \left. + h_1 \int_{\tau_{j-1}}^{\tau_j} \boldsymbol{\eta}^{\mathrm{T}}(t)\boldsymbol{\eta}(t)\mathrm{d}t + \int_{\tau_j}^{t} \boldsymbol{\eta}^{\mathrm{T}}(t)\boldsymbol{\eta}(t)\mathrm{d}t\right] \\
&\leqslant h_1^j\boldsymbol{V}(0, \bar{\boldsymbol{x}}(0)) + \gamma h_1^j \int_{0}^{t} \boldsymbol{\eta}^{\mathrm{T}}(t)\boldsymbol{\eta}(t)\mathrm{d}t。
\end{aligned} \tag{5.2.2}$$

如果$\boldsymbol{x}_0$满足$\boldsymbol{x}_0^{\mathrm{T}}\boldsymbol{R}\boldsymbol{x}_0 \leqslant c_1$，由$h_1 \geqslant 1$，式(5.2.1a)、式(5.2.1b)和式(5.2.2)可知：

$\forall t \in [0, T]$，有

$$\begin{aligned}
\bar{\boldsymbol{x}}^{\mathrm{T}}(t)\boldsymbol{\Gamma}(t)\bar{\boldsymbol{x}}(t) &\leqslant h_2\boldsymbol{V}(t, \bar{\boldsymbol{x}}(t)) \\
&\leqslant h_2h_1^j\left[\boldsymbol{V}(0, \bar{\boldsymbol{x}}(0)) + \gamma \int_{0}^{t} \boldsymbol{\eta}^{\mathrm{T}}(t)\boldsymbol{\eta}(t)\mathrm{d}t\right] \\
&\leqslant h_2h_1^N\left[\boldsymbol{V}(0, \bar{\boldsymbol{x}}(0)) + \gamma d\right] \\
&\leqslant c_2,
\end{aligned}$$

则滤波误差系统(5.1.3)关于$(c_1, c_2, T, \boldsymbol{R}, \boldsymbol{\Gamma}(\cdot), d)$是有限时间稳定的。

定理5.2.2 假定(H5.1)～(H5.5)成立，给定分段脉冲系统(5.1.1)和滤波系统(5.1.2)，若存在正定矩阵列$\boldsymbol{P}_m(m = 1, \cdots, s)$和常数$h_1 \geqslant 1$，$h_2 > 0$满足

$$\boldsymbol{\Gamma}(t) \leqslant h_2\boldsymbol{P}_m \tag{5.2.3a}$$

$$h_2h_1^N[\lambda c_1 + \gamma d] \leqslant c_2 \tag{5.2.3b}$$

$$\boldsymbol{G}_m^{\mathrm{T}}\boldsymbol{P}_l\boldsymbol{G}_m \leqslant h\boldsymbol{P}_m, \ \forall (m, l) \in \Phi \tag{5.2.3c}$$

$$\bar{\boldsymbol{A}}_m^{\mathrm{T}}\boldsymbol{P}_m + \boldsymbol{P}_m\bar{\boldsymbol{A}}_m + \frac{1}{\gamma}\boldsymbol{P}_m\bar{\boldsymbol{B}}_m\bar{\boldsymbol{B}}_m^{\mathrm{T}}\boldsymbol{P}_m < 0, \tag{5.2.3d}$$

则系统(5.1.3)关于$(c_1, c_2, T, \boldsymbol{R}, \boldsymbol{\Gamma}(\cdot), d)$是有限时间稳定的，其中$\lambda = \lambda_{\max}(\boldsymbol{R}^{-1}\boldsymbol{P}_f)$，$\boldsymbol{P}_f$表示初始值$\boldsymbol{x}_0$所对应的子系统所选取的Lyapunov函数中的矩阵。

证明 选择Lyapunov函数为

$$\boldsymbol{V}(t, \bar{\boldsymbol{x}}(t)) = \bar{\boldsymbol{x}}^{\mathrm{T}}(t)\boldsymbol{P}_m\bar{\boldsymbol{x}}(t)。$$

由式(5.2.3a)可知，$\boldsymbol{V}(t, \bar{\boldsymbol{x}}(t))$显然满足式(5.2.1a)。

再由式(5.2.3a)，$\lambda = \lambda_{\max}(\boldsymbol{R}^{-1}\boldsymbol{P}_f)$和$\bar{\boldsymbol{x}}_0$满足$\boldsymbol{x}_0^{\mathrm{T}}\boldsymbol{R}\boldsymbol{x}_0 \leqslant c_1$可知：

$$
\begin{aligned}
h_2h_1^N[V(0,\ \bar{\boldsymbol{x}}(0)+\gamma d] &= h_2h_1^N[\bar{\boldsymbol{x}}^{\mathrm{T}}(0)\boldsymbol{P}_f\bar{\boldsymbol{x}}(0)+\gamma d] \\
&= h_2h_1^N[\bar{\boldsymbol{x}}^{\mathrm{T}}(0)R(\boldsymbol{R}^{-1}\boldsymbol{P}_f)\bar{\boldsymbol{x}}(0))+\gamma d] \\
&\leqslant h_2h_1^N[\lambda\bar{\boldsymbol{x}}^{\mathrm{T}}(0)\boldsymbol{R}\bar{\boldsymbol{x}}(0)+\gamma d] \\
&\leqslant h_2h_1^N[\boldsymbol{V}(0,\ \bar{\boldsymbol{x}}(0))+\gamma d] \\
&\leqslant c_2,
\end{aligned}
$$

即式(5.2.1b)成立。

当 $t=\tau_j$ 时，由式(5.2.3c)可知

$$
\begin{aligned}
\boldsymbol{V}(\tau_j^+,\ \bar{\boldsymbol{x}}(\tau_j^+)) = \bar{\boldsymbol{x}}^{\mathrm{T}}(\tau_j^+)\boldsymbol{P}_l\bar{\boldsymbol{x}}(\tau_j^+) &= \bar{\boldsymbol{x}}^{\mathrm{T}}(\tau_j)\boldsymbol{G}_m^{\mathrm{T}}\boldsymbol{P}_l\boldsymbol{G}_m\bar{\boldsymbol{x}}(\tau_j) \\
&\leqslant h_1\bar{\boldsymbol{x}}^{\mathrm{T}}(\tau_j)\boldsymbol{P}_m\bar{\boldsymbol{x}}(\tau_j) = h_1\boldsymbol{V}(\tau_j,\ \bar{\boldsymbol{x}}(\tau_j)),
\end{aligned}
$$

即式(5.2.1c)成立。

当 $t\neq\tau_j$ 时，由式(5.2.3d)可得

$$
\begin{aligned}
\dot{\boldsymbol{V}}(t,\ \bar{\boldsymbol{x}}(t)) &= \dot{\bar{\boldsymbol{x}}}^{\mathrm{T}}(t)\boldsymbol{P}_m\bar{\boldsymbol{x}}(t)+\bar{\boldsymbol{x}}^{\mathrm{T}}(t)\boldsymbol{P}_m\dot{\bar{\boldsymbol{x}}}(t) \\
&= \bar{\boldsymbol{x}}^{\mathrm{T}}(t)[\bar{\boldsymbol{A}}_m^{\mathrm{T}}\boldsymbol{P}_m+\boldsymbol{P}_m\bar{\boldsymbol{A}}_m]\bar{\boldsymbol{x}}(t)+2\bar{\boldsymbol{x}}^{\mathrm{T}}(t)\boldsymbol{P}_m\bar{\boldsymbol{B}}_m\boldsymbol{\eta}(t) \\
&\leqslant -\bar{\boldsymbol{x}}^{\mathrm{T}}(t)\frac{1}{\gamma}\boldsymbol{P}_m\bar{\boldsymbol{B}}_m\bar{\boldsymbol{B}}_m^{\mathrm{T}}\boldsymbol{P}_m\bar{\boldsymbol{x}}(t)+2\bar{\boldsymbol{x}}^{\mathrm{T}}(t)\boldsymbol{P}_m\bar{\boldsymbol{B}}_m\boldsymbol{\eta}(t) \\
&= \gamma\boldsymbol{\eta}^{\mathrm{T}}(t)\boldsymbol{\eta}(t)-\frac{1}{\gamma}\boldsymbol{\varphi}^{\mathrm{T}}(t)\boldsymbol{\varphi}(t),
\end{aligned}
$$

其中，$\boldsymbol{\varphi}(t)=\boldsymbol{\eta}(t)-\dfrac{1}{\gamma}\bar{\boldsymbol{B}}_m^{\mathrm{T}}\boldsymbol{P}_m\bar{\boldsymbol{x}}(t)$，则式(5.2.1d)成立。从而，根据定理5.2.1，滤波误差系统(5.1.3)关于$(c_1,\ c_2,\ J,\ \boldsymbol{R},\ \boldsymbol{\Gamma}(\cdot),\ d)$是有限时间稳定的。

注 5.2.1 定理5.2.1和5.2.2中引入了变量 $h_1\geqslant1$ 和 $h_2>0$，从式(5.2.3b)和式(5.2.3c)中可以看出引入变量 h_1 和 h_2 的重要性。如果它们全取1，则结论只是已有的有限时间稳定结果的推广，并且 $\boldsymbol{G}_m^{\mathrm{T}}\boldsymbol{P}_l\boldsymbol{G}_m\leqslant\boldsymbol{P}_m$ 中暗含了要求脉冲时刻 τ_j 对应的系数矩阵 $\boldsymbol{G}_m$ 要满足 $\lambda_{\max}(\boldsymbol{G}_m)\leqslant1$，这个条件在很多实际系统中是不满足的。引入变量 h_1 可以把条件 $\lambda_{\max}(\boldsymbol{G}_m)\leqslant1$ 放松为 $\lambda_{\max}(\boldsymbol{G}_m)\leqslant\sqrt{h_1}$，降低了结论的保守性。另外，从式(5.2.3b)可以看出，由于变量 h_1 的引入，使得 $h_1^N[\lambda c_1+\gamma d]$ 变大，为了使得它能小于给定的常数 c_2，我们引入了另一个变量 h_2，通过它可以使得 $h_2h_1^N[\lambda c_1+\gamma d]\leqslant c_2$ 成立，当然这里主要是利用 $0<h_2<1$。

定理 5.2.3 假定(H5.1)~(H5.5)成立，若存在正定矩阵列 $\boldsymbol{P}_m$ 和常数 $\lambda>0$，$h_2>0$ 满足

$$\boldsymbol{\Gamma}(t)\leqslant h_2\boldsymbol{P}_m, \tag{5.2.4a}$$

$$h_2[\lambda c_1+\gamma d]\leqslant c_2, \tag{5.2.4b}$$

$$\boldsymbol{G}_m^{\mathrm{T}}\boldsymbol{P}_l\boldsymbol{G}_m\leqslant\boldsymbol{P}_m,\ \forall(m,\ l)\in\boldsymbol{\Phi}, \tag{5.2.4c}$$

$$\bar{\boldsymbol{A}}_m^{\mathrm{T}}\boldsymbol{P}_m+\boldsymbol{P}_m\bar{\boldsymbol{A}}_m+\boldsymbol{L}_m^{\mathrm{T}}\boldsymbol{L}_m+\frac{1}{\gamma}\boldsymbol{P}_m\bar{\boldsymbol{B}}_m\bar{\boldsymbol{B}}_m^{\mathrm{T}}\boldsymbol{P}_m<0, \tag{5.2.4d}$$

则滤波误差系统(5.1.3) 关于$(c_1,\ c_2,\ T,\ \boldsymbol{R},\ \boldsymbol{\Gamma}(\cdot),\ d)$ 是有限时间稳定的且满足式(5.1.4)，其中，$\lambda=\lambda_{\max}(\mathbf{R}^{-1}\boldsymbol{P}_f)$，$\boldsymbol{P}_f$表示初始值$x_0$所对应的子系统所选取的Lyapunov 函数中的矩阵。

证明　取$h_1=1$，显然式(5.2.4a) ~ 式(5.2.4d) 能保证式(5.2.3a) ~ 式(5.2.3d) 成立，则由定理 5.2.2 可知，滤波误差系统(5.1.3) 关于$(c_1,\ c_2,\ J,\ \boldsymbol{R},\ \boldsymbol{\Gamma}(\cdot),\ d)$ 是有限时间稳定的。

接下来证明在零初始条件下滤波误差系统(5.1.3) 满足要求(5.1.4)。

选择 Lyapunov 函数为 $\boldsymbol{V}(t,\ \bar{\boldsymbol{x}}(t))=\bar{\boldsymbol{x}}^{\mathrm{T}}(t)\boldsymbol{P}_m\bar{\boldsymbol{x}}(t)$。

当$t\in(\tau_j,\ \tau_{j+1})$，$j\in\mathbf{Z}^+$ 时，由式(5.2.4d) 可得

$$\begin{aligned}\dot{\boldsymbol{V}}(t,\ \bar{\boldsymbol{x}}(t))&=\dot{\bar{\boldsymbol{x}}}^{\mathrm{T}}(t)\boldsymbol{P}_m\bar{\boldsymbol{x}}(t)+\bar{\boldsymbol{x}}^{\mathrm{T}}(t)\boldsymbol{P}_m\dot{\bar{\boldsymbol{x}}}(t)\\&=\bar{\boldsymbol{x}}^{\mathrm{T}}(t)[\bar{\boldsymbol{A}}_m^{\mathrm{T}}\boldsymbol{P}_m+\boldsymbol{P}_m\bar{\boldsymbol{A}}_m]\bar{\boldsymbol{x}}(t)+2\bar{\boldsymbol{x}}^{\mathrm{T}}(t)\boldsymbol{P}_m\bar{\boldsymbol{B}}_m\boldsymbol{\eta}(t)\\&\leqslant-\bar{\boldsymbol{x}}^{\mathrm{T}}(t)[\frac{1}{\gamma}\boldsymbol{P}_m\bar{\boldsymbol{B}}_m\bar{\boldsymbol{B}}_m^{\mathrm{T}}\boldsymbol{P}_m+\boldsymbol{L}_m^{\mathrm{T}}\boldsymbol{L}_m]\bar{\boldsymbol{x}}(t)+2\bar{\boldsymbol{x}}^{\mathrm{T}}(t)\boldsymbol{P}_m\bar{\boldsymbol{B}}_m\boldsymbol{\eta}(t)\\&=\gamma\boldsymbol{\eta}^{\mathrm{T}}(t)\boldsymbol{\eta}(t)-\bar{\boldsymbol{z}}^{\mathrm{T}}(t)\bar{\boldsymbol{z}}(t)\ \frac{1}{\gamma}\boldsymbol{\varphi}^{\mathrm{T}}(t)\boldsymbol{\varphi}(t),\end{aligned}$$

其中，$\boldsymbol{\varphi}(t)=\boldsymbol{\eta}(t)\ \frac{1}{\gamma}\bar{\boldsymbol{B}}_m^{\mathrm{T}}\boldsymbol{P}_m\bar{\boldsymbol{x}}(t)$。两边在区间$[\tau_j^+,\ t]$ 上积分后，

$$\begin{aligned}\boldsymbol{V}(t,\ \bar{\boldsymbol{x}}(t))-\boldsymbol{V}(\tau_j^+,\ \bar{\boldsymbol{x}}(\tau_j^+))&=\int_{\tau_j^+}^{t}\dot{\boldsymbol{V}}(t,\ \bar{\boldsymbol{x}}(t))\mathrm{d}t\\&\leqslant\int_{\tau_j^+}^{t}[\gamma\boldsymbol{\eta}^{\mathrm{T}}(t)\boldsymbol{\eta}(t)-\bar{\boldsymbol{z}}^{\mathrm{T}}(t)\bar{\boldsymbol{z}}(t)]\mathrm{d}t。\end{aligned}\tag{5.2.5}$$

当$t=\tau_j$，$j\in\mathbf{Z}^+$ 时，由式(5.2.4c) 可得

$$\boldsymbol{V}(\tau_j^+,\ \bar{\boldsymbol{x}}(\tau_j^+))=\bar{\boldsymbol{x}}^{\mathrm{T}}(\tau_j)\boldsymbol{G}_m^{\mathrm{T}}\boldsymbol{P}_l\boldsymbol{G}_m\bar{\boldsymbol{x}}(\tau_j)\leqslant\bar{\boldsymbol{x}}^{\mathrm{T}}(\tau_j)\boldsymbol{P}_m\bar{\boldsymbol{x}}(\tau_j)=\boldsymbol{V}(\tau_j,\ \bar{\boldsymbol{x}}(\tau_j))。\tag{5.2.6}$$

因此

$$\int_{\tau_j}^{t}[\bar{\boldsymbol{z}}^{\mathrm{T}}(t)\bar{\boldsymbol{z}}(t)-\gamma\boldsymbol{\eta}^{\mathrm{T}}(t)\boldsymbol{\eta}(t)]\mathrm{d}t\leqslant\boldsymbol{V}(\tau_j,\ \bar{\boldsymbol{x}}(\tau_j))-\boldsymbol{V}(t,\ \bar{\boldsymbol{x}}(t))。$$

依次类推，

$$\int_{\tau_{j-1}}^{\tau_j}[\bar{\boldsymbol{z}}^{\mathrm{T}}(t)\bar{\boldsymbol{z}}(t)-\gamma\boldsymbol{\eta}^{\mathrm{T}}(t)\boldsymbol{\eta}(t)]\mathrm{d}t\leqslant\boldsymbol{V}(\tau_{j-1},\ \bar{\boldsymbol{x}}(\tau_{j-1}))-\boldsymbol{V}(\tau_j,\ \bar{\boldsymbol{x}}(\tau_j)),$$

$$\int_{0}^{T_1}[\bar{\boldsymbol{z}}^{\mathrm{T}}(t)\bar{\boldsymbol{z}}(t)-\gamma\boldsymbol{\eta}^{\mathrm{T}}(t)\boldsymbol{\eta}(t)]\mathrm{d}t\leqslant\boldsymbol{V}(0,\ \bar{\boldsymbol{x}}(0))-\boldsymbol{V}(\tau_1,\ \bar{\boldsymbol{x}}(\tau_1))。$$

所以，

$$\int_{0}^{t}[\bar{\boldsymbol{z}}^{\mathrm{T}}(t)\bar{\boldsymbol{z}}(t)-\gamma\boldsymbol{\eta}^{\mathrm{T}}(t)\boldsymbol{\eta}(t)]\mathrm{d}t\leqslant\boldsymbol{V}(0,\ \bar{\boldsymbol{x}}(0))-\boldsymbol{V}(t,\ \bar{\boldsymbol{x}}(t))。$$

利用零初始条件和 $\boldsymbol{V}(t,\ \bar{\boldsymbol{x}}(t))$ 的正定性，则有

$$\int_0^T[\bar{\boldsymbol{z}}^{\mathrm{T}}(t)\bar{\boldsymbol{z}}(t)-\gamma\boldsymbol{\eta}^{\mathrm{T}}(t)\boldsymbol{\eta}(t)]\mathrm{d}t\leqslant \boldsymbol{V}(0,\ \bar{\boldsymbol{x}}(0))-\boldsymbol{V}(T,\ \bar{\boldsymbol{x}}(T))\leqslant 0,$$

则(5.1.4)成立。证毕。

定理 5.2.4 假定(H5.1)～(H5.5)成立，给定常数 $\gamma>0$，则滤波问题可解的充分条件是存在矩阵列 $\boldsymbol{Q}_m$，正定矩阵列 $\boldsymbol{P}_m$ 和常数 $\lambda>0$，$h_2>0$ 满足

$$\frac{1}{h_2}\boldsymbol{\Gamma}(t)\leqslant \boldsymbol{P}_m\leqslant \lambda\boldsymbol{R}, \tag{5.2.7a}$$

$$\begin{bmatrix}\gamma d-\dfrac{c_2}{h_2} & \sqrt{c_1}\\ \sqrt{c_1} & -\lambda^{-1}\end{bmatrix}<0, \tag{5.2.7b}$$

$$\begin{bmatrix}-\boldsymbol{P}_l & \boldsymbol{P}_l\boldsymbol{G}_m\\ * & -\boldsymbol{P}_m\end{bmatrix}<0,\ \forall(m,\ l)\in\boldsymbol{\Phi}, \tag{5.2.7c}$$

$$\begin{bmatrix}\boldsymbol{\Delta} & \boldsymbol{Q}_m\boldsymbol{D}_m & \boldsymbol{B}_m\\ * & -\gamma\boldsymbol{I} & \boldsymbol{0}\\ * & * & -\gamma\boldsymbol{I}\end{bmatrix}<0, \tag{5.2.7d}$$

其中，$\boldsymbol{\Delta}=\boldsymbol{P}_m\boldsymbol{A}_m+\boldsymbol{Q}_m\boldsymbol{C}_m+\boldsymbol{A}_m^{\mathrm{T}}\boldsymbol{P}_m+\boldsymbol{C}_m^{\mathrm{T}}\boldsymbol{Q}_m^{\mathrm{T}}+\boldsymbol{L}_m^{\mathrm{T}}\boldsymbol{L}_m$。当上面的条件满足时，所求的有限时间滤波器的参数为 $\boldsymbol{H}_m=\boldsymbol{P}_m^{-1}\boldsymbol{Q}_m$，$m\in M$。

证明 把 $\boldsymbol{H}_m=\boldsymbol{P}_m^{-1}\boldsymbol{Q}_m$ 代入式(5.2.4d)，利用 $\bar{\boldsymbol{A}}_m=\boldsymbol{A}_m+\boldsymbol{H}_m\boldsymbol{C}_m$，$\bar{\boldsymbol{B}}_m=[\boldsymbol{H}_m\boldsymbol{D}_m\boldsymbol{B}_m]$ 和 Schur 补，由式(5.2.7d)可推出式(5.2.4d)。同理，由式(5.2.7a)，式(5.2.7c)分别可推出式(5.2.4a)和式(5.2.4c)成立。另外，由 $\boldsymbol{P}_m\leqslant\lambda\boldsymbol{R}$ 可得 $\lambda\geqslant\lambda_{\max}(\boldsymbol{R}^{-1}\boldsymbol{P}_f)$，利用 Schur 补，由不等式(5.2.7b)可得 $\lambda c_1+\gamma d-\dfrac{c_2}{h_2}<0$，则式(5.2.4b)当 $\lambda=\lambda_{\max}(\boldsymbol{R}^{-1}\boldsymbol{P}_f)$ 时也成立。证毕。

5.3 离散系统的问题描述

考虑如下形式的离散时间分段脉冲系统：

$$\begin{cases}\boldsymbol{x}(k+1)=\boldsymbol{A}_m\boldsymbol{x}(k)+\boldsymbol{B}_m\boldsymbol{\omega}(k)+\boldsymbol{\alpha}_m, & k\in\mathbf{Z}^+,\ k\neq\tau_j,\\ \boldsymbol{x}(\tau_j+1)=\boldsymbol{G}_m\boldsymbol{x}(\tau_j), & \tau_j\in\mathbf{Z}^+,\ j\in\mathbf{Z}^+,\\ \boldsymbol{y}(k)=\boldsymbol{C}_m\boldsymbol{x}(k)+\boldsymbol{D}_m\boldsymbol{v}(k), & \boldsymbol{y}(k)\in S_m,\\ \boldsymbol{z}(k)=\boldsymbol{L}_m\boldsymbol{x}(k), & m\in M,\end{cases} \tag{5.3.1}$$

其中，$S_m\subseteq\mathbf{R}^p$ 表示由输出区域划分成的闭多胞体区域，$\forall m\in M$，$M=\{1,\ 2,\ \cdots,\ s\}$ 表示区域的指标集；$\boldsymbol{x}(k)\in\mathbf{R}^n$ 是系统的状态变量；$\boldsymbol{y}(k)\in\mathbf{R}^p$ 是可测输出变量；$\boldsymbol{z}(k)\in\mathbf{R}^q$

是待估测的信号；时间列$\{\tau_j\}$是脉冲时刻，即系统的状态在这些时刻经历了一个突然的跳跃；$(\boldsymbol{A}_m, \boldsymbol{B}_m, \boldsymbol{G}_m, \boldsymbol{C}_m, \boldsymbol{D}_m, \boldsymbol{\alpha}_m, \boldsymbol{L}_m)$ 是系统的第m个局部模型，$\boldsymbol{\alpha}_m$ 是仿射项；$\boldsymbol{\omega}(k) \in \mathbf{R}^{r_1}$ 和 $\boldsymbol{v}(k) \in \mathbf{R}^{r_2}$ 分别是过程噪音和测量噪音，且都属于$L_2[0, \infty)$。

为了研究分段脉冲系统(5.3.1)，假定下列条件成立：

(H5.6) 当系统的输出在时刻k由区域S_m转移到S_l时，系统受控于区域S_m在时刻k所对应的局部系统；为了方便应用，定义集合$\Phi: =\{(m, l) \mid y(k) \in S_m, y(k+1) \in S_l\}$。当$m=l$时，它表示输出仍在同一区域内；当$m \neq l$时，它表示输出从一个区域转移到另一个区域。

(H5.7) 对于给定的正数d，噪音信号$\boldsymbol{\omega}(k)$ 和 $\boldsymbol{v}(k)$ 满足

$$\sum_{k=0}^{T} [\boldsymbol{\omega}^{\mathrm{T}}(k)\boldsymbol{\omega}(k) + \boldsymbol{v}^{\mathrm{T}}(k)\boldsymbol{v}(k)] \leqslant d。$$

(H5.8) 存在$N \in \mathbf{Z}^+$，满足$0 < \tau_1 < \cdots < \tau_m \leqslant T < \tau_{m+1} < \cdots$。

定义 5.3.1　给定两个正数c_1，c_2且$c_1 \leqslant c_2$，正定矩阵R和一个定义在$[0, T]$上的正定的矩阵值函数$\boldsymbol{\Gamma}(\cdot)$且$\boldsymbol{\Gamma}(0) < \boldsymbol{R}$，系统(5.3.1)称为关于$(c_1, c_2, T, \boldsymbol{R}, \boldsymbol{\Gamma}(\cdot), d)$是有限时间稳定的，如果满足$\boldsymbol{x}_0^{\mathrm{T}}\boldsymbol{R}\boldsymbol{x}_0 \leqslant c_1 \Rightarrow \boldsymbol{x}^{\mathrm{T}}(k)\boldsymbol{\Gamma}(k)\boldsymbol{x}(k) \leqslant c_2$，$\forall k \in [0, T]$。

本章的目的就是设计一个具有如下实现形式的滤波器：

$$\begin{cases}\hat{\boldsymbol{x}}(k+1) = \boldsymbol{A}_m\hat{\boldsymbol{x}}(k) + \boldsymbol{H}_m(\hat{\boldsymbol{y}}(k) - \boldsymbol{y}(k)) + \boldsymbol{\alpha}_m, & k \in \mathbf{Z}^+, k \neq \tau_j, \\ \hat{\boldsymbol{x}}(\tau_j + 1) = \boldsymbol{G}_m\hat{\boldsymbol{x}}(\tau_j), & \tau_j \in \mathbf{Z}^+, j \in \mathbf{Z}^+, \\ \hat{\boldsymbol{y}}(k) = \boldsymbol{C}_m\hat{\boldsymbol{x}}(k), & \boldsymbol{y}(k) \in S_m, \\ \hat{z}(k) = \boldsymbol{L}_m\hat{\boldsymbol{x}}(k), \end{cases} \tag{5.3.2}$$

其中，$\hat{\boldsymbol{x}}(k)$ 和 $\hat{z}(k)$ 分别表示滤波器的状态向量和测量输出。矩阵 $\boldsymbol{H}_m \in \mathbf{R}^{n\times p}$ 是待定矩阵。

令 $\bar{\boldsymbol{x}}(k)=\boldsymbol{x}(k)-\hat{\boldsymbol{x}}(k)$ 和 $\bar{z}(k)=z(k)-\hat{z}(k)$，则由式(5.3.1)和式(5.3.2)可得滤波误差系统为

$$\begin{cases}\bar{\boldsymbol{x}}(k+1) = \bar{\boldsymbol{A}}_m\bar{\boldsymbol{x}}(k) + \bar{\boldsymbol{B}}_m\eta(k), & k \in \mathbf{Z}^+, k \neq \tau_j, \\ \bar{\boldsymbol{x}}(\tau_j + 1) = \boldsymbol{G}_m\bar{\boldsymbol{x}}(\tau_j), & \tau_j \in \mathbf{Z}^+, j \in \mathbf{Z}^+, \\ \bar{z}(k) = \boldsymbol{L}_m\bar{\boldsymbol{x}}(k), & \boldsymbol{y}(k) \in S_m, \end{cases} \tag{5.3.3}$$

其中，$\bar{\boldsymbol{A}}_m = \boldsymbol{A}_m + \boldsymbol{H}_m\boldsymbol{C}_m$，$\bar{\boldsymbol{B}}_m = [\boldsymbol{H}_m\boldsymbol{D}_m\boldsymbol{B}_m]$，$\boldsymbol{\eta}(k) = [\boldsymbol{v}^{\mathrm{T}}(k) \quad \boldsymbol{\omega}^{\mathrm{T}}(k)]^{\mathrm{T}}$。

离散时间分段脉冲系统的有限时间滤波问题描述如下：

定义 5.3.2　给定离散时间分段脉冲系统(5.3.1)和指定的噪音衰减水平$\gamma > 0$，确定一个形如(5.3.2)的脉冲滤波器，使得滤波误差系统(5.3.3)关于$(c_1, c_2, T, \boldsymbol{R}, \boldsymbol{\Gamma}(\cdot), d)$是有限时间稳定的；并且在零初始条件下，对于所有满足(H5.7)的非零的

$\boldsymbol{\omega}(k)$ 和 $\boldsymbol{v}(k)$，滤波误差满足

$$\sum_{k=0}^{T}\bar{z}^{\mathrm{T}}(k)\bar{z}(k)\leqslant\gamma\sum_{k=0}^{T}\boldsymbol{\eta}^{\mathrm{T}}(k)\boldsymbol{\eta}(k),$$

则称脉冲系统(5.3.1)的滤波问题是可解的。

5.4 离散系统的主要结论

我们首先给出系统(5.3.3)的有限时间稳定的充分条件。

定理 5.4.1 假定(H5.6)～(H5.8)满足，若存在正定函数 $\boldsymbol{V}(k,\ \bar{\boldsymbol{x}}(k))$ 和常数 $h_1\geqslant1$，$h_2>0$ 满足

$$\bar{\boldsymbol{x}}^{\mathrm{T}}(k)\boldsymbol{\Gamma}(k)\bar{\boldsymbol{x}}(k)\leqslant h_2\boldsymbol{V}(k,\ \bar{\boldsymbol{x}}(k)),\tag{5.4.1a}$$

$$h_2h_1^N[\boldsymbol{V}(0,\ \bar{\boldsymbol{x}}(0))+\gamma d]\leqslant c_2,\tag{5.4.1b}$$

当 $k=\tau_j$ 时，

$$\boldsymbol{V}(\tau_j+1,\ \bar{\boldsymbol{x}}(\tau_j+1))\leqslant h_1\boldsymbol{V}(\tau_j,\ \bar{\boldsymbol{x}}(\tau_j)),\tag{5.4.1c}$$

当 $k\neq\tau_j$ 时，

$$\boldsymbol{V}(k+1,\ \bar{\boldsymbol{x}}(k+1))-\boldsymbol{V}(k,\ \bar{\boldsymbol{x}}(k))\leqslant\gamma\boldsymbol{\eta}^{\mathrm{T}}(k)\boldsymbol{\eta}(k),\tag{5.4.1d}$$

则滤波误差系统(5.3.3)关于$(c_1,\ c_2,\ T,\ \boldsymbol{R},\ \boldsymbol{\Gamma}(\cdot),\ d)$是有限时间稳定的。

证明 由不等式(5.4.1c)～(5.4.1d)和 $h_1\geqslant1$ 可得：

$\forall k\in(\tau_j,\ \tau_{j+1}]$，有

$$\begin{aligned}\boldsymbol{V}(k,\ \bar{\boldsymbol{x}}(k))&\leqslant\boldsymbol{V}(k-1,\ \bar{\boldsymbol{x}}(k-1))+\gamma\boldsymbol{\eta}^{\mathrm{T}}(k-1)\boldsymbol{\eta}(k-1)\\&\leqslant\boldsymbol{V}(\tau_j+1,\ \bar{\boldsymbol{x}}(\tau_j+1))+\gamma\sum_{i=\tau_j+1}^{k-1}\boldsymbol{\eta}^{\mathrm{T}}(i)\boldsymbol{\eta}(i)\\&\leqslant h_1\boldsymbol{V}(\tau_j,\ \bar{\boldsymbol{x}}(\tau_j))+\gamma\sum_{i=\tau_j+1}^{k-1}\boldsymbol{\eta}^{\mathrm{T}}(i)\boldsymbol{\eta}(i)\\&\leqslant\cdots\\&\leqslant h_1^j\boldsymbol{V}(0,\ \boldsymbol{x}(0))+\gamma\Big[h_1^j\sum_{i=0}^{T_1-1}\boldsymbol{\eta}^{\mathrm{T}}(i)\boldsymbol{\eta}(i)+\cdots\\&\quad+h_1\sum_{i=T_{j-1}+1}^{T_j-1}\boldsymbol{\eta}^{\mathrm{T}}(i)\boldsymbol{\eta}(i)+\sum_{i=T_j+1}^{k-1}\boldsymbol{\eta}^{\mathrm{T}}(i)\boldsymbol{\eta}(i)\Big]\\&\leqslant h_1^j\Big[\boldsymbol{V}(0,\ \bar{\boldsymbol{x}}(0))+\gamma\sum_{i=0}^{k-1}\boldsymbol{\eta}^{\mathrm{T}}(i)\boldsymbol{\eta}(i)\Big]。\end{aligned}\tag{5.4.2}$$

如果 $\bar{\boldsymbol{x}}_0$ 满足 $\bar{\boldsymbol{x}}_0^{\mathrm{T}}\boldsymbol{R}\bar{\boldsymbol{x}}_0\leqslant c_1$，由 $h_1\geqslant1$ 以及式(5.4.1a)、式(5.4.1b)和式(5.4.2)可以得到：

$\forall k\in[0,\ T]$，有

$$\bar{\boldsymbol{x}}^{\mathrm{T}}(k)\boldsymbol{\Gamma}(k)\bar{\boldsymbol{x}}(k)\leqslant h_2\boldsymbol{V}(k,\ \bar{\boldsymbol{x}}(k))$$

$$\leqslant h_2 h_1^j [\boldsymbol{V}(0,\ \bar{\boldsymbol{x}}(0)) + \gamma \sum_{i=0}^{k-1} \boldsymbol{\eta}^{\mathrm{T}}(i)\boldsymbol{\eta}(i)]$$

$$\leqslant h_2 h_1^N [\boldsymbol{V}(0,\ \bar{\boldsymbol{x}}(0)) + \gamma d]$$

$$\leqslant c_2。$$

由定义 5.3.1 可知，滤波误差系统(5.3.3) 关于(c_1，c_2，T，$\boldsymbol{R}$，$\boldsymbol{\Gamma}(\cdot)$，$d$) 是有限时间稳定的。

定理 5.4.2　假定(H5.6) ~ (H5.8) 成立，给定分段脉冲系统(5.3.1) 和滤波系统(5.3.2)，若存在正定矩阵列 $\boldsymbol{P}_m(m=1,\ \cdots,\ s)$ 和常数 $h_1 \geqslant 1$，$h_2 > 0$ 满足 $\forall m,\ l \in \boldsymbol{\Phi}$，有

$$\begin{bmatrix} \bar{\boldsymbol{A}}_m^{\mathrm{T}}\boldsymbol{P}_l\bar{\boldsymbol{A}}_m & \bar{\boldsymbol{A}}_m^{\mathrm{T}}\boldsymbol{P}_l\boldsymbol{H}_m\boldsymbol{D}_m & \bar{\boldsymbol{A}}_m^{\mathrm{T}}\boldsymbol{P}_l\boldsymbol{B}_m \\ * & \boldsymbol{D}_m^{\mathrm{T}}\boldsymbol{H}_m^{\mathrm{T}}\boldsymbol{P}_l\boldsymbol{H}_m\boldsymbol{D}_m - \gamma\boldsymbol{I} & \boldsymbol{D}_m^{\mathrm{T}}\boldsymbol{H}_m^{\mathrm{T}}\boldsymbol{P}_l\boldsymbol{B}_m \\ * & * & \boldsymbol{B}_m^{\mathrm{T}}\boldsymbol{P}_l\boldsymbol{B}_m - \gamma\boldsymbol{I} \end{bmatrix} < 0, \tag{5.4.3a}$$

$$\boldsymbol{G}_m^{\mathrm{T}}\boldsymbol{P}_l\boldsymbol{G}_m \leqslant h_1\boldsymbol{P}_m h_2\boldsymbol{P}_m\ h_2\boldsymbol{P}_m, \tag{5.4.3b}$$

$$\boldsymbol{\Gamma}(k) \leqslant h_2\boldsymbol{P}_m, \tag{5.4.3c}$$

$$h_2 h_1^N [\lambda c_1 + \gamma d] \leqslant c_2 \tag{5.4.3d}$$

成立，则滤波误差系统(5.3.3) 关于(c_1，c_2，T，$\boldsymbol{R}$，$\boldsymbol{\Gamma}(\cdot)$，$d$) 是有限时间稳定的，其中，$\lambda = \lambda_{\max}(\boldsymbol{R}^{-1}\boldsymbol{P}_f)$，$\boldsymbol{P}_f$ 表示初始值 x_0 所对应的子系统所选取的 Lyapunov 函数中的矩阵。

证明　选取 Lyapunov 函数为 $\boldsymbol{V}(k) = \bar{\boldsymbol{x}}^{\mathrm{T}}(k)\boldsymbol{P}_m\bar{\boldsymbol{x}}(k)$。显然，式(5.4.3c) 可以保证式(5.4.1a) 成立。由式(5.4.3d)，$\lambda = \lambda_{\max}(\boldsymbol{R}^{-1}\boldsymbol{P}_f)$ 和 $\bar{\boldsymbol{x}}_0$ 满足 $\bar{\boldsymbol{x}}_0^{\mathrm{T}}\boldsymbol{R}\bar{\boldsymbol{x}}_0 \leqslant c_1$ 可推出

$$\begin{aligned} h_2 h_1^N [\boldsymbol{V}(0,\ \bar{\boldsymbol{x}}(0)) + \gamma d] &= h_2 h_1^N [\bar{\boldsymbol{x}}^{\mathrm{T}}(0)\boldsymbol{P}_f\bar{\boldsymbol{x}}(0) + \gamma d] \\ &= h_2 h_1^N [\bar{\boldsymbol{x}}^{\mathrm{T}}(0)\boldsymbol{R}(\boldsymbol{R}^{-1}\boldsymbol{P}_f)\bar{\boldsymbol{x}}(0) + \gamma d] \\ &\leqslant h_2 h_1^N [\lambda\bar{\boldsymbol{x}}^{\mathrm{T}}(0)\boldsymbol{R}\bar{\boldsymbol{x}}(0) + \gamma d] \\ &\leqslant h_2 h_1^N [\lambda c_1 + \gamma d] \\ &\leqslant c_2, \end{aligned}$$

即式(5.4.1b) 成立。

当 $k = \tau_j$，$j \in \mathbf{Z}^+$ 时，由式(5.4.3b) 可推出

$$\boldsymbol{V}(\tau_j + 1) = \bar{\boldsymbol{x}}^{\mathrm{T}}(\tau_j)\boldsymbol{G}_m^{\mathrm{T}}\boldsymbol{P}_l\boldsymbol{G}_m\bar{\boldsymbol{x}}(\tau_j) \leqslant h_1\boldsymbol{V}(\tau_j),$$

即式(5.4.1c) 成立。

当 $k \neq \tau_j$，$j \in \mathbf{Z}^+$ 时，由式(5.4.3a) 可得

$$\boldsymbol{V}(k+1) = \bar{\boldsymbol{x}}^{\mathrm{T}}(k+1)\boldsymbol{P}_l\bar{\boldsymbol{x}}(k+1)$$

$$= [\bar{\boldsymbol{A}}_m\bar{\boldsymbol{x}}(k) + \boldsymbol{H}_m\boldsymbol{D}_m\boldsymbol{v}(k) + \boldsymbol{B}_m\boldsymbol{\omega}(k)]^{\mathrm{T}}\boldsymbol{P}_l[\bar{\boldsymbol{A}}_m\bar{\boldsymbol{x}}(k) +$$

$$
\begin{aligned}
& \boldsymbol{H}_m\boldsymbol{D}_m\boldsymbol{v}(k)+\boldsymbol{B}_m\boldsymbol{\omega}(k)] \\
&= \bar{\boldsymbol{x}}^{\mathrm{T}}\bar{\boldsymbol{A}}_m^{\mathrm{T}}\boldsymbol{P}_l\bar{\boldsymbol{A}}_m\bar{\boldsymbol{x}}(k)+\boldsymbol{\omega}^{\mathrm{T}}(k)\boldsymbol{B}_m^{\mathrm{T}}\boldsymbol{P}_l\boldsymbol{B}_m\boldsymbol{\omega}(k)+2\bar{\boldsymbol{x}}^{\mathrm{T}}(k)\bar{\boldsymbol{A}}_m^{\mathrm{T}}\boldsymbol{P}_l[\boldsymbol{H}_m\boldsymbol{D}_m\boldsymbol{v}(k) \\
&\quad +\boldsymbol{B}_m\boldsymbol{\omega}(k)]+2\boldsymbol{v}^{\mathrm{T}}(k)\boldsymbol{D}_m^{\mathrm{T}}\boldsymbol{H}_m^{\mathrm{T}}\boldsymbol{P}_l[\boldsymbol{H}_m\boldsymbol{D}_m\boldsymbol{v}(k)+\boldsymbol{B}_m\boldsymbol{\omega}(k)] \\
&\leqslant \boldsymbol{V}(k)+\gamma[\boldsymbol{v}^{\mathrm{T}}(k)\boldsymbol{v}(k)+\boldsymbol{\omega}^{\mathrm{T}}(k)\boldsymbol{\omega}(k)],
\end{aligned}
$$

则式(5.4.1d)成立。根据定理5.4.1，滤波误差系统(5.3.3)关于$(c_1, c_2, T, \boldsymbol{R}, \boldsymbol{\Gamma}(\cdot), d)$是有限时间稳定的。

注5.4.1 定理5.4.1和定理5.4.2中引入了变量$h_1 \geqslant 1$和$h_2>0$，从式(5.4.3b)和式(5.4.3d)中可以看出引入变量h_1和h_2的重要性。如果它们全取1，则式(5.4.3b)为$\boldsymbol{G}_m^{\mathrm{T}}\boldsymbol{P}_l\boldsymbol{G}_m \leqslant \boldsymbol{P}_m$，即脉冲时刻$\tau_j$对应的系数矩阵$\boldsymbol{G}_m$要满足$\lambda_{\max}(\boldsymbol{G}_m) \leqslant 1$，这个条件在很多实际系统中是不满足的。引入变量$h_1$可以把条件放松为$\lambda_{\max}(\boldsymbol{G}_m) \leqslant \sqrt{h_1}$，降低了结论的保守性。另外，从式(5.4.3d)中可以看出，由于变量h_1的引入，使得$h_1^N[h_1\lambda c_1+\gamma d]$变大，为了使得它能小于给定的常数$c_2$，我们引入了另一个变量$h_2$，通过它可以保证式(5.4.3d)成立，当然这里主要是利用$0<h_2<1$。如果$h_1^N[h_1\lambda c_1+\gamma d]<c_2$成立，则可以选择合适的$h_2>1$满足式(5.4.3d)。从式(5.4.3c)中可以看到，这样做扩大了$\boldsymbol{P}_m$的取值范围。

定理5.4.3 假定(H5.6) ~ (H5.8)成立，给定分段脉冲系统(5.3.1)和滤波系统(5.3.2)，若存在正定矩阵列$\boldsymbol{P}_m(m=1, \cdots, s)$和正数$\lambda$，$h_2$满足$\forall m, l \in \Phi$，有

$$
\begin{bmatrix}
\bar{\boldsymbol{A}}_m^{\mathrm{T}}\boldsymbol{P}_l\bar{\boldsymbol{A}}_m+\boldsymbol{L}_m^{\mathrm{T}}\boldsymbol{L}_m-\boldsymbol{P}_m & \bar{\boldsymbol{A}}_m^{\mathrm{T}}\boldsymbol{P}_l\boldsymbol{H}_m\boldsymbol{D}_m & \bar{\boldsymbol{A}}_m^{\mathrm{T}}\boldsymbol{P}_l\boldsymbol{B}_m \\
* & \boldsymbol{D}_m^{\mathrm{T}}\boldsymbol{H}_m^{\mathrm{T}}\boldsymbol{P}_l\boldsymbol{H}_m\boldsymbol{D}_m-\gamma\boldsymbol{I} & \boldsymbol{D}_m^{\mathrm{T}}\boldsymbol{H}_m^{\mathrm{T}}\boldsymbol{P}_l\boldsymbol{B}_m \\
* & * & \boldsymbol{B}_m^{\mathrm{T}}\boldsymbol{P}_l\boldsymbol{B}_m-\gamma\boldsymbol{I}
\end{bmatrix}<0, \tag{5.4.4a}
$$

$$
\boldsymbol{G}_m^{\mathrm{T}}\boldsymbol{P}_l\boldsymbol{G}_m+\boldsymbol{L}_m^{\mathrm{T}}\boldsymbol{L}_m \leqslant \boldsymbol{P}_m, \tag{5.4.4b}
$$

$$
\boldsymbol{\Gamma}(k) \leqslant h_2\boldsymbol{P}_m, \tag{5.4.4c}
$$

$$
h_2[\lambda c_1+\gamma d] \leqslant c_2 \tag{5.4.4d}
$$

成立，则系统(5.3.3)关于$(c_1, c_2, T, \boldsymbol{R}, \boldsymbol{\Gamma}(\cdot), d)$是有限时间稳定的且满足式(5.3.4)，其中，$\lambda=\lambda_{\max}(\boldsymbol{R}^{-1}\boldsymbol{P}_f)$，$\boldsymbol{P}_f$表示初始值$\boldsymbol{x}_0$所对应的子系统所选取的Lyapunov函数中的矩阵。

证明 取$h_1=1$，显然式(5.4.4a) ~ (5.4.4d)能保证式(5.4.3a) ~ (5.4.3d)成立，则由定理5.4.2可知滤波误差系统(5.3.3)关于$(c_1, c_2, T, \boldsymbol{R}, \boldsymbol{\Gamma}(\cdot), d)$是有限时间稳定的。

接下来证明在零初始条件下滤波误差系统(5.3.3)满足不等式(5.3.4)。

当$k \neq \tau_j$时，

$$
\boldsymbol{V}(k+1) \leqslant \boldsymbol{V}(k)+\gamma\boldsymbol{\eta}^{\mathrm{T}}(k)\boldsymbol{\eta}(k)-\bar{\boldsymbol{z}}^{\mathrm{T}}(k)\bar{\boldsymbol{z}}(k),
$$

即

$$\bar{z}^{\mathrm{T}}(k)\bar{z}(k)-\gamma\boldsymbol{\eta}^{\mathrm{T}}(k)\boldsymbol{\eta}(k)\leqslant \boldsymbol{V}(k)-\boldsymbol{V}(k+1),\tag{5.4.5}$$

当 $k=\tau_j$ 时，

$$\boldsymbol{V}(\tau_j+1)\leqslant \boldsymbol{V}(\tau_j)-\bar{z}^{\mathrm{T}}(\tau_j)\bar{z}(\tau_j),$$

则下式显然成立：

$$\bar{z}^{\mathrm{T}}(\tau_j)\bar{z}(\tau_j)-\gamma\boldsymbol{\eta}^{\mathrm{T}}(k)\boldsymbol{\eta}(k)\leqslant \boldsymbol{V}(\tau_j)-\boldsymbol{V}(\tau_j+1)。\tag{5.4.6}$$

由零初始条件和不等式(5.4.5) 和不等式(5.4.6)，可得

$$\sum_{k=0}^{T}\left[\bar{z}^{\mathrm{T}}(k)\bar{z}(k)-\gamma\boldsymbol{\eta}^{\mathrm{T}}(k)\boldsymbol{\eta}(k)\right]\leqslant \boldsymbol{V}(0)-\boldsymbol{V}(T)\leqslant 0,$$

则式(5.3.4) 成立。证毕。

定理 5.4.4　若存在矩阵列 $\boldsymbol{Q}_m$，正定矩阵列 $\boldsymbol{P}_m$ 和正数 λ，h_2 满足 $\forall m,\ l\in\Phi$，有

$$\begin{bmatrix}-\boldsymbol{P}_l & \boldsymbol{P}_l\boldsymbol{A}_m+\boldsymbol{Q}_m\boldsymbol{C}_m & \boldsymbol{Q}_m\boldsymbol{D}_m & \boldsymbol{P}_l\boldsymbol{B}_m\\ * & \boldsymbol{L}_m^{\mathrm{T}}\boldsymbol{L}_m-\boldsymbol{P}_m & \boldsymbol{0} & \boldsymbol{0}\\ * & * & -\gamma\boldsymbol{I} & \boldsymbol{0}\\ * & * & * & -\gamma\boldsymbol{I}\end{bmatrix}<0,\tag{5.4.7a}$$

$$\begin{bmatrix}-\boldsymbol{P}_l & \boldsymbol{P}_l\boldsymbol{G}_m\\ * & \boldsymbol{L}_m^{\mathrm{T}}\boldsymbol{L}_m-\boldsymbol{P}_m\end{bmatrix}<0,\tag{5.4.7b}$$

$$\frac{1}{h_2}\boldsymbol{\Gamma}(k)\leqslant \boldsymbol{P}_m\leqslant \lambda\boldsymbol{R},\tag{5.4.7c}$$

$$\begin{bmatrix}\gamma d-\dfrac{c_2}{h_2} & \sqrt{c_1}\\ \sqrt{c_1} & -\lambda^{-1}\end{bmatrix}<0\tag{5.4.7d}$$

成立，则定理 5.4.3 成立，其中 $\boldsymbol{H}_m=\boldsymbol{P}_l^{-1}\boldsymbol{Q}_m$，$\forall m,\ l\in\Phi$。

证明　把 $\boldsymbol{H}_m=\boldsymbol{P}_l^{-1}\boldsymbol{Q}_m$ 代入式(5.4.7a)，利用 $\bar{\boldsymbol{A}}_m=\boldsymbol{A}_m+\boldsymbol{H}_m\boldsymbol{C}_m$ 和 Schur 补可推出

$$\begin{bmatrix}\boldsymbol{L}_m^{\mathrm{T}}\boldsymbol{L}_m-\boldsymbol{P}_m & \boldsymbol{0} & \boldsymbol{0}\\ * & -\gamma\boldsymbol{I} & \boldsymbol{0}\\ * & * & -\gamma\boldsymbol{I}\end{bmatrix}<0+\begin{bmatrix}\bar{\boldsymbol{A}}_m^{\mathrm{T}}\boldsymbol{P}_l\\ \boldsymbol{D}_m^{\mathrm{T}}\boldsymbol{H}_m^{\mathrm{T}}\boldsymbol{P}_l\\ \boldsymbol{B}_m^{\mathrm{T}}\boldsymbol{P}_l\end{bmatrix}\boldsymbol{P}_l^{-1}\begin{bmatrix}\bar{\boldsymbol{A}}_m^{\mathrm{T}}\boldsymbol{P}_l\\ \boldsymbol{D}_m^{\mathrm{T}}\boldsymbol{H}_m^{\mathrm{T}}\boldsymbol{P}_l\\ \boldsymbol{B}_m^{\mathrm{T}}\boldsymbol{P}_l\end{bmatrix}^{\mathrm{T}}<0,$$

即式(5.4.4a) 成立。利用 Schur 补由式(5.4.7b) 可推出式(5.4.4b) 成立。

不等式(5.4.7c) 显然可以保证式(5.4.4c) 成立。另外，由 $\boldsymbol{P}_m\leqslant\lambda\boldsymbol{R}$ 可得 $\lambda\geqslant\lambda_{\max}(\mathbf{R}^{-1}\boldsymbol{P})$，利用 Schur 补，由不等式(5.4.7d) 可以得到 $\lambda c_1+\gamma d-\dfrac{c_2}{h_2}<0$，则式(5.4.4d) 当 $\lambda=\lambda_{\max}(\mathbf{R}^{-1}\boldsymbol{P})$ 时也成立。证毕。

注 5.4.2　虽然式(5.4.7a) ~ 式(5.4.7d) 可以保证式(5.4.4a) ~ 式(5.4.4d) 成立，但是并不能用这种方法求 $\boldsymbol{H}_m$。由后面的数值算例我们可以看到，对应于数值算例

5.5.2 的 Φ，为

$$\Phi=\{(1,\ 2),\ (2,\ 2),\ (2,\ 1),\ (1,\ 1)\},$$

则由 $\boldsymbol{H}_m=\boldsymbol{P}_l^{-1}\boldsymbol{Q}_m$，$\forall m,\ l\in\Phi$ 可得 $\boldsymbol{H}_1$ 和 $\boldsymbol{H}_2$ 各两个，这就引起了混乱，需要用其他的方法来避免上述情况。

定理 5.4.5　假定(H5.6) ~ (H5.8) 成立，给定常数 $\gamma>0$，则滤波问题可解的充分条件是存在矩阵列 $\boldsymbol{R}_m$，$\boldsymbol{Q}_m$，正定矩阵列 $\boldsymbol{P}_m$ 和正数 λ，h_2 满足 $\forall m,\ l\in\Phi$，有

$$\begin{bmatrix}\boldsymbol{P}_l-\boldsymbol{R}_m-\boldsymbol{R}_m^{\mathrm{T}} & \boldsymbol{R}_m\boldsymbol{A}_m+\boldsymbol{Q}_m\boldsymbol{C}_m & \boldsymbol{Q}_m\boldsymbol{D}_m & \boldsymbol{R}_m\boldsymbol{B}_m\\ * & \boldsymbol{L}_m^{\mathrm{T}}\boldsymbol{L}_m-\boldsymbol{P}_m & \boldsymbol{0} & \boldsymbol{0}\\ * & * & -\gamma\boldsymbol{I} & \boldsymbol{0}\\ * & * & * & -\gamma\boldsymbol{I}\end{bmatrix}<0, \tag{5.4.8a}$$

$$\begin{bmatrix}\boldsymbol{P}_l-\boldsymbol{R}_m-\boldsymbol{R}_m^{\mathrm{T}} & \boldsymbol{R}_m\boldsymbol{G}_m\\ * & \boldsymbol{L}_m^{\mathrm{T}}\boldsymbol{L}_m-\boldsymbol{P}_m\end{bmatrix}<0, \tag{5.4.8b}$$

$$\frac{1}{h_2}\boldsymbol{\Gamma}(k)\leqslant\boldsymbol{P}_m\leqslant\lambda\boldsymbol{R}, \tag{5.4.8c}$$

$$\begin{bmatrix}\gamma d-\dfrac{c_2}{h_2} & \sqrt{c_1}\\ \sqrt{c_1} & -\lambda^{-1}\end{bmatrix}<0 \tag{5.4.8d}$$

成立。当上面的条件满足时，所求的有限时间滤波器的参数为 $\boldsymbol{H}_m=\boldsymbol{R}_m^{-1}\boldsymbol{Q}_m$，$m\in M$。

证明　把 $\boldsymbol{H}_m=\boldsymbol{R}_m^{-1}\boldsymbol{Q}_m$ 代入式(5.4.8a)，有

$$\begin{bmatrix}\boldsymbol{P}_l-\boldsymbol{R}_m-\boldsymbol{R}_m^{\mathrm{T}} & \boldsymbol{R}_m[\boldsymbol{A}_m+\boldsymbol{H}_m\boldsymbol{C}_m\quad \boldsymbol{H}_m\boldsymbol{D}_m\quad \boldsymbol{B}_m]\\ * & \begin{bmatrix}\boldsymbol{L}_m^{\mathrm{T}}\boldsymbol{L}_m-\boldsymbol{P}_m & \boldsymbol{0} & \boldsymbol{0}\\ * & -\gamma\boldsymbol{I} & \boldsymbol{0}\\ * & * & -\gamma\boldsymbol{I}\end{bmatrix}\end{bmatrix}<0, \tag{5.4.9}$$

利用 $\bar{\boldsymbol{A}}_m=\boldsymbol{A}_m+\boldsymbol{H}_m\boldsymbol{C}_m$，在式(5.4.9)的左右两边分别乘以矩阵 $\begin{bmatrix}\begin{bmatrix}\bar{\boldsymbol{A}}_m^{\mathrm{T}}\\ \boldsymbol{D}_m^{\mathrm{T}}\boldsymbol{H}_m^{\mathrm{T}}\\ \boldsymbol{B}_m^{\mathrm{T}}\end{bmatrix} & \boldsymbol{I}\end{bmatrix}$ 和 $\begin{bmatrix}[\bar{\boldsymbol{A}}_m\quad \boldsymbol{H}_m\boldsymbol{D}_m\quad \boldsymbol{B}_m]\\ \boldsymbol{I}\end{bmatrix}$，则可得

$$\begin{bmatrix}\bar{\boldsymbol{A}}_m^{\mathrm{T}}\\ \boldsymbol{D}_m^{\mathrm{T}}\boldsymbol{H}_m^{\mathrm{T}}\\ \boldsymbol{B}_m^{\mathrm{T}}\end{bmatrix}\boldsymbol{P}_l[\bar{\boldsymbol{A}}_m\quad \boldsymbol{H}_m\quad \boldsymbol{D}_m\quad \boldsymbol{B}_m]+\begin{bmatrix}\boldsymbol{L}_m^{\mathrm{T}}\boldsymbol{L}_m-\boldsymbol{P}_m & \boldsymbol{0} & \boldsymbol{0}\\ * & -\gamma\boldsymbol{I} & \boldsymbol{0}\\ * & * & -\gamma\boldsymbol{I}\end{bmatrix}<0,$$

即式(5.4.4a) 成立。

类似地，在式(5.4.8b) 的左右两边分别乘以矩阵 $[\boldsymbol{G}_m^{\mathrm{T}} \quad \boldsymbol{I}]$ 和 $\begin{bmatrix} \boldsymbol{G}_m^{\mathrm{T}} \\ \boldsymbol{I} \end{bmatrix}$，可得

$$\boldsymbol{G}_m^{\mathrm{T}} \boldsymbol{P}_l \boldsymbol{G}_m + \boldsymbol{L}_m^{\mathrm{T}} \boldsymbol{L}_m - \boldsymbol{P}_m < 0,$$

即式(5.4.4b) 成立。

类似于定理 5.4.2 的证明，式(5.4.8c) 和式(5.4.8d) 显然可以保证式(5.4.4c) 和式(5.4.4d) 成立。根据定理 5.4.3，滤波误差系统(5.3.3) 关于(c_1，c_2，T，$\boldsymbol{R}$，$\boldsymbol{\Gamma}(\cdot)$，$d$) 是有限时间稳定的且满足式(5.3.4)。证毕。

注 5.4.3　通过类似于文献[162] 和[163] 中介绍的添加额外松弛变量 $\boldsymbol{R}_m$ 的方法，我们得到了定理 5.4.5，这里 $\boldsymbol{R}_m$ 是不需要对称的，它避免了定理 5.4.4 中出现的情况。另外，由于增加了这些松弛变量，因此具有更小的保守性。

5.5　数值模拟

算例 5.5.1　为了验证书中设计方法的可行性，考虑如下的一个连续时间分段脉冲系统：

$$\begin{cases} \dot{\boldsymbol{x}}(t) = \boldsymbol{A}_m \boldsymbol{x}(t) + \boldsymbol{B}_m \boldsymbol{\omega}(t) + \boldsymbol{\alpha}_m, & k \neq \tau_j, \\ \boldsymbol{x}(\tau_j^+) = \boldsymbol{G}_m \boldsymbol{x}(\tau_j), & j \in \mathbf{Z}^+, \\ \boldsymbol{y}(t) = \boldsymbol{C}_m \boldsymbol{x}(t) + \boldsymbol{D}_m \boldsymbol{v}(t), & y(t) \in S_m, \\ z(t) = \boldsymbol{L}_m \boldsymbol{x}(t), & m = 1,\ 2,\ \cdots, \end{cases} \tag{5.5.1}$$

初始值为 $\boldsymbol{x}_0 = \begin{bmatrix} 0.1 \\ 0.1 \end{bmatrix}$，且两个对应的集合分别为 $S_1 = \{\boldsymbol{y}(t) \mid \boldsymbol{y}(t) \geqslant 0\}$ 和 $S_2 = \{\boldsymbol{y}(t) \mid \boldsymbol{y}(t) < 0\}$。它的脉冲时刻为 $\tau_1 = 0.2$，$\tau_2 = 0.48$，系统矩阵为

$$\boldsymbol{A}_1 = \begin{bmatrix} -2 & 1 \\ 0 & -2 \end{bmatrix},\ \boldsymbol{A}_2 = \begin{bmatrix} -1 & 0 \\ 0.5 & -2 \end{bmatrix},\ \boldsymbol{G}_1 = \begin{bmatrix} 0.2 & 0.8 \\ 0.3 & 0.5 \end{bmatrix},\ \boldsymbol{G}_2 = \begin{bmatrix} 0.6 & 0.5 \\ 0.1 & -0.7 \end{bmatrix},$$

$$\boldsymbol{\alpha}_1 = \begin{bmatrix} 0.5 \\ -1 \end{bmatrix},\ \boldsymbol{\alpha}_2 = \begin{bmatrix} 1 \\ 1 \end{bmatrix},\ \boldsymbol{B}_1 = \begin{bmatrix} -1 \\ 1 \end{bmatrix},\ \boldsymbol{B}_2 = \begin{bmatrix} 1 \\ -1 \end{bmatrix},\ \boldsymbol{C}_1 = [1 \quad 1],$$

$$\boldsymbol{C}_2 = [-6 \quad 0],\ \boldsymbol{L}_1 = [2 \quad 1],\ \boldsymbol{L}_2 = [1 \quad 1],\ \boldsymbol{D}_1 = 0.5,\ \boldsymbol{D}_2 = 1。$$

令 $d = 1$，$c_1 = 0.25$，$c_2 = 2$，$\gamma = 3$，$\boldsymbol{\Gamma}(t) = \begin{bmatrix} 0.7 & 0 \\ 0 & \dfrac{1}{t+2} \end{bmatrix}$，$\boldsymbol{R} = \begin{bmatrix} 5 & 0 \\ 0 & 5 \end{bmatrix}$，我们研究连续时间脉冲系统(5.5.1) 在时间区间[0，0.6] 上的有限时间滤波问题。

显然，$\bar{\boldsymbol{x}}_0^{\mathrm{T}} \boldsymbol{R} \bar{\boldsymbol{x}}_0 = 0.1 \leqslant c_1$ 且 $\boldsymbol{\Gamma}(0) < \boldsymbol{R}$。利用定理 5.2.4，可以得到满足条件的矩阵列 $\boldsymbol{P}_m$，$\boldsymbol{Q}_m$ 和常数 $h_2 > 0$，$\lambda > 0$ 分别为

$$\boldsymbol{P}_1 = \begin{bmatrix} 1.9286 & 0.6165 \\ 0.6165 & 1.8800 \end{bmatrix},\ \boldsymbol{P}_2 = \begin{bmatrix} 1.8794 & 0.2529 \\ 0.2529 & 1.5119 \end{bmatrix},$$

$$Q_1=\begin{bmatrix}-0.1101\\0.3667\end{bmatrix},\ Q_2=\begin{bmatrix}0.0252\\0.1058\end{bmatrix},$$

$$h_2=0.5,\ \lambda^{-1}=1.9266。$$

则由 $H_m=P_m^{-1}Q_m$ 可得脉冲滤波器(5.1.2)的参数为

$$H_1=\begin{bmatrix}-0.1334\\0.2388\end{bmatrix},\ H_2=\begin{bmatrix}0.0041\\0.0693\end{bmatrix}。$$

图5.1和5.2是上述系统对应于扰动 $\omega(t)$ 和 $v(t)$ 分别为 $\omega(t)=0.3\sin(t)$ 和 $v(t)=0.3\cos(t)$ 的仿真输出结果。

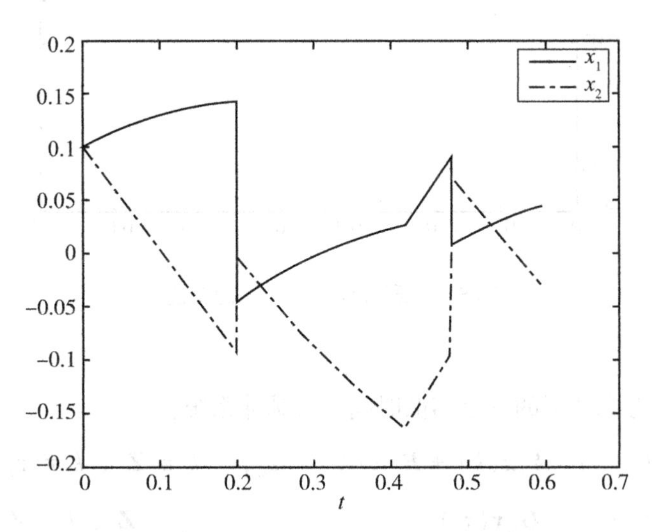

图5.1 实线和虚线分别表示系统状态分量 x_1 和 x_2 的轨迹

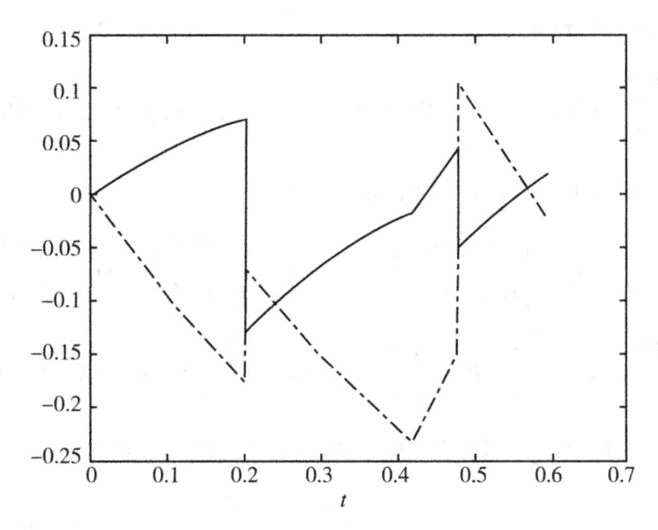

图5.2 实线和虚线分别表示滤波器的状态分量 $\hat{x}_1$ 和 $\hat{x}_2$ 的轨迹

图 5.3 是 $\bar{\boldsymbol{x}}^{\mathrm{T}}(t)\boldsymbol{\Gamma}(t)\bar{\boldsymbol{x}}(t)$ 的轨迹。很显然在时间区间[0, 0.6]上它不超过阈值 $c_2=2$。

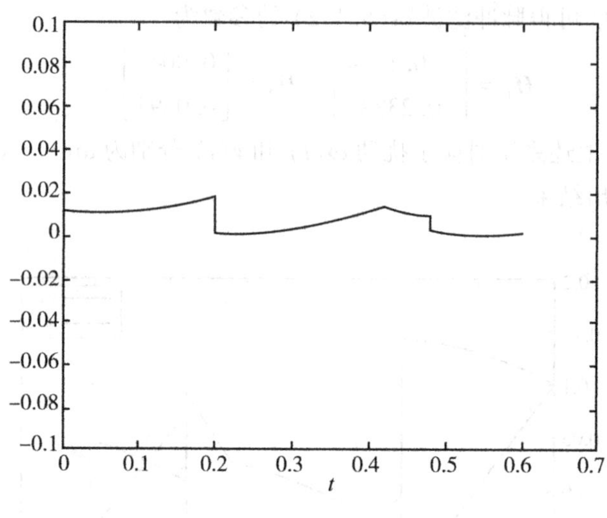

图 5.3　$\bar{\boldsymbol{x}}^{\mathrm{T}}(t)\boldsymbol{\Gamma}(t)\bar{\boldsymbol{x}}(t)$ 的轨迹

算例 5.5.2　考虑如下的一个离散时间分段脉冲系统：

$$\begin{cases}\boldsymbol{x}(k+1)=\boldsymbol{A}_m\boldsymbol{x}(k)+\boldsymbol{B}_m\boldsymbol{\omega}(k)+\boldsymbol{\alpha}_m, & k\in\mathbf{Z}^+,\ k\neq\tau_j,\\ \boldsymbol{x}(\tau_j+1)=\boldsymbol{G}_m\boldsymbol{x}(\tau_j), & \tau_j\in\mathbf{Z}^+,\ j\in\mathbf{Z}^+,\\ \boldsymbol{y}(k)=\boldsymbol{C}_m\boldsymbol{x}(k)+\boldsymbol{D}_m\boldsymbol{v}(k), & \boldsymbol{y}(k)\in S_m,\\ z(k)=\boldsymbol{L}_m\boldsymbol{x}(k), & m=1,2,\cdots,\end{cases} \tag{5.5.2}$$

初始值为 $\boldsymbol{x}_0=\begin{bmatrix}0.1\\0.1\end{bmatrix}$，且两个对应的集合分别为 $S_1=\{\boldsymbol{y}(t)\mid\boldsymbol{y}(t)\geqslant 0\}$ 和 $S_2=\{\boldsymbol{y}(t)\mid\boldsymbol{y}(t)<0\}$。它的脉冲时刻为 $\tau_1=2$，$\tau_2=8$，系统矩阵为

$$\boldsymbol{A}_1=\begin{bmatrix}0.7&1\\1&0.5\end{bmatrix},\ \boldsymbol{A}_2=\begin{bmatrix}1&0.3\\0.1&0.2\end{bmatrix},\ \boldsymbol{G}_1=\begin{bmatrix}0.2&0.8\\0.3&0.5\end{bmatrix},\ \boldsymbol{G}_2=\begin{bmatrix}0.6&0.5\\1&-0.7\end{bmatrix},$$

$$\boldsymbol{\alpha}_1=\begin{bmatrix}-1\\-2\end{bmatrix},\ \boldsymbol{\alpha}_2=\begin{bmatrix}3\\2\end{bmatrix}\ \boldsymbol{B}_1=\begin{bmatrix}0.6\\0.4\end{bmatrix},\ \boldsymbol{B}_2=\begin{bmatrix}1.2\\-1\end{bmatrix},\ \boldsymbol{C}_1=\boldsymbol{C}_2=[1\quad 0],$$

$$\boldsymbol{L}_1=\boldsymbol{L}_2=[0.2\quad 1],\ \boldsymbol{D}_1=0.5,\ \boldsymbol{D}_2=-0.5。$$

令 $d=1$，$c_1=0.25$，$c_2=3$，$\gamma=3$，$\boldsymbol{\Gamma}(k)=\begin{bmatrix}0.7&0\\0&\dfrac{1}{5k+5}\end{bmatrix}$，$\boldsymbol{R}=\begin{bmatrix}9&0\\0&12\end{bmatrix}$，我们研究脉冲

系统(5.5.2) 在时间区间[0, 9] 上的有限时间滤波问题。

显然，$\bar{\boldsymbol{x}}_0^{\mathrm{T}}\boldsymbol{R}\bar{\boldsymbol{x}}_0 = 0.21 \leqslant c_1$ 且 $\boldsymbol{\Gamma}(0) < \boldsymbol{R}$，$rd - c_2 = 0$。若取 $h_2 = \frac{6}{7}$，利用定理5.4.5，可以得到满足条件的矩阵列 $\boldsymbol{P}_m$，$\boldsymbol{Q}_m$，$\boldsymbol{R}_m$ 和常数 $\lambda > 0$ 分别为

$$\boldsymbol{P}_1 = \begin{bmatrix} 2.8107 & -2.9031 \\ -2.9031 & 7.1753 \end{bmatrix},\ \boldsymbol{P}_2 = \begin{bmatrix} 5.1759 & -4.7179 \\ -4.7179 & 8.4210 \end{bmatrix},$$

$$\boldsymbol{R}_1 = \begin{bmatrix} 29.2180 & -36.7616 \\ -36.76165 & 0.4517 \end{bmatrix},\ \boldsymbol{R}_2 = \begin{bmatrix} 10.9167 & -11.6467 \\ -11.8142 & 16.9986 \end{bmatrix},$$

$$\boldsymbol{Q}_1 = \begin{bmatrix} 11.2301 \\ -19.7719 \end{bmatrix},\ \boldsymbol{Q}_2 = \begin{bmatrix} 0.9517 \\ -5.9376 \end{bmatrix},\ \lambda^{-1} = 1.2602。$$

则由 $\boldsymbol{H}_m = \boldsymbol{R}_m^{-1}\boldsymbol{Q}_m$ 可得脉冲滤波器(5.3.2) 的参数为

$$\boldsymbol{H}_1 = \begin{bmatrix} -1.0523 \\ -1.1587 \end{bmatrix},\ \boldsymbol{H}_2 = \begin{bmatrix} -1.1038 \\ -1.1163 \end{bmatrix}。$$

图 5.4 和 5.5 是上述离散脉冲系统对应于扰动 $\boldsymbol{\omega}(k)$ 和 $\boldsymbol{v}(k)$ 分别为 $\boldsymbol{\omega}(k) = \frac{1}{11-k}$ 和 $\boldsymbol{v}(k) = \frac{1}{12-k}$ 的仿真输出结果。

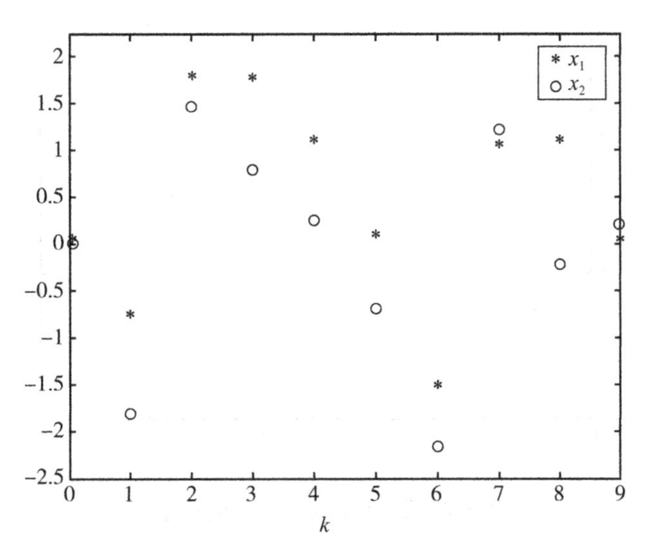

图 5.4　* 和 ○ 分别表示系统状态分量 $x_1(k)$ 和 $x_2(k)$ 的轨迹

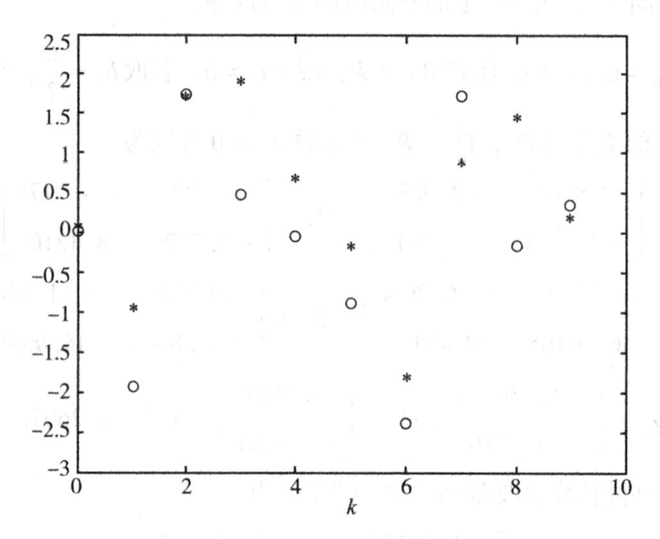

图 5.5　* 和 ○ 分别表示滤波器的状态分量 $\hat{x}_1$ 和 $\hat{x}_2$ 的轨迹

图 5.6 是 $\bar{x}^{\mathrm{T}}(k)\boldsymbol{\Gamma}(k)\bar{x}(k)$ 的轨迹。很显然在时间区间[0, 9]上它不超过阈值 $c_2=3$。

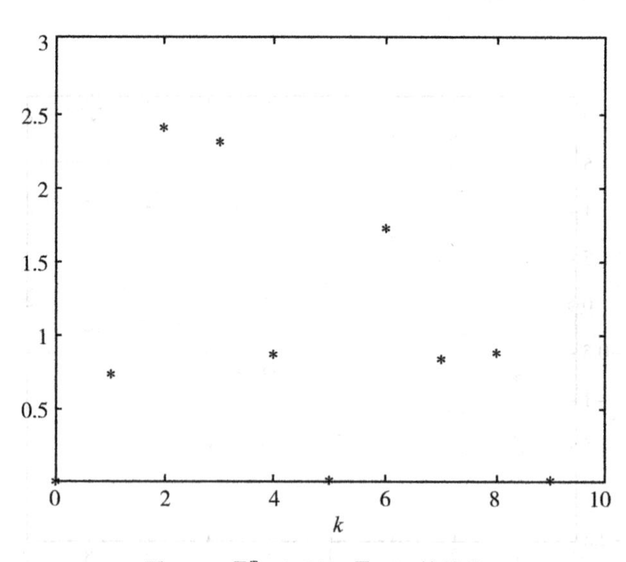

图 5.6　$\bar{x}^{\mathrm{T}}(k)\boldsymbol{\Gamma}(k)\bar{x}(k)$ 的轨迹

5.6 小结

本章分别研究了连续时间和离散时间分段脉冲系统的有限时间稳定和滤波问题。不仅给出了滤波误差系统有限时间稳定和满足性能要求的充分条件以及有限时间滤波问题可解的充分条件，而且给出了滤波器的设计方法。借助于松弛变量，降低了结论的保守性。最后通过数值模拟表明了该方法的可行性。

第 6 章　不确定脉冲系统的鲁棒有限时间稳定性与滤波

6.1　连续时间脉冲系统的鲁棒有限时间稳定性与滤波

考虑如下形式的不确定脉冲系统：

$$\begin{cases}\dot{\boldsymbol{x}}(t)=\boldsymbol{A}(t)\boldsymbol{x}(t)+\boldsymbol{B}(t)\boldsymbol{\omega}(t), & t\neq\tau_j,\\ \boldsymbol{x}(\tau_j^+)=\boldsymbol{M}\boldsymbol{x}(\tau_j), & j\in\mathbf{Z}^+,\\ \boldsymbol{y}(t)=\boldsymbol{C}(t)\boldsymbol{x}(t)+\boldsymbol{D}(t)\boldsymbol{v}(t), & \\ \boldsymbol{z}(t)=\boldsymbol{L}\boldsymbol{x}(t), & \boldsymbol{x}(0)=\boldsymbol{x}_0,\end{cases}\tag{6.1.1}$$

其中，$\boldsymbol{x}(t)\in\mathbf{R}^n$ 表示系统的状态向量；$\boldsymbol{y}(t)\in\mathbf{R}^m$ 表示测量输出向量；$\boldsymbol{z}(t)\in\mathbf{R}^p$ 表示待估测的信号；τ_j 表示系统的状态在 τ_j 时刻经历了一个突然的跳跃；$\boldsymbol{\omega}(t)\in\mathbf{R}^q$ 和 $\boldsymbol{v}(t)\in\mathbf{R}^r$ 分别是过程噪音和测量噪音，且都属于 $L_2[0,\infty)$。$\boldsymbol{A}(t)$，$\boldsymbol{B}(t)$，$\boldsymbol{C}(t)$ 和 $\boldsymbol{D}(t)$ 是矩阵函数且满足

$$\boldsymbol{A}(t)=\boldsymbol{A}+\Delta\boldsymbol{A}(t),\ \boldsymbol{B}(t)=\boldsymbol{B}+\Delta\boldsymbol{B}(t),\ \ \boldsymbol{C}(t)=\boldsymbol{C}+\Delta\boldsymbol{C}(t),\ \boldsymbol{D}(t)=\boldsymbol{D}+\Delta\boldsymbol{D}(t)$$

和 $\|\boldsymbol{F}(t)\|\leqslant 1$，其中，

$$[\Delta\boldsymbol{A}(t)\quad \Delta\boldsymbol{B}(t)]=\boldsymbol{Q}_1\boldsymbol{F}(t)[\boldsymbol{R}_1\quad \boldsymbol{R}_2],\ [\Delta\boldsymbol{C}(t)\quad \Delta\boldsymbol{D}(t)]=\boldsymbol{Q}_2\boldsymbol{F}(t)[\boldsymbol{R}_3\quad \boldsymbol{R}_4]。$$

为了研究上述脉冲系统(6.1.1)，我们假定系统满足如下条件：

(H6.1) $\lim\limits_{j\to+\infty}\tau_j=+\infty$，且存在 $m\in\mathbf{Z}^+$ 满足 $0<\tau_1<\cdots<\tau_m\leqslant T<\tau_{m+1}<\cdots$。

(H6.2) $\boldsymbol{x}(t)$ 在 τ_j 左连续；即 $\boldsymbol{x}(\tau_j)=\boldsymbol{x}(\tau_j^-)=\lim\limits_{b\to0^-}\boldsymbol{x}(\tau_j+b)$。

(H6.3) 给定 $d>0$，$\boldsymbol{\omega}(t)$ 和 $\boldsymbol{v}(t)$ 满足 $\int_0^T[\boldsymbol{\omega}^{\mathrm{T}}(t)\boldsymbol{\omega}(t)+\boldsymbol{v}^{\mathrm{T}}(t)\boldsymbol{v}(t)]\mathrm{d}t\leqslant d$。

定义 6.1.1　给定两个正常数 c_1，c_2 且 $c_1\leqslant c_2$，正定矩阵 $\boldsymbol{R}$ 和一个定义在 $[0,T]$ 上的正定的矩阵值函数 $\boldsymbol{\Gamma}(\cdot)$ 且 $\boldsymbol{\Gamma}(0)<\boldsymbol{R}$，系统(6.1.1)称为关于 $(c_1,c_2,\boldsymbol{T},\boldsymbol{R},\boldsymbol{\Gamma}(\cdot),d)$ 是有限时间稳定的，如果满足 $\boldsymbol{x}_0^{\mathrm{T}}\boldsymbol{R}\boldsymbol{x}_0\leqslant c_1\Rightarrow\boldsymbol{x}^{\mathrm{T}}(t)\boldsymbol{\Gamma}(t)\boldsymbol{x}(t)\leqslant c_2$，$\forall t\in[0,T]$。

设计如下形式的线性滤波器：

$$\begin{cases}\dot{\hat{\boldsymbol{x}}}(t)=\boldsymbol{A}_f\hat{\boldsymbol{x}}(t)+\boldsymbol{B}_f\boldsymbol{y}(t), & t\neq\tau_j,\\ \hat{\boldsymbol{x}}(\tau_j^+)=\boldsymbol{M}_f\hat{\boldsymbol{x}}(\tau_j), & j\in\mathbf{Z}^+,\\ \hat{z}(t)=\boldsymbol{L}\hat{\boldsymbol{x}}(t), & \hat{\boldsymbol{x}}(0)=\boldsymbol{0},\end{cases}\tag{6.1.2}$$

其中，$\hat{x}(t) \in \mathbf{R}^n$ 和 $\hat{z}(t) \in \mathbf{R}^q$ 分别表示滤波器的状态向量和测量输出，$\boldsymbol{A}_f$，$\boldsymbol{B}_f$ 和 $\boldsymbol{M}_f$ 是待定矩阵。

令 $\bar{\boldsymbol{x}}(t)=[\boldsymbol{x}^{\mathrm{T}}(t)\hat{\boldsymbol{x}}^{\mathrm{T}}(t)]^{\mathrm{T}}$ 和 $\bar{z}(t)=z(t)-\hat{z}(t)$，则滤波误差系统为

$$\begin{cases}\dot{\bar{\boldsymbol{x}}}(t)=\bar{\boldsymbol{A}}(t)\bar{\boldsymbol{x}}(t)+\bar{\boldsymbol{B}}(t)\boldsymbol{\eta}(t), & t\neq\tau_j,\\ \bar{\boldsymbol{x}}(\tau_j^+)=\bar{\boldsymbol{M}}\bar{\boldsymbol{x}}(\tau_j), & j\in\mathbf{Z}^+,\\ \bar{z}(t)=\bar{\boldsymbol{L}}\bar{\boldsymbol{x}}(t), & \bar{\boldsymbol{x}}(0)=\bar{\boldsymbol{x}}_0,\end{cases} \tag{6.1.3}$$

其中，$\bar{\boldsymbol{B}}(t)=\mathrm{diag}\{\boldsymbol{B}(t),\ \boldsymbol{B}_f\boldsymbol{D}(t)\}$，$\bar{\boldsymbol{L}}=[\boldsymbol{L}\ -\boldsymbol{L}]$，$\bar{\boldsymbol{A}}(t)=\begin{bmatrix}\boldsymbol{A}(t) & \boldsymbol{0}\\ \boldsymbol{B}_f\boldsymbol{C}(t) & \boldsymbol{A}_f\end{bmatrix}$，$\bar{\boldsymbol{x}}_0=\begin{bmatrix}\boldsymbol{x}_0\\ \boldsymbol{0}\end{bmatrix}$，$\boldsymbol{\eta}(t)=\begin{bmatrix}\boldsymbol{\omega}(t)\\ \boldsymbol{v}(t)\end{bmatrix}$，$\bar{\boldsymbol{M}}=\mathrm{diag}\{\boldsymbol{M},\ \boldsymbol{M}_f\}$。

研究的有限时间滤波问题如下：

定义 6.1.2 给定一个连续时间线性脉冲系统(6.1.1)和一个指定的噪音衰减水平 $\gamma>0$，确定一个形如(6.1.2)的线性脉冲滤波器，使得滤波误差系统(6.1.3)是有限时间稳定的；并且在零初始条件下，对于所有非零的 $\boldsymbol{\eta}(t)\in L_2([0,\ T],\ \mathbf{R}^{p+r})$，滤波误差

$$\int_0^T \bar{z}^{\mathrm{T}}(t)\bar{z}(t)\mathrm{d}t \leqslant \gamma\int_0^T[\boldsymbol{\omega}^{\mathrm{T}}(t)\boldsymbol{\omega}(t)+v^{\mathrm{T}}(t)\boldsymbol{v}(t)]\mathrm{d}t。 \tag{6.1.4}$$

引理 6.1.1[164] 对于满足 $\boldsymbol{F}^{\mathrm{T}}\boldsymbol{F}\leqslant\boldsymbol{I}$ 的任意可运输的矩阵 $\boldsymbol{D}$，$\boldsymbol{E}$，$\boldsymbol{F}$ 和常数 $\varepsilon>0$，有

$$\boldsymbol{DEF}+(\boldsymbol{DEF})^{\mathrm{T}}\leqslant\varepsilon\boldsymbol{DD}^{\mathrm{T}}+\varepsilon^{-1}E^{\mathrm{T}}\boldsymbol{E}。$$

引理 6.1.2 假定(H6.1) ~ (H6.3)成立，若存在正定函数 $\boldsymbol{V}(t,\ \bar{\boldsymbol{x}}(t))$ 和常数 $h_1\geqslant 1$，$h_2>0$ 满足

$$\bar{\boldsymbol{x}}^{\mathrm{T}}(t)\boldsymbol{\Gamma}(t)\bar{\boldsymbol{x}}(t)\leqslant h_2\boldsymbol{V}(t,\ \bar{\boldsymbol{x}}(t)), \tag{6.1.5a}$$

$$h_2h_1^{\ N-1}[h_1\boldsymbol{V}(0,\ \bar{\boldsymbol{x}}(0))+\gamma d]\leqslant c_2, \tag{6.1.5b}$$

$$\boldsymbol{V}(\tau_j^+,\ \bar{\boldsymbol{x}}(\tau_j^+))\leqslant h_1\boldsymbol{V}(\tau_j,\ \bar{\boldsymbol{x}}(\tau_j)), \tag{6.1.5c}$$

$$\dot{\boldsymbol{V}}(t,\ \bar{\boldsymbol{x}}(t))\leqslant\gamma\boldsymbol{\eta}^{\mathrm{T}}(t)\boldsymbol{\eta}(t), \tag{6.1.5d}$$

则滤波误差系统(6.1.3)关于$(c_1,\ c_2,\ \boldsymbol{T},\ \boldsymbol{R},\ \boldsymbol{\Gamma}(\cdot),\ d)$是有限时间稳定的。

定理 6.1.1 假定(H6.1) ~ (H6.3)成立，给定脉冲系统(6.1.1)和滤波系统(6.1.2)，若存在 $\boldsymbol{P}>0$ 和常数 $h_1\geqslant 1$，$h_2>0$ 满足

$$\begin{bmatrix}\bar{\boldsymbol{A}}^{\mathrm{T}}(t)\boldsymbol{P}+\boldsymbol{P}\bar{\boldsymbol{A}}(t) & \boldsymbol{P}\bar{\boldsymbol{B}}(t)\\ * & -\gamma\boldsymbol{I}\end{bmatrix}<0, \tag{6.1.6a}$$

$$\bar{\boldsymbol{M}}^{\mathrm{T}}\boldsymbol{P}\bar{\boldsymbol{M}}<h_1\boldsymbol{P}, \tag{6.1.6b}$$

$$h_2h_1^{\ N}[\lambda c_1+\gamma d]\leqslant c_2, \tag{6.1.6c}$$

$$\boldsymbol{\Gamma}(t) \leqslant h_2\boldsymbol{P}, \tag{6.1.6d}$$

则滤波误差系统(6.1.3) 是有限时间稳定的，其中，$\lambda = \lambda_{\max}(\boldsymbol{R}^{-1}\boldsymbol{P})$。

证明　取 Lyapunov 函数 $\boldsymbol{V}(t) = \bar{\boldsymbol{x}}^{\mathrm{T}}(t)\boldsymbol{P}\bar{\boldsymbol{x}}(t)$。显然式(6.1.6d) 可以保证式(6.1.5a) 成立。由式(6.1.6c)、$\lambda = \lambda_{\max}(\boldsymbol{R}^{-1}\boldsymbol{P})$ 和 $\bar{\boldsymbol{x}}_0$ 满足 $\bar{\boldsymbol{x}}_0^{\mathrm{T}}\boldsymbol{R}\bar{\boldsymbol{x}}_0 \leqslant c_1$ 可得

$$\begin{aligned} h_2h_1^N[\lambda c_1 + \gamma d] &= h_2h_1^N[\bar{\boldsymbol{x}}^{\mathrm{T}}(0)\boldsymbol{P}\bar{\boldsymbol{x}}(0) + \gamma d] \\ &= h_2h_1^N[\bar{\boldsymbol{x}}^{\mathrm{T}}(0)\boldsymbol{R}(\boldsymbol{R}^{-1}\boldsymbol{P})\bar{\boldsymbol{x}}(0) + \gamma d] \\ &\leqslant h_2h_1^N[\lambda\bar{\boldsymbol{x}}^{\mathrm{T}}(0)\boldsymbol{R}\bar{\boldsymbol{x}}(0) + \gamma d] \\ &\leqslant h_2h_1^N[\lambda c_1 + \gamma d] \\ &\leqslant c_2, \end{aligned}$$

即式(6.1.5b) 成立。

当 $t = \tau_j$ 时，由式(6.1.6b) 可得

$$\begin{aligned} \boldsymbol{V}(\tau_j^+,\ \bar{\boldsymbol{x}}(\tau_j^+)) &= \bar{\boldsymbol{x}}^{\mathrm{T}}(\tau_j^+)\boldsymbol{P}\bar{\boldsymbol{x}}(\tau_j^+) \\ &= \bar{\boldsymbol{x}}^{\mathrm{T}}(\tau_j^+)\bar{\boldsymbol{M}}^{\mathrm{T}}\boldsymbol{P}\bar{\boldsymbol{M}}\bar{\boldsymbol{x}}(\tau_j^+) \\ &\leqslant h_1\boldsymbol{V}(\tau_j,\ \bar{\boldsymbol{x}}(\tau_j)), \end{aligned}$$

即式(6.1.5c) 成立。

当 $t \neq \tau_j$ 时，由式(6.1.6a) 可得

$$\begin{aligned} \dot{\boldsymbol{V}}(t,\ \bar{\boldsymbol{x}}(t)) &= \dot{\bar{\boldsymbol{x}}}^{\mathrm{T}}(t)\boldsymbol{P}\bar{\boldsymbol{x}}(t) + \bar{\boldsymbol{x}}^{\mathrm{T}}(t)\boldsymbol{P}\dot{\bar{\boldsymbol{x}}}(t) \\ &= \bar{\boldsymbol{x}}^{\mathrm{T}}(t)[\bar{\boldsymbol{A}}^{\mathrm{T}}(t)\boldsymbol{P} + \boldsymbol{P}\bar{\boldsymbol{A}}(t)]\bar{\boldsymbol{x}}(t) + 2\boldsymbol{\eta}^{\mathrm{T}}(t)\bar{\boldsymbol{B}}^{\mathrm{T}}(t)\boldsymbol{P}\bar{\boldsymbol{x}}(t) \\ &\leqslant \gamma\boldsymbol{\eta}^{\mathrm{T}}(t)\boldsymbol{\eta}(t), \end{aligned}$$

即式(6.1.5d) 成立，则由引理 6.1.2 可知，系统(6.1.3) 是有限时间稳定的。

定理 6.1.2　假定(H6.1) ~ (H6.3) 成立，若存在 $h_2 > 0$ 以及正定矩阵 $\boldsymbol{P}$ 满足式(6.1.6d) 和

$$\begin{bmatrix} \bar{\boldsymbol{A}}^{\mathrm{T}}(t)\boldsymbol{P} + \boldsymbol{P}\bar{\boldsymbol{A}}(t) + \bar{\boldsymbol{L}}^{\mathrm{T}}\bar{\boldsymbol{L}} & \boldsymbol{P}\bar{\boldsymbol{B}}(t) \\ * & -\gamma\boldsymbol{I} \end{bmatrix} < 0, \tag{6.1.7a}$$

$$\bar{\boldsymbol{M}}^{\mathrm{T}}\boldsymbol{P}\bar{\boldsymbol{M}} + \bar{\boldsymbol{L}}^{\mathrm{T}}\bar{\boldsymbol{L}} < \boldsymbol{P}, \tag{6.1.7b}$$

$$h_2[\lambda c_1 + \gamma d] \leqslant c_2, \tag{6.1.7c}$$

则滤波误差系统(6.1.3) 有限时间稳定且满足式(6.1.4)，其中，$\lambda = \lambda_{\max}(\boldsymbol{R}^{-1}\boldsymbol{P})$。

证明　取 $h_1 = 1$，显然式(6.1.7a) ~ 式(6.1.7c) 能保证式(6.1.6a) ~ 式(6.1.6c) 成立，则由定理 6.1.1 可知系统(6.1.3) 关于(c_1, c_2, $\boldsymbol{T}$, $\boldsymbol{R}$, $\boldsymbol{\Gamma}(\cdot)$, d) 有限时间稳定。

下面证明滤波误差系统满足不等式(6.1.4)。$\forall t \in (\tau_j,\ \tau_{j+1})$，由式(6.1.7a) 可得

$$\begin{aligned}\dot{V}(t, \bar{x}(t)) &= \dot{\bar{x}}^{\mathrm{T}}(t)P\bar{x}(t) + \bar{x}^{\mathrm{T}}(t)P\dot{\bar{x}}(t)\\ &= \bar{x}^{\mathrm{T}}(t)[\bar{A}^{\mathrm{T}}P + P\bar{A}(t)]\bar{x}(t) + 2\eta^{\mathrm{T}}(t)\bar{B}^{\mathrm{T}}P\bar{x}(t)\\ &\leqslant -\bar{x}^{\mathrm{T}}(t)\bar{L}^{\mathrm{T}}\bar{L}\bar{x}(t) + \gamma\eta^{\mathrm{T}}(t)\eta(t)\\ &= \gamma\eta^{\mathrm{T}}(t)\eta(t) - \bar{z}^{\mathrm{T}}(t)\bar{z}(t)。\end{aligned}$$

上式两边同时在区间$[\tau_j^+, \tau_{j+1}]$上求积分，得

$$V(\tau_{j+1}) - V(\tau_j^+) \leqslant \int_{\tau_j}^{\tau_{j+1}}[\gamma\eta^{\mathrm{T}}(t)\eta(t) - \bar{z}^{\mathrm{T}}(t)\bar{z}(t)]\mathrm{d}t,$$

根据式(6.1.7b)，则

$$\int_{\tau_j}^{\tau_{j+1}}[\bar{z}^{\mathrm{T}}(t)\bar{z}(t) - \gamma\eta^{\mathrm{T}}(t)\eta(t)]\mathrm{d}t \leqslant V(\tau_j^+) - V(\tau_{j+1}) \leqslant V(\tau_j) - V(\tau_{j+1})。$$

因而，

$$\begin{aligned}&\int_0^T[\bar{z}^{\mathrm{T}}(t)\bar{z}(t) - \gamma\eta^{\mathrm{T}}(t)\eta(t)]\mathrm{d}t\\ &= \int_0^{\tau_1}[\bar{z}^{\mathrm{T}}(t)\bar{z}(t) - \gamma\eta^{\mathrm{T}}(t)\eta(t)]\mathrm{d}t\\ &\quad + \sum_{i=1}^{m-1}\int_{\tau_i}^{\tau_{i+1}}[\bar{z}^{\mathrm{T}}(t)\bar{z}(t) - \gamma\eta^{\mathrm{T}}(t)\eta(t)]\mathrm{d}t\\ &\quad + \int_{\tau_m}^{T}[\bar{z}^{\mathrm{T}}(t)\bar{z}(t) - \gamma\eta^{\mathrm{T}}(t)\eta(t)]\mathrm{d}t\\ &\leqslant V(0) - V(T)。\end{aligned}$$

再由零初始条件可得$\int_0^T[\bar{z}^{\mathrm{T}}(t)\bar{z}(t) - \gamma\eta^{\mathrm{T}}(t)\eta(t)]\mathrm{d}t \leqslant 0$，即式(6.1.4)成立。

定理 6.1.3 假定(H6.1) ~ (H6.3)成立，给定常数γ，则滤波问题可解的充分条件是存在矩阵$P_{11} > 0$，$P_{22} > 0$，P_{12}，$N_i(i = 1, \cdots, 6)$和正常数λ，ε_1，ε_2，h_2满足

$$\begin{bmatrix}\Omega_1 & \Omega_2^{\mathrm{T}} & \varepsilon_1\Omega_3^{\mathrm{T}} & \Omega_4^{\mathrm{T}} & \varepsilon_2\Omega_5^{\mathrm{T}}\\ * & -\varepsilon_1 I & 0 & 0 & 0\\ * & * & -\varepsilon_1 I & 0 & 0\\ * & * & * & -\varepsilon_2 I & 0\\ * & * & * & * & -\varepsilon_2 I\end{bmatrix} < 0, \tag{6.1.8a}$$

$$\begin{bmatrix}-P_{11} & -P_{12} & M^{\mathrm{T}}P_{11} & -M^{\mathrm{T}}P_{12} & L^{\mathrm{T}}\\ * & -P_{22} & N_5 & N_6 & -L^{\mathrm{T}}\\ * & * & -P_{11} & -P_{12} & 0\\ * & * & * & -P_{22} & 0\\ * & * & * & * & -I\end{bmatrix} < 0, \tag{6.1.8b}$$

$$\frac{1}{h_2}\Gamma(t) \leqslant P \leqslant \lambda R, \tag{6.1.8c}$$

$$\begin{bmatrix} \gamma d - \dfrac{c_2}{h_2} & \lambda\sqrt{c_1} \\ * & -\lambda \end{bmatrix} < 0, \tag{6.1.8d}$$

$$\boldsymbol{N}_1 = \boldsymbol{P}_{12}\boldsymbol{B}_f,\ \boldsymbol{N}_3 = \boldsymbol{P}_{12}\boldsymbol{A}_f,\ \boldsymbol{N}_5 = \boldsymbol{M}_f^{\mathrm{T}}\boldsymbol{P}_{12}^{\mathrm{T}}, \tag{6.1.8e}$$

其中，$\Delta = \boldsymbol{P}_{11}\boldsymbol{A} + \boldsymbol{N}_1\boldsymbol{C} + \boldsymbol{A}^{\mathrm{T}}\boldsymbol{P}_{11} + \boldsymbol{C}^{\mathrm{T}}\boldsymbol{N}_1^{\mathrm{T}}$，

$$\boldsymbol{\Omega}_1 = \begin{bmatrix} \Delta & \boldsymbol{A}^{\mathrm{T}}\boldsymbol{P}_{12} + \boldsymbol{N}_3 + \boldsymbol{C}^{\mathrm{T}}\boldsymbol{N}_2^{\mathrm{T}} & \boldsymbol{P}_{11}\boldsymbol{B} & \boldsymbol{N}_1\boldsymbol{D} & \boldsymbol{L}^{\mathrm{T}} \\ * & \boldsymbol{N}_4 + \boldsymbol{N}_4^{\mathrm{T}} & \boldsymbol{P}_{12}^{\mathrm{T}}\boldsymbol{B} & \boldsymbol{N}_2\boldsymbol{D} & -\boldsymbol{L}^{\mathrm{T}} \\ * & * & -\gamma\boldsymbol{I} & \boldsymbol{0} & \boldsymbol{0} \\ * & * & * & -\gamma\boldsymbol{I} & \boldsymbol{0} \\ * & * & * & * & -\boldsymbol{I} \end{bmatrix},$$

$$\boldsymbol{\Omega}_2 = [\boldsymbol{Q}_1^{\mathrm{T}}\boldsymbol{P}_{11}\quad \boldsymbol{Q}_1^{\mathrm{T}}\boldsymbol{P}_{12}\quad \boldsymbol{0}\quad \boldsymbol{0}\quad \boldsymbol{0}],\ \boldsymbol{\Omega}_3 = [\boldsymbol{R}_1\quad \boldsymbol{0}\quad \boldsymbol{R}_2\quad \boldsymbol{0}\quad \boldsymbol{0}],$$

$$\boldsymbol{\Omega}_4 = [\boldsymbol{Q}_2^{\mathrm{T}}\boldsymbol{N}_1^{\mathrm{T}}\quad \boldsymbol{Q}_2^{\mathrm{T}}\boldsymbol{N}_2^{\mathrm{T}}\quad \boldsymbol{0}\quad \boldsymbol{0}\quad \boldsymbol{0}],\ \boldsymbol{\Omega}_5 = [\boldsymbol{R}_3\quad \boldsymbol{0}\quad \boldsymbol{R}_4\quad \boldsymbol{0}\quad \boldsymbol{0}]。$$

当上面的条件满足时，所求的滤波器参数为

$$\boldsymbol{A}_f = \boldsymbol{P}_{22}^{-1}\boldsymbol{N}_4,\ \boldsymbol{B}_f = \boldsymbol{P}_{22}^{-1}\boldsymbol{N}_2,\ \boldsymbol{M}_f = \boldsymbol{P}_{22}^{-1}\boldsymbol{N}_6^{\mathrm{T}}。 \tag{6.1.9}$$

证明 应用Schur补，式(6.1.7a)和式(6.1.7b)分别等价于

$$\begin{bmatrix} \bar{\boldsymbol{A}}^{\mathrm{T}}(t)\boldsymbol{P} + \boldsymbol{P}\bar{\boldsymbol{A}}(t) & \boldsymbol{P}\bar{\boldsymbol{B}}(t) & \bar{\boldsymbol{L}}^{\mathrm{T}} \\ * & -\gamma\boldsymbol{I} & \boldsymbol{0} \\ * & * & -\boldsymbol{I} \end{bmatrix} < 0, \tag{6.1.10}$$

$$\begin{bmatrix} -\boldsymbol{P} & \bar{\boldsymbol{M}}^{\mathrm{T}}\boldsymbol{P} & \bar{\boldsymbol{L}}^{\mathrm{T}} \\ * & -\boldsymbol{P} & \boldsymbol{0} \\ * & * & -\boldsymbol{I} \end{bmatrix} < 0。 \tag{6.1.11}$$

令 $P = \begin{bmatrix} \boldsymbol{P}_{11} & \boldsymbol{P}_{12} \\ * & \boldsymbol{P}_{22} \end{bmatrix}$，$\boldsymbol{N}_1 = \boldsymbol{P}_{12}\boldsymbol{B}_f$，$\boldsymbol{N}_2 = \boldsymbol{P}_{22}\boldsymbol{B}_f$，$\boldsymbol{N}_3 = \boldsymbol{P}_{12}\boldsymbol{A}_f$，$\boldsymbol{N}_4 = \boldsymbol{P}_{22}\boldsymbol{A}_f$，$\boldsymbol{N}_5 = \boldsymbol{M}_f^{\mathrm{T}}\boldsymbol{P}_{12}^{\mathrm{T}}$，$\boldsymbol{N}_6 = \boldsymbol{M}_f^{\mathrm{T}}\boldsymbol{P}_{22}$，则式(6.1.11)等价于式(6.1.8b)。式(6.1.10)等价于

$$\begin{bmatrix} \Delta(t) & \boldsymbol{A}^{\mathrm{T}}(t)\boldsymbol{P}_{12} + \boldsymbol{N}_3 + \boldsymbol{C}^{\mathrm{T}}\boldsymbol{N}_2^{\mathrm{T}} & \boldsymbol{P}_{11}\boldsymbol{B}(t) & \boldsymbol{N}_1\boldsymbol{D}(t) & \boldsymbol{L}^{\mathrm{T}} \\ * & \boldsymbol{N}_4 + \boldsymbol{N}_4^{\mathrm{T}} & \boldsymbol{P}_{12}^{\mathrm{T}}\boldsymbol{B}(t) & \boldsymbol{0} & -\boldsymbol{L}^{\mathrm{T}} \\ * & * & -\gamma\boldsymbol{I} & \boldsymbol{0} & \boldsymbol{0} \\ * & * & * & -\gamma\boldsymbol{I} & \boldsymbol{0} \\ * & * & * & * & -\boldsymbol{I} \end{bmatrix} < 0,$$

其中，$\Delta(t) = \boldsymbol{P}_{11}\boldsymbol{A}(t) + \boldsymbol{N}_1\boldsymbol{C}(t) + \boldsymbol{A}^{\mathrm{T}}(t)\boldsymbol{P}_{11} + \boldsymbol{C}^{\mathrm{T}}(t)\boldsymbol{N}_1^{\mathrm{T}}$。上式可以写为

$$\boldsymbol{\Omega}_1 + \boldsymbol{\Omega}_2^{\mathrm{T}}\boldsymbol{F}(t)\boldsymbol{\Omega}_3 + \boldsymbol{\Omega}_3^{\mathrm{T}}F^{\mathrm{T}}(t)\boldsymbol{\Omega}_2 + \boldsymbol{\Omega}_4^{\mathrm{T}}\boldsymbol{F}(t)\boldsymbol{\Omega}_5 + \boldsymbol{\Omega}_5^{\mathrm{T}}F^{\mathrm{T}}(t)\boldsymbol{\Omega}_4 < 0。 \tag{6.1.12}$$

根据引理6.1.1可知，式(6.1.12)成立的充分条件是

$$\boldsymbol{\Omega}_1+\varepsilon_1^{-1}\boldsymbol{\Omega}_2^{\mathrm{T}}\boldsymbol{\Omega}_2+\varepsilon_1\boldsymbol{\Omega}_3^{\mathrm{T}}\boldsymbol{\Omega}_3+\varepsilon_2^{-1}\boldsymbol{\Omega}_4^{\mathrm{T}}\boldsymbol{\Omega}_4+\varepsilon_2\boldsymbol{\Omega}_5^{\mathrm{T}}\boldsymbol{\Omega}_5<0。$$

再利用Schur补，上式等价于式(6.1.8a)。由 $\boldsymbol{N}_2=\boldsymbol{P}_{22}\boldsymbol{B}_f$，$\boldsymbol{N}_4=\boldsymbol{P}_{22}\boldsymbol{A}_f$，$\boldsymbol{N}_6=\boldsymbol{M}_f^{\mathrm{T}}\boldsymbol{P}_{22}$ 可得到滤波器的参数如式(6.1.9)，同时还要求式(6.1.8e) 成立。用类似的方法可以证明式(6.1.8c) 和式(6.1.8d) 也能保证式(6.1.6d) 和式(6.1.7c) 成立。由定理6.1.2可知，有限时间滤波问题是可解的。

为了避免定理6.1.3中 $\boldsymbol{N}_i(i=1,\cdots,6)$ 的耦合问题，可以取 $P=\mathrm{diag}\{\boldsymbol{P}_{11},\boldsymbol{P}_{22}\}$，则可得如下结论。

定理6.1.4 假定(H6.1) ~ (H6.3) 成立，给定正数 γ，则滤波问题可解的充分条件是存在矩阵 $\boldsymbol{P}_{11}>0$，$\boldsymbol{P}_{22}>0$，$\boldsymbol{N}_2$，$\boldsymbol{N}_4$，$\boldsymbol{N}_6$ 和正数 λ，ε_1，ε_2，h_2 满足式(6.1.8c)、式(6.1.8d) 和

$$\begin{bmatrix}
\boldsymbol{P}_{11}\boldsymbol{A}+\boldsymbol{A}^{\mathrm{T}}\boldsymbol{P}_{11} & \boldsymbol{C}^{\mathrm{T}}\boldsymbol{N}_2^{\mathrm{T}} & \boldsymbol{P}_{11}\boldsymbol{B} & \boldsymbol{0} & \boldsymbol{L}^{\mathrm{T}} & \boldsymbol{P}_{11}\boldsymbol{Q}_1 & \varepsilon_1\boldsymbol{R}_1^{\mathrm{T}} & \boldsymbol{0} & \varepsilon_2\boldsymbol{R}_3^{\mathrm{T}}\\
* & \boldsymbol{N}_4+\boldsymbol{N}_4^{\mathrm{T}} & \boldsymbol{0} & \boldsymbol{N}_2\boldsymbol{D} & -\boldsymbol{L}^{\mathrm{T}} & \boldsymbol{0} & \boldsymbol{0} & \boldsymbol{N}_2\boldsymbol{Q}_2 & \boldsymbol{0}\\
* & * & -\gamma\boldsymbol{I} & \boldsymbol{0} & \boldsymbol{0} & \boldsymbol{0} & \varepsilon_1\boldsymbol{R}_2^{\mathrm{T}} & \boldsymbol{0} & \varepsilon_2\boldsymbol{R}_4^{\mathrm{T}}\\
* & * & * & -\gamma\boldsymbol{I} & \boldsymbol{0} & \boldsymbol{0} & \boldsymbol{0} & \boldsymbol{0} & \boldsymbol{0}\\
* & * & * & * & -\boldsymbol{I} & \boldsymbol{0} & \boldsymbol{0} & \boldsymbol{0} & \boldsymbol{0}\\
* & * & * & * & * & -\varepsilon_1\boldsymbol{I} & \boldsymbol{0} & \boldsymbol{0} & \boldsymbol{0}\\
* & * & * & * & * & * & -\varepsilon_1\boldsymbol{I} & \boldsymbol{0} & \boldsymbol{0}\\
* & * & * & * & * & * & * & -\varepsilon_2\boldsymbol{I} & \boldsymbol{0}\\
* & * & * & * & * & * & * & * & -\varepsilon_2\boldsymbol{I}
\end{bmatrix}<0,$$

$$\begin{bmatrix}
-\boldsymbol{P}_{11} & \boldsymbol{0} & \boldsymbol{M}^{\mathrm{T}}\boldsymbol{P}_{11} & \boldsymbol{0} & \boldsymbol{L}^{\mathrm{T}}\\
* & -\boldsymbol{P}_{22} & \boldsymbol{0} & \boldsymbol{N}_6 & -\boldsymbol{L}^{\mathrm{T}}\\
* & * & -\boldsymbol{P}_{11} & \boldsymbol{0} & \boldsymbol{0}\\
* & * & * & -\boldsymbol{P}_{22} & \boldsymbol{0}\\
* & * & * & * & -\boldsymbol{I}
\end{bmatrix}<0。$$

当上面的条件满足时，所求的滤波器的参数为

$$\boldsymbol{A}_f=\boldsymbol{P}_{22}^{-1}\boldsymbol{N}_4,\ \boldsymbol{B}_f=\boldsymbol{P}_{22}^{-1}\boldsymbol{N}_2,\ \boldsymbol{M}_f=\boldsymbol{P}_{22}^{-1}\boldsymbol{N}_6^{\mathrm{T}}。\tag{6.1.13}$$

6.2 离散时间脉冲系统的鲁棒有限时间稳定性与滤波

考虑如下形式的离散时间不确定线性脉冲系统：

$$\begin{cases}
\boldsymbol{x}(k+1)=\boldsymbol{A}(k)\boldsymbol{x}(k)+\boldsymbol{B}(k)\boldsymbol{\omega}(k), & k\neq\tau_j,\\
\boldsymbol{x}(\tau_j+1)=\boldsymbol{M}\boldsymbol{x}(\tau_j), & \tau_j\in\mathbf{N},\\
\boldsymbol{y}(k)=\boldsymbol{C}(k)\boldsymbol{x}(k)+\boldsymbol{D}(k)\boldsymbol{v}(k), & \\
z(k)=\boldsymbol{L}\boldsymbol{x}(k), & \boldsymbol{x}(0)=\boldsymbol{x}_0,
\end{cases}\tag{6.2.1}$$

其中，$x(k)\in\mathbf{R}^n$ 是系统的状态向量；$y(k)\in\mathbf{R}^m$ 是测量输出向量；$z(k)\in\mathbf{R}^p$ 是待估测的信号；时间列 τ_j 是脉冲时刻；M 和 L 是具有适当阶数的实矩阵；$\omega(k)\in\mathbf{R}^q$ 和 $v(k)\in\mathbf{R}^r$ 分别为过程噪音和测量噪音且满足 $\sum_{k=0}^{T-1}[\omega^{\mathrm{T}}(k)\omega(k)+v^{\mathrm{T}}(k)v(k)]\leqslant d$。$A(k)$，$B(k)$，$C(k)$ 和 $D(k)$ 是时变不确定的矩阵函数且满足 $A(k)=A+\Delta A(k)$，$B(k)=B+\Delta B(k)$，$C(k)=C+\Delta C(k)$，$D(k)=D+\Delta D(k)$ 和

$$[\Delta A(k)\quad \Delta B(k)]=Q_1F(k)[R_1R_2],\ [\Delta C(k)\quad \Delta D(k)]=Q_2F(k)[R_3R_4],$$

其中，Q_1，Q_2，$R_i(i=1,\cdots,4)$ 为实矩阵，$\|F(k)\|\leqslant 1$。

设计具有如下实现形式的 n 维脉冲滤波器：

$$\begin{cases}\hat{x}(k+1)=A_f\hat{x}(k)+B_fy(k), & k\neq\tau_j,\\ \hat{x}(\tau_j+1)=M_f\hat{x}(\tau_j), & \tau_j\in\mathbf{N},\\ \hat{z}(k)=L\hat{x}(k), & \hat{x}(0)=x_0,\end{cases}\tag{6.2.2}$$

其中，$\hat{x}(k)\in\mathbf{R}^n$ 和 $\hat{z}(k)\in\mathbf{R}^p$ 分别表示滤波器的状态向量和输出向量，矩阵 A_f，B_f 和 M_f 是待定矩阵。

令 $\bar{x}(k)=[x^{\mathrm{T}}(k)\hat{x}^{\mathrm{T}}(k)]^{\mathrm{T}}$，$\bar{z}(k)=z(k)-\hat{z}(k)$，则滤波误差系统为

$$\begin{cases}\bar{x}(k+1)=\bar{A}(k)\bar{x}(k)+\bar{B}(k)\eta(k), & k\neq\tau_j,\\ \bar{x}(\tau_j+1)=\bar{M}\bar{x}(\tau_j), & \tau_j\in\mathbf{N},\\ \bar{z}(k)=\bar{L}\bar{x}(k), & \bar{x}(0)=\bar{x}_0,\end{cases}\tag{6.2.3}$$

其中，$\bar{B}(k)=\operatorname{diag}\{B(k),B_fD(k)\}$，$\bar{M}=\operatorname{diag}\{M,M_f\}$，$\bar{L}=[L\ -L]$，$\bar{x}_0^{\mathrm{T}}=[x_0^{\mathrm{T}}x_0^{\mathrm{T}}]$，

$$\bar{A}(k)=\begin{bmatrix}A(k) & 0\\ B_fC(k) & A_f\end{bmatrix},\ \eta(k)=\begin{bmatrix}\omega(k)\\ v(k)\end{bmatrix}。$$

定义 6.2.1　给定两个正常数 c_1，c_2 且 $c_1\leqslant c_2$，正定矩阵 R 和一个定义在 $[0,T]$ 上的正定的矩阵值函数 $\Gamma(\cdot)$ 且 $\Gamma(0)<R$，系统(6.2.1) 称为关于 $(c_1,c_2,T,R,\Gamma(\cdot),d)$ 是有限时间稳定的，如果满足

$$x_0^{\mathrm{T}}Rx_0\leqslant c_1\Rightarrow x^{\mathrm{T}}(k)\Gamma(k)x(k)\leqslant c_2,\ \forall k\in[0,T]。$$

我们研究的有限时间滤波问题如下：

给定一个不确定线性脉冲系统(6.2.1) 和一个指定的噪音衰减水平 $\gamma>0$，确定一个形如(6.2.2) 的线性脉冲滤波器，使得滤波误差系统(6.2.3) 是有限时间稳定的；并且在零初始条件下，对于所有非零的 $\eta(k)$，滤波误差满足

$$\sum_{k=0}^{T}\bar{z}^{\mathrm{T}}(k)\bar{z}(k)\leqslant\gamma\sum_{k=0}^{T}\eta^{\mathrm{T}}(k)\eta(k)。\tag{6.2.4}$$

引理 6.2.1[134]　若存在正定函数 $V(k,\bar{x}(k))$ 和常数 $h_1\geqslant 1$，$h_2>0$ 满足

$$\bar{\boldsymbol{x}}^{\mathrm{T}}(k)\boldsymbol{\Gamma}(k)\bar{\boldsymbol{x}}(k) \leqslant h_2\boldsymbol{V}(k,\ \bar{\boldsymbol{x}}(k)), \tag{6.2.5a}$$

$$h_2h_1^N[\boldsymbol{V}(0,\ \bar{\boldsymbol{x}}(0)) + \gamma d] \leqslant c_2, \tag{6.2.5b}$$

当 $k=\tau_j$ 时，$\boldsymbol{V}(\tau_j+1,\ \bar{\boldsymbol{x}}(\tau_j+1)) \leqslant h_1\boldsymbol{V}(\tau_j,\ \bar{\boldsymbol{x}}(\tau_j))$，(6.2.5c)

当 $k\neq\tau_j$ 时，$\boldsymbol{V}(k+1,\ \bar{\boldsymbol{x}}(k+1)) - \boldsymbol{V}(k,\ \bar{\boldsymbol{x}}(k)) \leqslant \gamma\boldsymbol{\eta}^{\mathrm{T}}(k)\boldsymbol{\eta}(k)$，(6.2.5d)

则滤波误差系统(6.2.3)关于$(c_1,\ c_2,\ T,\ R,\ \boldsymbol{\Gamma}(\cdot),\ d)$是有限时间稳定的。

定理 6.2.1 给定系统(6.2.1)和滤波系统(6.2.2)，若存在正定矩阵 $\boldsymbol{P}$ 和常数 $h_1\geqslant 1$，$h_2>0$ 满足

$$\begin{bmatrix} \bar{\boldsymbol{A}}^{\mathrm{T}}(k)\boldsymbol{P}\bar{\boldsymbol{A}}(k)-\boldsymbol{P} & \bar{\boldsymbol{A}}^{\mathrm{T}}(k)\boldsymbol{P}\bar{\boldsymbol{B}}(k) \\ * & \bar{\boldsymbol{B}}^{\mathrm{T}}(k)\boldsymbol{P}\bar{\boldsymbol{B}}(k)-\gamma\boldsymbol{I} \end{bmatrix} < 0, \tag{6.2.6a}$$

$$\bar{\boldsymbol{M}}^{\mathrm{T}}\boldsymbol{P}\bar{\boldsymbol{M}} \leqslant h_1\boldsymbol{P}, \tag{6.2.6b}$$

$$h_1h_2^N[\lambda c_1+\gamma d] \leqslant c_2, \tag{6.2.6c}$$

$$\boldsymbol{\Gamma}(k) \leqslant h_2\boldsymbol{P}, \tag{6.2.6d}$$

则滤波误差系统(6.2.3)关于$(c_1,\ c_2,\ T,\ R,\ \boldsymbol{\Gamma}(\cdot),\ d)$是有限时间稳定的，其中，$\lambda=\lambda_{\max}(\boldsymbol{R}^{-1}\boldsymbol{P})$。

证明 考虑 Lyapunov 函数 $\boldsymbol{V}(k)=\bar{\boldsymbol{x}}^{\mathrm{T}}(k)\boldsymbol{P}\bar{\boldsymbol{x}}(k)$，显然式(6.2.6d)可以保证式(6.2.5a)成立。由式(6.2.6c)、$\lambda=\lambda_{\max}(\boldsymbol{R}^{-1}\boldsymbol{P})$ 和 $\bar{\boldsymbol{x}}_0$ 满足 $\bar{\boldsymbol{x}}_0^{\mathrm{T}}\boldsymbol{R}\bar{\boldsymbol{x}}_0\leqslant c_1$ 可得

$$\begin{aligned} h_2h_1^N[\boldsymbol{V}(0,\ \bar{\boldsymbol{x}}(0))+\gamma d] &= h_2h_1^N[\bar{\boldsymbol{x}}^{\mathrm{T}}(0)\boldsymbol{P}\bar{\boldsymbol{x}}(0)+\gamma d] \\ &= h_2h_1^N[\bar{\boldsymbol{x}}^{\mathrm{T}}(0)\boldsymbol{R}(\boldsymbol{R}^{-1}\boldsymbol{P})\bar{\boldsymbol{x}}(0)+\gamma d] \\ &\leqslant h_2h_1^N[\lambda\bar{\boldsymbol{x}}^{\mathrm{T}}(0)\boldsymbol{R}\bar{\boldsymbol{x}}(0)+\gamma d] \\ &\leqslant h_2h_1^N[\lambda c_1+\gamma d] \\ &\leqslant c_2, \end{aligned}$$

即式(6.2.5b)成立。

当 $k=\tau_j$ 时，由式(6.2.6b)可得

$$\boldsymbol{V}(\tau_j+1)=\bar{\boldsymbol{x}}^{\mathrm{T}}(\tau_j+1)\boldsymbol{P}\bar{\boldsymbol{x}}(\tau_j+1)=\bar{\boldsymbol{x}}^{\mathrm{T}}(\tau_j)\bar{\boldsymbol{M}}^{\mathrm{T}}\boldsymbol{P}\bar{\boldsymbol{M}}\bar{\boldsymbol{x}}(\tau_j) \leqslant h_1\boldsymbol{V}(\tau_j),$$

即式(6.2.5c)成立。

当 $k\neq\tau_j$ 时，由式(6.2.6a)可得

$$\begin{aligned} \boldsymbol{V}(k+1) &= \bar{\boldsymbol{x}}^{\mathrm{T}}(k+1)\boldsymbol{P}\bar{\boldsymbol{x}}(k+1) \\ &= [\bar{\boldsymbol{A}}(k)\bar{\boldsymbol{x}}(k)+\bar{\boldsymbol{B}}(k)\boldsymbol{\eta}(k)]^{\mathrm{T}}\boldsymbol{P}[\bar{\boldsymbol{A}}(k)\bar{\boldsymbol{x}}(k)+\bar{\boldsymbol{B}}(k)\boldsymbol{\eta}(k)] \\ &= \bar{\boldsymbol{x}}^{\mathrm{T}}(k)\bar{\boldsymbol{A}}^{\mathrm{T}}(k)\boldsymbol{P}\bar{\boldsymbol{A}}(k)\bar{\boldsymbol{x}}(k)+\boldsymbol{\eta}^{\mathrm{T}}(k)\bar{\boldsymbol{B}}^{\mathrm{T}}(k)\boldsymbol{P}\bar{\boldsymbol{B}}(k)\boldsymbol{\eta}(k)+2\bar{\boldsymbol{x}}^{\mathrm{T}}(k)\bar{\boldsymbol{A}}^{\mathrm{T}}(k)\boldsymbol{P}\bar{\boldsymbol{B}}(k)\boldsymbol{\eta}(k) \\ &\leqslant \boldsymbol{V}(k)+\gamma\boldsymbol{\eta}^{\mathrm{T}}(k)\boldsymbol{\eta}(k), \end{aligned}$$

即式(6.2.5d) 成立。则由引理 6.2.1 可知，滤波误差系统(6.2.3) 关于(c_1，c_2，T，$\boldsymbol{R}$，$\boldsymbol{\Gamma}(\cdot)$，$d$) 是有限时间稳定的。

注 6.2.1　定理 6.2.1 和引理 6.2.1 中引入了变量 $h_1 \geqslant 1$ 和 $h_2 > 0$，从式(6.2.6b)、式(6.2.6c) 和式(6.2.6d) 中可以看出引入变量 h_1 和 h_2 的重要性。如果全取 1，则式(6.2.6b) 为 $\bar{\boldsymbol{M}}^{\mathrm{T}}\boldsymbol{P}\bar{\boldsymbol{M}} \leqslant \boldsymbol{P}$，即脉冲时刻 τ_j 对应的系数矩阵 $\bar{\boldsymbol{M}}$ 要满足 $\lambda_{\max}(\bar{\boldsymbol{M}}) \leqslant 1$，这个条件在实际问题中不容易满足。引入变量 h_1 可以把条件放松为 $\lambda_{\max}(\bar{\boldsymbol{M}}) \leqslant \sqrt{h_1}$。另外，从式(6.2.6c) 中可以看出，由于变量 h_1 的引入，使得 $h_1^N[h_1\lambda c_1 + \gamma d]$ 变大，为了使得它能小于给定的常数 c_2，我们引入了另一个变量 h_2，通过它可以保证式(6.2.6c) 成立，当然这里主要是利用 $0 < h_2 < 1$。如果 $h_1^N[h_1\lambda c_1 + \gamma d] < c_2$ 成立，我们可以选择合适的 $h_2 > 1$ 满足式(6.2.6c)，从式(6.2.6d) 中可以看出这样做扩大了 $\boldsymbol{P}$ 的取值范围。

定理 6.2.2　给定离散时间脉冲系统(6.2.1) 和滤波系统(6.2.2)，若存在正定矩阵 $\boldsymbol{P}$ 和正常数 λ，h_2 满足式(6.2.6d) 和

$$\begin{bmatrix} \bar{\boldsymbol{A}}^{\mathrm{T}}(k)\boldsymbol{P}\bar{\boldsymbol{A}}(k) + \bar{\boldsymbol{L}}^{\mathrm{T}}\bar{\boldsymbol{L}} - \boldsymbol{P} & \bar{\boldsymbol{A}}^{\mathrm{T}}(k)\boldsymbol{P}\bar{\boldsymbol{B}}(k) \\ * & \bar{\boldsymbol{B}}^{\mathrm{T}}(k)\boldsymbol{P}\bar{\boldsymbol{B}}(k) - \gamma\boldsymbol{I} \end{bmatrix} < 0, \tag{6.2.7a}$$

$$\bar{\boldsymbol{M}}^{\mathrm{T}}P\bar{\boldsymbol{M}} + \bar{\boldsymbol{L}}^{\mathrm{T}}\bar{\boldsymbol{L}} \leqslant \boldsymbol{P}, \tag{6.2.7 b}$$

$$h_2[\lambda c_1 + \gamma d] \leqslant c_2, \tag{6.2.7c}$$

则系统(6.2.3) 关于(c_1，c_2，T，$\boldsymbol{R}$，$\boldsymbol{\Gamma}(\cdot)$，$d$) 是有限时间稳定的且满足式(6.2.4)，其中，$\lambda = \lambda_{\max}(\boldsymbol{R}^{-1}\boldsymbol{P})$。

证　取 $h_1 = 1$，显然式(6.2.7a) ~ 式(6.2.7c) 能保证式(6.2.6a) ~ 式(6.2.6c) 成立，则由定理 6.2.1 可知滤波误差系统(6.2.3) 关于(c_1，c_2，T，$\boldsymbol{R}$，$\boldsymbol{\Gamma}(\cdot)$，$d$) 是有限时间稳定的。

接下来在零初始条件下证明滤波误差系统(6.2.3) 满足不等式(6.2.4)。当 $k \neq \tau_j$ 时，由式(6.2.7a) 可得

$$\boldsymbol{V}(k+1) \leqslant \boldsymbol{V}(k) + \gamma\boldsymbol{\eta}^{\mathrm{T}}(k)\boldsymbol{\eta}(k) - \bar{z}^{\mathrm{T}}(k)\bar{z}(k),$$

即

$$\bar{z}^{\mathrm{T}}(k)\bar{z}(k) - \gamma\boldsymbol{\eta}^{\mathrm{T}}(k)\boldsymbol{\eta}(k) \leqslant \boldsymbol{V}(k) - \boldsymbol{V}(k+1)。\tag{6.2.8}$$

当 $k = \tau_j$ 时，由式(6.2.7b) 可得 $\boldsymbol{V}(\tau_j + 1) \leqslant \boldsymbol{V}(\tau_j) - \bar{z}^{\mathrm{T}}(\tau_j)\bar{z}(\tau_j)$，则下式显然成立：

$$\bar{z}^{\mathrm{T}}(\tau_j)\bar{z}(\tau_j) - \gamma\boldsymbol{\eta}^{\mathrm{T}}(k)\boldsymbol{\eta}(k) \leqslant \boldsymbol{V}(\tau_j) - \boldsymbol{V}(\tau_j + 1), \tag{6.2.9}$$

由零初始条件和不等式(6.2.8) 和不等式(6.2.9) 可得

$$\sum_{k=0}^{T}[\bar{z}^{\mathrm{T}}(k)\bar{z}(k) - \gamma\boldsymbol{\eta}^{\mathrm{T}}(k)\boldsymbol{\eta}(k)] \leqslant \boldsymbol{V}(0) - \boldsymbol{V}(T) \leqslant 0,$$

则式(6.2.4) 成立。

定理 6.2.3 给定常数 $\gamma > 0$，则滤波问题可解的充分条件是存在矩阵 $\boldsymbol{N}_i(i=1, 2, 3)$、正定矩阵 $\boldsymbol{P}_1$，$\boldsymbol{P}_2$ 和正数 λ，ε_1，ε_2 满足

$$\begin{bmatrix} \boldsymbol{\Omega}_1 & \boldsymbol{\Omega}_2^{\mathrm{T}} & \varepsilon_1\boldsymbol{\Omega}_3^{\mathrm{T}} & \boldsymbol{\Omega}_4^{\mathrm{T}} & \boldsymbol{\Omega}_5^{\mathrm{T}} \\ * & -\varepsilon_1\boldsymbol{I} & \boldsymbol{0} & \boldsymbol{0} & \boldsymbol{0} \\ * & * & -\varepsilon_1\boldsymbol{I} & \boldsymbol{0} & \boldsymbol{0} \\ * & * & * & -\varepsilon_2\boldsymbol{I} & \boldsymbol{0} \\ * & * & * & * & -\varepsilon_2\boldsymbol{I} \end{bmatrix} < 0, \tag{6.2.10a}$$

$$\begin{bmatrix} \boldsymbol{L}^{\mathrm{T}}\boldsymbol{L}-\boldsymbol{P}_1 & -\boldsymbol{L}^{\mathrm{T}}\boldsymbol{L} & \boldsymbol{M}^{\mathrm{T}}\boldsymbol{P}_1 & \boldsymbol{0} \\ * & \boldsymbol{L}^{\mathrm{T}}\boldsymbol{L}-\boldsymbol{P}_2 & \boldsymbol{0} & \boldsymbol{N}_3 \\ * & * & -\boldsymbol{P}_1 & \boldsymbol{0} \\ * & * & * & -\boldsymbol{P}_2 \end{bmatrix} < 0, \tag{6.2.10b}$$

$$\begin{bmatrix} \gamma d - \dfrac{c_2}{h_2} & \lambda\sqrt{c_1} \\ \lambda\sqrt{c_1} & -\lambda^{-1} \end{bmatrix} < 0, \tag{6.2.10c}$$

$$\frac{1}{h_2}\boldsymbol{\Gamma}(k) \leqslant \boldsymbol{P} \leqslant \lambda\boldsymbol{R}, \tag{6.2.10d}$$

其中，

$$\boldsymbol{\Omega}_1 = \begin{bmatrix} \boldsymbol{L}^{\mathrm{T}}\boldsymbol{L}-\boldsymbol{P}_1 & -\boldsymbol{L}^{\mathrm{T}}\boldsymbol{L} & \boldsymbol{0} & \boldsymbol{0} & \boldsymbol{A}^{\mathrm{T}}\boldsymbol{P}_1 & \boldsymbol{C}^{\mathrm{T}}\boldsymbol{N}_2 \\ * & \boldsymbol{L}^{\mathrm{T}}\boldsymbol{L}-\boldsymbol{P}_2 & \boldsymbol{0} & \boldsymbol{0} & \boldsymbol{0} & \boldsymbol{N}_1 \\ * & * & -\gamma\boldsymbol{I} & \boldsymbol{0} & \boldsymbol{B}^{\mathrm{T}}\boldsymbol{P}_1 & \boldsymbol{0} \\ * & * & * & -\gamma\boldsymbol{I} & \boldsymbol{0} & \boldsymbol{D}^{\mathrm{T}}\boldsymbol{N}_2 \\ * & * & * & * & -\boldsymbol{P}_1 & \boldsymbol{0} \\ * & * & * & * & * & -\boldsymbol{P}_2 \end{bmatrix},$$

$$\boldsymbol{\Omega}_2 = [\boldsymbol{0}\ \ \boldsymbol{0}\ \ \boldsymbol{0}\ \ \boldsymbol{0}\ \ \boldsymbol{Q}_1^{\mathrm{T}}\boldsymbol{P}_1^{\mathrm{T}}\ \ \boldsymbol{0}],\ \boldsymbol{\Omega}_3 = [\boldsymbol{R}_1\ \ \boldsymbol{0}\ \ \boldsymbol{R}_2\ \ \boldsymbol{0}\ \ \boldsymbol{0}\ \ \boldsymbol{0}],$$

$$\boldsymbol{\Omega}_4 = [\boldsymbol{0}\ \ \boldsymbol{0}\ \ \boldsymbol{0}\ \ \boldsymbol{0}\ \ \boldsymbol{0}\ \ \boldsymbol{Q}_2^{\mathrm{T}}\boldsymbol{N}_2],\ \boldsymbol{\Omega}_5 = [\boldsymbol{R}_3\ \ \boldsymbol{0}\ \ \boldsymbol{0}\ \ \boldsymbol{R}_4\ \ \boldsymbol{0}\ \ \boldsymbol{0}]。$$

当上述条件满足时，所求的滤波器的参数为

$$\boldsymbol{A}_f = \boldsymbol{P}_2^{-1}\boldsymbol{N}_1^{\mathrm{T}},\ \boldsymbol{B}_f = \boldsymbol{P}_2^{-1}\boldsymbol{N}_2^{\mathrm{T}},\ \boldsymbol{M}_f = \boldsymbol{P}_2^{-1}\boldsymbol{N}_3^{\mathrm{T}}。 \tag{6.2.11}$$

证 应用 Schur 补，式(6.2.7a) 和式(6.2.7b) 分别等价于

$$\begin{bmatrix} \bar{\boldsymbol{L}}^{\mathrm{T}}\bar{\boldsymbol{L}}-\boldsymbol{P}_1 & \boldsymbol{0} & \bar{\boldsymbol{A}}^{\mathrm{T}}(k)P \\ * & -\gamma\boldsymbol{I} & \bar{\boldsymbol{B}}^{\mathrm{T}}(k)\boldsymbol{P} \\ * & * & -\boldsymbol{P} \end{bmatrix} < 0, \tag{6.2.12}$$

$$\begin{bmatrix} \bar{L}^{\mathrm{T}}\bar{L}-P & \bar{M}^{\mathrm{T}}P \\ * & -P \end{bmatrix} < 0。\qquad (6.2.13)$$

令 $P = \begin{bmatrix} P_1 & 0 \\ 0 & P_2 \end{bmatrix}$，$N_1 = A_f^{\mathrm{T}}P_2$，$N_2 = B_f^{\mathrm{T}}P_2$，$N_3 = M_f^{\mathrm{T}}P_2$，则式(6.2.13)等价于式(6.2.10b)。式(6.2.12)等价于

$$\begin{bmatrix} L^{\mathrm{T}}L-P_{11} & -L^{\mathrm{T}}L & 0 & 0 & A^{\mathrm{T}}(k)P_1 & C^{\mathrm{T}}(k)N_2 \\ * & L^{\mathrm{T}}L-P_2 & 0 & 0 & 0 & N_1 \\ * & * & -\gamma I & 0 & B^{\mathrm{T}}(k)P_1 & 0 \\ * & * & * & -\gamma I & 0 & D^{\mathrm{T}}(k)N_2 \\ * & * & * & * & -P_1 & 0 \\ * & * & * & * & * & -P_2 \end{bmatrix} < 0,$$

上式可以写为

$$\boldsymbol{\Omega}_1 + \boldsymbol{\Omega}_2^{\mathrm{T}}F(k)\boldsymbol{\Omega}_3 + \boldsymbol{\Omega}_3^{\mathrm{T}}F^{\mathrm{T}}(k)\boldsymbol{\Omega}_2 + \boldsymbol{\Omega}_4^{\mathrm{T}}F(k)\boldsymbol{\Omega}_5 + \boldsymbol{\Omega}_5^{\mathrm{T}}F^{\mathrm{T}}(k)\boldsymbol{\Omega}_4 < 0。\qquad (6.2.14)$$

根据引理6.1.1可知，要使式(6.2.14)成立，只需要

$$\boldsymbol{\Omega}_1 + \varepsilon_1^{-1}\boldsymbol{\Omega}_2^{\mathrm{T}}\boldsymbol{\Omega}_2 + \varepsilon_1\boldsymbol{\Omega}_3^{\mathrm{T}}\boldsymbol{\Omega}_3 + \varepsilon_2^{-1}\boldsymbol{\Omega}_4^{\mathrm{T}}\boldsymbol{\Omega}_4 + \varepsilon_2\boldsymbol{\Omega}_5^{\mathrm{T}}\boldsymbol{\Omega}_5 < 0。$$

利用Schur补，上式等价于式(6.2.10a)。类似地，利用Schur补可以证明式(6.2.10c)等价于式(6.2.7c)。再由 $\lambda = \lambda_{\max}(R^{-1}P)$ 可得 $P \leqslant \lambda R$，即式(6.2.10d)可以保证式(6.2.6d)成立。则由定理6.2.2可知，有限时间滤波问题是可解的。另外，由 $N_1 = A_f^{\mathrm{T}}P_2$，$N_2 = B_f^{\mathrm{T}}P_2$，$N_3 = M_f^{\mathrm{T}}P_2$ 可得滤波器的参数如式(6.2.11)。

6.3 数值模拟

例6.3.1 为了检验结论的可行性，我们首先考虑参数如下的连续时间不确定脉冲系统：

$$A = \begin{bmatrix} 0.6 & 0.5 \\ 0 & 0.7 \end{bmatrix},\ B = \begin{bmatrix} 0.8 \\ 0.5 \end{bmatrix},\ C = \begin{bmatrix} 1 & 1 \\ 1 & -1 \end{bmatrix},\ M = \begin{bmatrix} 0.8 & 0.1 \\ 0 & -0.7 \end{bmatrix},\ D = \begin{bmatrix} 1 \\ 1 \end{bmatrix},$$

$$Q_1 = \begin{bmatrix} 0.4 & 0 \\ 0.2 & -0.5 \end{bmatrix},\ Q_2 = \begin{bmatrix} 2 & 1 \\ 2 & 1 \end{bmatrix},\ R_1 = \begin{bmatrix} 0.5 & 0.1 \\ 1 & 0.2 \end{bmatrix},\ R_2 = \begin{bmatrix} 0.8 \\ 0.2 \end{bmatrix},$$

$$R_3 = \begin{bmatrix} 0.3 & 0.1 \\ 0.5 & -0.5 \end{bmatrix},\ R_4 = \begin{bmatrix} 0.4 \\ 0.7 \end{bmatrix},\ L = \begin{bmatrix} 0.5 \\ 0.7 \end{bmatrix},$$

初始值为 $x_0 = [0.15\quad 0.4]^{\mathrm{T}}$。令 $d=1$，$c_1=0.6$，$R=3I$，$c_2=\gamma=3$，$\Gamma(t)=\mathrm{diag}\{1,1,2,2\}$，研究上述系统在[0, 8]上的有限时间鲁棒滤波问题，它的脉冲为 $\tau_1=2$，$\tau_2=6$。显然，$\bar{x}_0^{\mathrm{T}}R\bar{x}_0 < c_1$ 且 $\Gamma(0) < R$。若松弛变量 $h_2=1$，显然 $\gamma d - c_2 = 0$，则条件(6.1.8d)不满足，结论不可行。若令 $h=0.8$，利用定理6.1.4可得

$$P_{11}=\begin{bmatrix}1.5418 & 0.2991\\ 0.2991 & 2.1039\end{bmatrix},\ P_{22}=\begin{bmatrix}2.5658 & 0.0733\\ 0.0733 & 2.6160\end{bmatrix},\ N_2=\begin{bmatrix}0.2710 & -0.2641\\ 0.3794 & -0.3698\end{bmatrix},$$

$$N_4=\begin{bmatrix}-3.4965 & -0.1756\\ -0.1774 & -3.6176\end{bmatrix},\ N_6=\begin{bmatrix}1.3025 & -0.062\\ -0.062 & 1.26\end{bmatrix},$$

$$\varepsilon_1=1.1857,\ \varepsilon_2=1.1496,\ \lambda=1.1796。$$

由式(6.1.13)可得滤波器(6.1.2)的参数为

$$B_f=\begin{bmatrix}0.1016 & -0.099\\ 0.1422 & -0.1386\end{bmatrix},\ A_f=\begin{bmatrix}-1.3619 & -0.029\\ -0.0297 & -1.382\end{bmatrix},\ M_f=\begin{bmatrix}0.5087 & -0.0379\\ -0.0379 & 0.4827\end{bmatrix}。$$

下图是上述系统对应于 $F(t)=\cos(t+\sin t)$，$\omega(t)=0.1\sin t$ 和 $v=0.1\cos t$ 的仿真输出结果。其中图 6.1 中实线和虚线分别表示原系统状态分量 x_1 和 x_2 的轨迹。

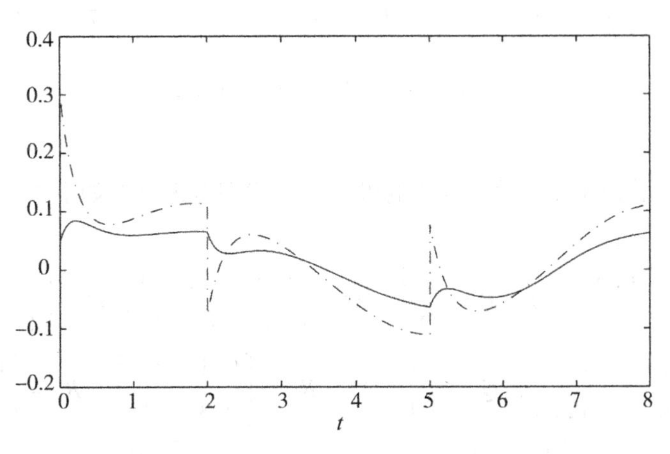

图 6.1　原系统的状态轨迹

图 6.2 中实线和虚线分别表示滤波器的状态分量 $\hat{x}_1$ 和 $\hat{x}_2$ 的轨迹。

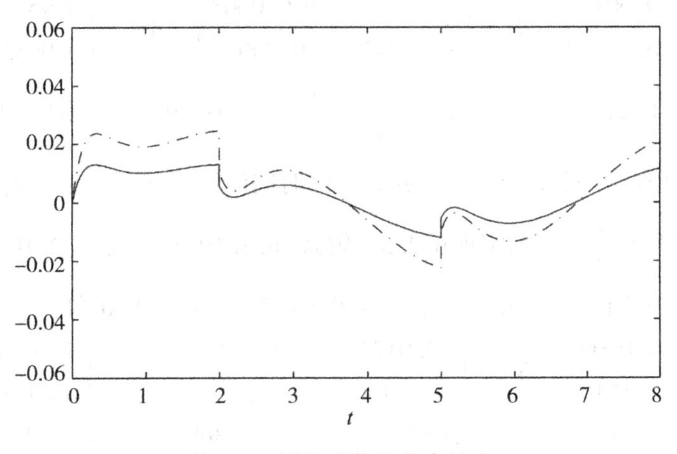

图 6.2　滤波系统的状态轨迹

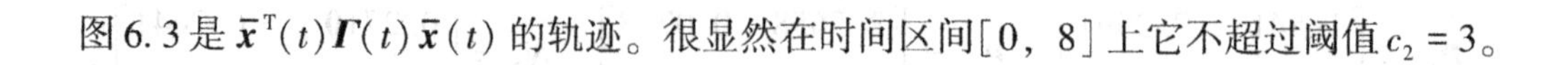

图6.3是 $\bar{\boldsymbol{x}}^{\mathrm{T}}(t)\boldsymbol{\Gamma}(t)\bar{\boldsymbol{x}}(t)$ 的轨迹。很显然在时间区间[0, 8]上它不超过阈值 $c_2=3$。

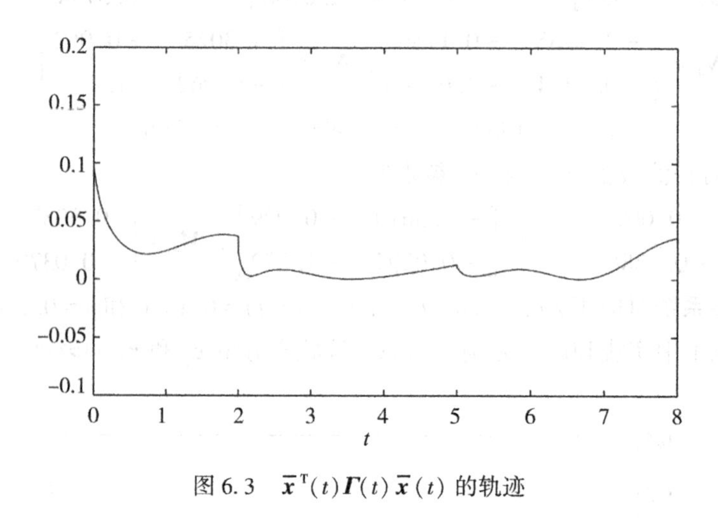

图 6.3　$\bar{\boldsymbol{x}}^{\mathrm{T}}(t)\boldsymbol{\Gamma}(t)\bar{\boldsymbol{x}}(t)$ 的轨迹

例 6.3.2　为了验证文中设计方法的可行性，我们考虑具有如下参数的离散时间不确定脉冲系统：

$$\boldsymbol{A}=\begin{bmatrix}0.6 & 0.5\\ 0 & 0.7\end{bmatrix},\ \boldsymbol{B}=\boldsymbol{D}=\begin{bmatrix}1\\ 1\end{bmatrix},\ \boldsymbol{M}=\begin{bmatrix}0.8 & 0.1\\ 0 & -0.8\end{bmatrix},\ \boldsymbol{C}=\begin{bmatrix}1 & 1\\ 1 & -1\end{bmatrix},$$

$$\boldsymbol{Q}_1=\begin{bmatrix}0.4 & 0\\ 0 & -0.2\end{bmatrix},\ \boldsymbol{Q}_2=\begin{bmatrix}1 & 0\\ 4 & 3\end{bmatrix},\ \boldsymbol{R}_1=\begin{bmatrix}0.1 & 0.1\\ 0.3 & 0\end{bmatrix},\ \boldsymbol{R}_2=\begin{bmatrix}0.5\\ 1\end{bmatrix},$$

$$\boldsymbol{R}_3=\begin{bmatrix}0.3 & 0\\ 0 & 0.4\end{bmatrix},\ \boldsymbol{R}_4=\begin{bmatrix}3\\ 0.8\end{bmatrix},\ \boldsymbol{L}=\begin{bmatrix}-0.2\\ 0.2\end{bmatrix}^{\mathrm{T}},$$

初值 $\boldsymbol{x}_0=\begin{bmatrix}0.5\\ -0.6\end{bmatrix}^{\mathrm{T}}$；$d=1$，$c_1=4$，$c_2=6$，$\gamma=6$，$\boldsymbol{\Gamma}(0)=\mathrm{diag}\{0.1, 0.2, 2, 2\}$，

$$\boldsymbol{A}_f=\begin{bmatrix}0.9547 & 0.0043\\ 0.0043 & 0.9547\end{bmatrix},\ \boldsymbol{B}_f=\begin{bmatrix}0.0028 & -0.0003\\ -0.0028 & 0.0003\end{bmatrix},\ \boldsymbol{M}_f=\begin{bmatrix}0.9527 & 0.0063\\ 0.0063 & 0.9527\end{bmatrix}。$$

$\boldsymbol{\Gamma}(k)=\mathrm{diag}\{0.1, 0.2, 2-\frac{1}{9+k}, 2-\frac{1}{9+k}\}(k=1, \cdots, 9)$，$\boldsymbol{R}=3\boldsymbol{I}$，脉冲时刻为 $\tau_1=2$ 和 $\tau_2=5$，我们在时间区间[0, 9]上研究其有限时间滤波问题。显然，$\bar{\boldsymbol{x}}_0^{\mathrm{T}}\boldsymbol{R}\bar{\boldsymbol{x}}_0=3.66\leqslant c_1$ 且 $\boldsymbol{\Gamma}(0)<\boldsymbol{R}$。取 $h_2=\frac{1}{2}$，根据定理6.2.3，解式(6.2.10a)～式(6.2.10d)可以得到满足条件的常数和矩阵分别为 $\varepsilon_1=0.2385$，$\varepsilon_2=0.0417$，$\lambda=1.4850$ 和

$$\boldsymbol{N}_1=\begin{bmatrix}4.1719 & 0.0109\\ 0.0109 & 4.1719\end{bmatrix},\ \boldsymbol{N}_2=\begin{bmatrix}0.0123 & -0.0123\\ -0.0012 & 0.0012\end{bmatrix},\ \boldsymbol{N}_3=\begin{bmatrix}4.1630 & 0.0198\\ 0.0198 & 4.1630\end{bmatrix},$$

$$\boldsymbol{P}_1=\begin{bmatrix}0.2151 & -0.0521\\ -0.0521 & 0.7183\end{bmatrix},\ \boldsymbol{P}_2=\begin{bmatrix}4.3699 & -0.0081\\ -0.0081 & 4.3699\end{bmatrix}。$$

则滤波器(6.2.2) 的参数为

$$\boldsymbol{A}_f=\begin{bmatrix}0.9547 & 0.0043\\0.0043 & 0.9547\end{bmatrix},\ \boldsymbol{B}_f=\begin{bmatrix}0.0028 & -0.0003\\-0.0028 & 0.0003\end{bmatrix},\ \boldsymbol{M}_f=\begin{bmatrix}0.9527 & 0.0063\\0.0063 & 0.9527\end{bmatrix}。$$

图 6.4 是上述系统对应于 $\boldsymbol{F}(k)=\cos\dfrac{1}{10+k}$ 和扰动分别为 $\boldsymbol{\omega}(k)=\dfrac{1}{10-k}$，$\boldsymbol{v}(k)=\dfrac{1}{11-k}\sin\dfrac{1}{10-k}$ 的仿真输出结果。其中，图 6.4(a) 中 * 和○分别表示原系统状态分量 $\boldsymbol{x}_1$ 和 $\boldsymbol{x}_2$ 的轨迹；图 6.4(b) 中 * 和○分别表示滤波器的状态分量 $\hat{\boldsymbol{x}}_1$ 和 $\hat{\boldsymbol{x}}_2$ 的轨迹。

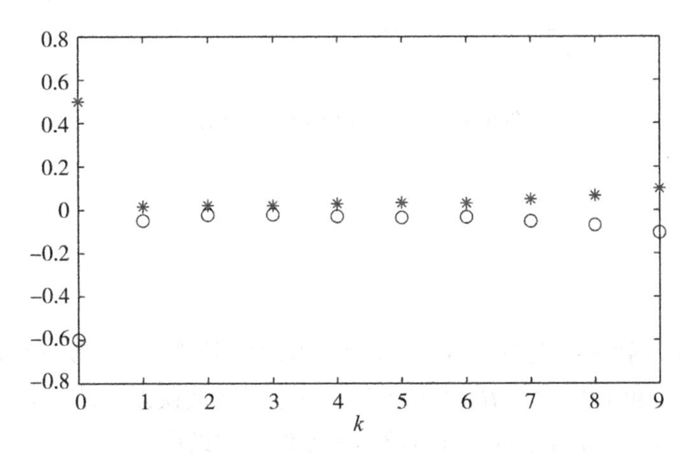

图 6.4(a)　原系统状态分量 $\boldsymbol{x}_1$ 和 $\boldsymbol{x}_2$ 的轨迹

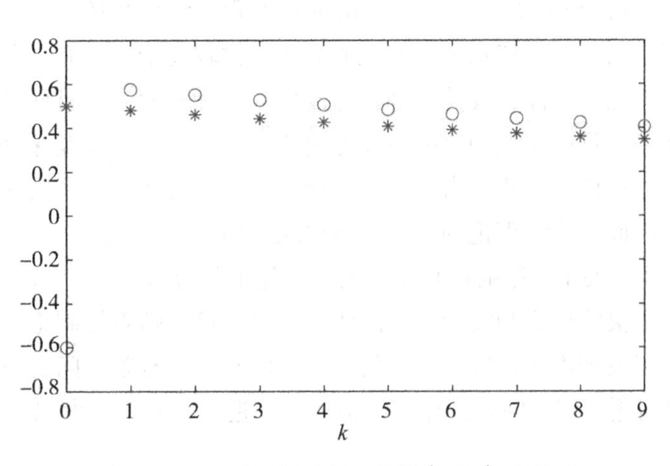

图 6.4(b)　滤波器的状态分量 $\hat{\boldsymbol{x}}_1$ 和 $\hat{\boldsymbol{x}}_2$ 的轨迹

图 6.5 是 $\bar{\boldsymbol{x}}^{\mathrm{T}}(k)\boldsymbol{\Gamma}(k)\bar{\boldsymbol{x}}(k)$ 的轨迹。很显然它在时间区间[0, 9] 上不超过阈值 $c_2=6$。

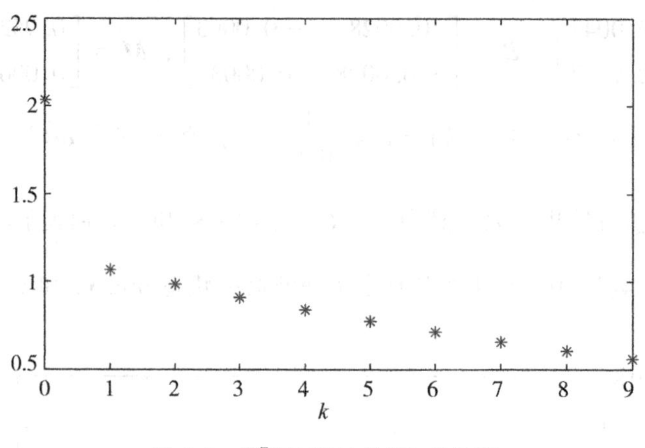

图 6.5　$\bar{\boldsymbol{x}}^{\mathrm{T}}(k)\boldsymbol{\Gamma}(k)\bar{\boldsymbol{x}}(k)$ 的轨迹

6.4　小结

利用 Lyapunov 函数和线性矩阵不等式方法，本章分别研究了离散时间和连续时间不确定脉冲系统的有限时间稳定性与 H_∞ 滤波问题，建立了滤波误差系统有限时间稳定和满足给定 H_∞ 性能要求的一些充分条件，并且给出了滤波器的设计方法。

尽管本书对稳定性和有限时间滤波问题进行了一定的研究，但仍存在一些亟待进一步探讨的问题。在 H_∞ 滤波研究中，无论采用 Riccati 方程、线性矩阵不等式还是 HJE 方法，求解都成为滤波问题的瓶颈。特别是当系统的非线性比较复杂、系统的维数较高时，实时性的要求往往无法满足。因此，设计一种计算简单、设计方便、实时性好的滤波器是我们以后努力的方向之一。目前滤波理论的研究思路比较单一，很多都是采用 Lyapnov 函数设计滤波器，形成了一种设计定式，由于该研究思路仅提供滤波器存在的充分条件，所以具有一定的局限性。因此，滤波理论的研究应该出现新局面和新思路。

总之，虽然近几年关于有限时间稳定和滤波理论的研究有了一定的发展，但是仍然存在很多有价值、待解决的理论和实际应用问题。可以相信，随着控制论、检测装置和仪器仪表的更新进展，滤波理论必将取得长足的发展。同时，将有限时间滤波应用于实际系统中，在实践中发现问题、解决问题，让问题描述更接近于实际工程背景，也是我们今后努力的方向之一。

参 考 文 献

[1]郑大钟. 线性系统理论(第二版)[M]. 北京：清华大学出版社，2002.

[2]高为炳. 线性非定常大系统的稳定性问题[J]. 控制理论与应用，1986，3(1)：14-16.

[3] Zhong R, Yang Z. Robust stability analysis of singular linear system with delay and parameter uncertainty [J]. Journal of Control Theory and Applications, 2005, 3(2): 195-199.

[4] Zou L, Jiang Y. A simple criterion for the stability of linear system with constant coefficients[J]. Advanced Materials Research, 2010, 108-111: 359-362.

[5]张毅. 非线性时变大系统的关联稳定性[J]. 控制理论与应用，1987，4(3)：48-56.

[6]Khalil H K. Stability analysis of nonlinear multi-parameter singularly perturbed systems[J]. IEEE Transactions on Automatic Control, 1987, 32(3): 260-263.

[7]Liu X P, Huang G S. Global decentralized robust stabilization for interconnected uncertain nonlinear systems with multiple in Puts[J]. Automatica, 2001, 37(9): 1435-1442.

[8]Shao Z H, Sawan M E. Stabilization of uncertain singularly Perturbed systems[J]. IEEE Proceedings Control Theory and Applications, 2006, 153(1): 99-103.

[9]Guan Z H, Chen G R, Yu X H, et al. Robust decentralized stabilization for a class of large-scale time-delay uncertain impulsive dynamical systems[J]. Automatica, 2002, 38(11): 2075-2084.

[10]陈东彦，张铁柱. 具有时变时滞不确定大系统的鲁棒稳定性判据[J]. 计算技术与自动化，2003，22(2)：49-51.

[11]年晓红，罗大庸，李仁发. 具有时滞的区间大系统的鲁棒稳定性[J]. 系统工程学报，2001，16(4)：325-319.

[12]魏晓燕，卢占会，严艳，等. 一类具有时滞的线性区间动力系统的鲁棒稳定性[J]. 华北电力大学学报，2007，34(4)：96-99.

[13]宋乾坤. 具有时滞的线性区间动力系统的鲁棒稳定性[J]. 控制理论与应用，2005，22(1)：161-163.

[14]薛明香，蒋威. 一类具时滞的广义区间系统的稳定性分析[J]. 大学数学，2005，21(1)：74-79.

[15]Stojanovic S B, Debeljikovic D L. The sufficient conditions for stability of continuous and discrete large-scale time-delay interval systems[C]. International Conference on Control

Automation, 2005: 347-352.

[16] Suh I H, Bien Z. A note on the stability of large-scale systems with delays[J]. IEEE Transactions on Automatic Control, 1982, 27(1): 256-258.

[17] Hmamed A. Note on the stability of large-scale systems with delays[J]. International Journal of Systems Science, 1986, 17(7): 1083-1087.

[18] Kafri W S, Abed E H. Stability analysis of discrete-time singularly perturbed systems[J]. IEEE Transactions on Circuits Systems I: Fundamental Theory and Applications, 1996, 43(10): 848-850.

[19] Chen B S, Lin C L. On the stability bounds of singularly perturbed system[J]. IEEE Transactions on Automatic Control, 1990, 35(11): 1265-1270.

[20] Kuzmina L K. Some problems in stability theory of singularly perturbed systems with multiple time-scales[J]. Nonlinear Analysis: Theory, Methods, Applications, 2005, 63(5): 1289-1297.

[21] Hespanha J P, Liberzon D, Teel A R. On input-to-state stability of impulsive systems[C]. 44th IEEE Conference on Decision and Control, and the European Control Conference, Seville, Spain, 2005: 12-25.

[22] Liu X Z. Stability analysis of impulsive system via perturbing families of Lyapunov functions[J]. Rocky Mountain Journal of Mathematics, 1993, 23(2): 651-670.

[23] Haddad W M, Chellaboina V, Nersesov S G. Impulsive and Hybrid Dynamical Systems[M]. Princeton: Princeton University Press, 2006.

[24] Kozin F. Stability of Stochastic Dynamical Systems[M]. Berlin: Springer, 1972.

[25] Mao X R. Stochastic Differential Equations and their Applications[M]. Chichester: Horwood, 1997.

[26]华民刚，邓飞其，彭云建．不确定变时滞随机系统的鲁棒均方指数稳定性[J]．控制理论与应用，2009，26(5)：558-561.

[27]王春花．时滞、随机系统的稳定性与滑模控制[D]．青岛：中国海洋大学，2011.

[28]邓飞其，旷世芳，赵学艳．一般速率下马尔科夫调制随机系统的稳定性[J]．华南理工大学学报(自然科学版)，2012，40(10)：102-108.

[29] Yue D, Won S. Delay-dependent robust stability of stochastic systems with time delay and nonlinear uncertainties[J]. Electronics Letters, 2001, 37(15): 992-993.

[30] Dorato P. Short-time stability in linear time-varying systems[J]. IRE International Convertion Record IV, 1961: 83-87.

[31] LaSalle J, Lefschetz S. Stability by Lyapunov's Direct Methods: with Applications[M]. New York: Academic press, 1961.

[32] Weiss L, Infante E F. On the stability of systems defined over a finite time interval[J]. National Academy of Sciences, 1965, 54(1): 44-48.

[33] Michel A N, Wu S H. Stability of discrete systems over a finite interval of time[J]. International Journal of Control, 1969, 9(6): 679-693.

[34] Garrard W L, McClamroch N H, Clark L G. An approach to suboptimal feedback control of nonlinear systems[J]. International Journal of Control, 1967, 5(5): 425-435.

[35] Van Mellaert L, Dorato P. Nurmerical solution of an optimal control problem with a probability criterion[J]. IEEE Transactions on Automatic Control, 1972, 17(4): 543-546.

[36] San Filippo F A, Dorato P. Short-time parameter optimization with flight control application [J]. Automatica, 1974, 10(4): 425-430.

[37] Grujic W L. Finite time stability in control system synthesis[C]. 4th IFAC Congress, Warsaw, Poland, 1969: 21-31.

[38] Amato F, Ariola M, Dorato P. Finite-time control of linear systems subject to parametric uncertainties and disturbances[J]. Automatica, 2001, 37(9): 1459-1463.

[39] Amato F, Ariola M, Cosentino C. Finite-time stability of linear time-varying systems: Analysis and controller design[J]. IEEE Transactions on Automatic Control, 2009, 55(4): 1003-1008.

[40] Haimo V T. Finite-time control and optimization[J]. SIAM Journal on Control and Optimization, 1986, 24(4): 760-770.

[41] Liu L, Sun J. Finite-time stabilization of linear systems via impulsive control[J]. International Journal of Control, 2008, 8(6): 905-909.

[42] Amato F, Ambrosino R, Cosentino C, et al. Input-output finite-time stability of linear systems[C]. 17th Mediterranean Conference Control and Automatic, Thessaloniki, 2009: 342-346.

[43] Germain G, Sophie T, Jacques B. Finite-time stabilization of linear time-varying continuous systems[J]. IEEE Transactions on Automatic Control, 2009, 54(2): 364-369.

[44] Amato F, Ambrosino R, Calabrese F. Finite-time stability of linear systems: an approach based on polyhedral Lyapunov functions[J]. IET Control Theory and Applications, 2010, 4(9): 1767-1774.

[45] 程桂芳，丁志帅，慕小武. 自治非光滑时滞系统的有限时间稳定[J]. 应用数学学报, 2013, 36(1): 14-22.

[46] 林相泽，都海波，李世华. 离散线性切换系统的一致有限时间稳定分析和反馈控制及其在网络控制系统中的应用[J]. 控制与决策, 2011, 26(6): 841-846.

[47] Dorato P, Famularo D. Robust finite-time stability design via linear matrix inequalities[C]. 36th Conference on Desicion and Control, San Diego, 1997: 1305-1306.

[48] Abdallah C T, Amato F, Ariola M, et al. Statistical learning methods in linear algebra and control problems: the examples of finte-time control of uncertain linear systems[J]. Linear

Algebra and its Applications, 2002, 351-352: 11-26.

[49] Amato F, Ariola M. Finite-time control of discrete-time linear system [J]. IEEE Transactions on Automatic Control, 2005, 50(5): 724-729.

[50] Amato F, Ariola M, Cosentino C. Finite-time stabilization via dynamic output feedback [J]. Automatica, 2006, 42(2): 337-342.

[51] Amato F, Ambrosino R, Ariola M, et al. Finite-time stability of linear time-varying systems with jumps[J]. Automatica, 2009, 45(5): 1354-1358.

[52] Amato F, Cosentino C, Merola A. Sufficient conditions for finite-time stability and stabilization of nonlinear quadratic systems[J]. IEEE Transactions on Automatic Control, 2010, 55(2): 430-434.

[53] Amato F, Ariola M, Cosentino C, et al. Finite-time stabilization of impulsive dynamical linear systems[J]. Nonlinear Analysis: Hybrid Systems, 2011, 5(1): 89-101.

[54] Amato F, Ambrosino R, Ariola M, et al. Robust finite-time stability of impulsive dynamical linear systems subject to norm-bounded uncertainties[J]. International Journal of Robust and Nonlinear Control, 2011, 21(10): 1080-1092.

[55] Amato F, Tommasi G De, Pironti A. Necessary and sufficient conditions for finite-time stability of impulsive dynamical linear systems [J]. Automatica, 2013, 49 (8): 2546-2550.

[56] Amato F, Darouach M, De Tommasi G. Finite-time stabilizability, detectability, and dynamic output feedback finite-time stabilization of linear systems[J]. IEEE Transactions on Automatic Control, 2017, 62(12): 6521-6528.

[57] Nguyen H M, Vu N P, Piyapong N. Criteria for robust finite-time stabilisation of linear singular systems with interval time-varying delay[J]. IET Control Theory & Applications, 2017, 11(12): 1968-1975.

[58] Nguyen H S, Phat V N, Niamsup P. On finite-time stability of linear positive differential-algebraic delay equations[J]. IEEE Transactions on Circuits and Systems II: Express Briefs, 2018, 65(12): 1984-1987.

[59] Nguyen T T, Vu N P. Improved approach for finite-time stability of nonlinear fractional-order systems with interval time-varying delay[J]. IEEE Transactions on Circuits and Systems II: Express Briefs, 2019, 66(8): 1356-1360.

[60] Nguyen T T, Vu N P. Switching law design for finite-time stability of singular fractional-orde systems with delay[J]. IET Control Theory & Applications, 2019, 13(9): 1367-1373.

[61] 李翠翠，沈艳军，朱琳．不确定线性奇异系统的有限时间控制[J]．山东大学学报，2007，42(12)：104-109.

[62] 沈艳军．一类线性离散时间系统有限时间控制问题[J]．控制与决策，2008，23(1)：107-113.

[63]沈艳军，朱琳．具有外部扰动的线性离散系统有限时间有界性[J]．华中科技大学学报，2008，36(12)：27-30.
[64]Zhu L，Shen Y J，Li C C. Finite-time control of discrete-time systems with time-varying exogenous disturbance [J]. Communications in Nonlinear Science and Numerical Simulation，2009，14(2)：361-370.
[65]Feng J E，Wu Z，Sun J B. Finite-time control of linear singular systems with parametric uncertainties and disturbances[J]. Acta Automatica Sinica，2005，31(4)：634-637.
[66]孙甲冰，程兆林．一类不确定线性奇异系统的有限时间控制问题[J]．山东大学学报，2004，39(2)：1-6.
[67]Zhang Y Q，Liu C X，Mu X W. Robust finite-time stabilization of uncertain singular Markovian jump systems [J]. Applied Mathematical Modelling，2012，36(10)：5109-5121.
[68]Wang Y，Shi X，Zuo Z，et al. On finite-time stability for nonlinear impulsive switched systems[J]. Nonlinear Analysis：Real World Applications，2013，14(1)：807-814.
[69]Lin X Z，Du H B，Li S H，et al. Finite-time boundedness and finite-time L_2 gain analysis of discrete-time switched linear systems with average dwell time[J]. Journal of the Franklin Institute，2013，350(4)：911-928.
[70]龚文振．离散广义系统的有限时间控制[J]．工程数学学报，2013，30(2)：217-230.
[71]高在瑞，沈艳霞，纪志成．离散时间切换广义系统的一致有限时间稳定性[J]．物理学报，2012，61(12)：1-6.
[72]杨坤，沈艳霞，纪志成．一类不确定离散切换广义系统的一致有限时间稳定准则[J]．系统工程与电子技术，2013，35(2)：373-376.
[73]Song J，Niu Y G，Zou Y Y. Finite-time stabilization via sliding mode control [J]. IEEE Transactions on Automatic Control，2017，62(3)：1478-1483.
[74]Ye H W，Li M，Yang C H，et al. Finite-time stabilization of the double integrator subject to input saturation and input delay[J]. IEEE/CAA Journal of Automatica Sinica，2018，5(5)：1017-1024.
[75]李博，沃松林．具有外部干扰的不确定广义系统有限时间鲁棒控制[J]．南京理工大学学报(自然科学版)，2018，42(5)：578-585.
[76]Zhang J H，Sun J T，Wang Q G. Finite-time stability of non-linear systems with impulsive effects due to logic choice [J]. IET Control Theory & Applications，2018，12(11)：1644-1648.
[77]Zhang S，Guo Y，Wang S C，et al. Finite-time output stability of impulse switching system with norm-bounded state constraint[J]. IEEE Access，2019，7：82927-82938.
[78]冯娜娜，吴保卫．切换奇异系统事件触发控制的输入输出有限时间稳定[J]．山东大学学报(理学版)，2019，(3)：75-84.

[79] Haimo V T. Finite time controllers[J]. SIAM Journal on Control and Optimization, 1986, 24(4): 760-770.

[80] Bhat S P, Bernstein D S. Continuous finite time stabilization of the translational and rotational double integrators[J]. IEEE Transactions on Automatic Control, 1998, 43(5): 678-682.

[81] Bhat S P, Bernstein D S. Finite time stability of continuous autonomous systems[J]. SIAM Journal on Control and Optimization, 2000, 38(3): 751-766.

[82] Ryan E P. Singular optimal control for second-order saturating systems[J]. International Journal of Control, 1979, 30(3): 549-564.

[83] Moulay E, Perruquetti W. Finite time stability and stabilization of a class of continuous systems[J]. Journal of Mathematical Analysis and Applications, 2006, 323(2): 1430-1443.

[84] Moulay E, Perruquetti W. Finite time stability conditions for non-autonomous continuous systems[J]. International Journal of Control, 2008, 81(5): 797-803.

[85] Orlov Y. Finite time stability and robust control synthesis of uncertain switched systems [J]. SIAM Journal on Control and Optimization, 2005, 43(4): 1253-1271.

[86] Ryan E P. Finite-time stabilization of uncertain nonlinear planar systems[J]. Dynamic Control, 1991, 1(1): 83-94.

[87] Jiang Z P, Mareels I. A small-gain control method for nonlinear cascaded systems with dynamic uncertainties[J]. IEEE Transactions on Automatic Control, 1997, 42(3): 292-308.

[88] Huang X, Lin W, Yang B. Global finite-time stabilization of a class of uncertain nonlinear systems[J]. Automatica, 2005, 41(5): 881-888.

[89] Hong Y G, Wang J, Cheng D. Adaptive finite-time control of nonlinear systems with parametric uncertainty[J]. IEEE Transactions on Automatic Control, 2006, 51(5): 858-862.

[90] Nersesov S G, Perruquetti W. Finite time stabilization of impulsive dynamical systems[J]. Nonlinear Analysis: Hybrid Systems, 2008, 2(3): 832-845.

[91] Nersesov S G, Nataraj C, Avis J M. Design of finite time stabilizing controller for nonlinear dynamical systems[J]. International Journal of Robust and Nonlinear Control, 2009, 19(8): 900-918.

[92] Nersesov S G, Haddad W M, Hui Q. Finite time stabilization of nonlinear dynamical systems via control vector Lyapunov functions[J]. Journal of the Franklin Institute, 2008, 345(7): 819-837.

[93] Yin J, Khoo S, Man Z, et al. Finite-time stability and instability of stochastic nonlinear systems[J]. Automatica, 2011, 47(12): 2671-2677.

[94]Khoo S, Yin J L, Man Z H, et al. Finite-time stabilization of stochastic nonlinear systems in strict-feedback form[J]. Automatica, 2013, 49(5): 1403-1410.

[95]Hong Y G, Jiang Z P, Feng G. Finite-time input-to-state stability and applications to finite-time control design[J]. SIAM Journal on Control and Optimization, 2010, 48(7): 4395-4418.

[96]Moulay E, Dambrine M, Yeganefar N, et al. Finite time stability and stabilization of time-delay systems[J]. System and Control Letters, 2008, 57(7): 561-566.

[97]Hong Y G, Huang J, Yu Y. On an output feedback finite-time stabilization problem[J]. IEEE Transactions on Automatic Control, 2001, 46(2): 305-309.

[98]Yu S, Yu X, Shirinzadeh B, et al. Continuous finite-time control for robotic manipulators with terminal sliding mode[J]. Automatica, 2005, 41(11): 1957-1964.

[99]邓自立. 卡尔曼滤波与维纳滤波——现代时间序列分析方法[M]. 哈尔滨: 哈尔滨工业大学出版社, 2001.

[100]付梦印, 邓志红, 张继伟. 滤波理论及其在导航系统中的应用[M]. 北京: 科学出版社, 2003.

[101]Grimble M J, Sayed A E. Solution of the H_∞ optimal linear filtering problem for discrete-time systems[J]. IEEE Transactions on Acoustics Speech and Signal Processing, 1990, 38(7): 1092-1104.

[102]Fu M. Interpolation approach to H_∞ optimal estimation and its interconnection to loop transfer recovery[J]. System and Control Letters, 1991, 17(1): 29-36.

[103]Fu M, DE Souza C E, Xie L. H_∞ estimation for uncertain systems[J]. International Journal of Robust and Nonlinear Control, 1992, 2(1): 87-105.

[104]Xie L, DE Souza C E, Fu M. H_∞ estimation for nonlinear discrete time uncertain systems[J]. International Journal of Robust and Nonlinear Control, 1991, 1(2): 111-123.

[105]Yaesh I, Shaked U. Games theory approach to optimal linear state estimation and its relation to minimum H_∞-norm estimation[J]. IEEE Transactions on Automatic Control, 1992, 37(6): 831-838.

[106]Fridman E, Shaked U. A new H_∞ filter design for linear time delay systems[J]. IEEE Transactions on Signal Processing, 2001, 49(11): 2839-2843.

[107]Gao H J, Wang C H. A delay-dependent approach to robust H_∞ filtering for uncertain discrete-time state-delayed systems[J]. IEEE Transactions on Signal Processing, 2004, 52(6): 1631-1640.

[108]Li H, Fu M. A linear matrix inequality approach to robust H_∞ filtering[J]. IEEE Transactions on Signal Processing, 1997, 45(9): 2338-2350.

[109]Gao H J, Lam J, Xie L H, et al. New approach to mixed H_2/H_∞ filtering for polytopic

discrete-time systems [J]. IEEE Transactions on Signal Processing, 2005, 53(8): 3183-3192.

[110] Wen S P, Zeng Z G, Huang T W. H_∞ filtering for neutral systems with mixed delays and multiplicative noises[J]. IEEE Transactions on Circuits and Systems, 2012, 59(11): 820-824.

[111] You J, Gao H J, Basin M V. Further improved results on filtering for discrete time-delay systems[J]. Signal Processing, 2013, 93(7): 1845-1852.

[112] Lian J, Mu C W, Shi P. Asynchronous H_∞ filtering for switched stochastic systems with time-varying delay[J]. Information Sciences, 2013, 224(1): 200-212.

[113] Kim J. Reduced-order delay-dependent H_∞ filtering for uncertain discrete-time singular systems with time-varying delay[J]. Automatica, 2011, 47(12): 2801-2804.

[114] Wu L, Shi P, Gao H, et al. H_∞ filtering for 2D Markovian jump systems [J]. Automatica, 2008, 44(7): 1849-1858.

[115] Zhang W H, Chen B, Tseng C. Robust H_∞ filtering for nonlinear stochastic systems[J]. IEEE Transactions on Signal Processing, 2005, 53(2): 589-598.

[116] Fridman E, Shaked U, Xie L. Robust H_∞ filtering of linear systems with time-varying delay[J]. IEEE Transactions on Automatic Control, 2003, 48(1): 159-165.

[117] Gershon E, Limebeer D J N, Shaked U. Robust H_∞ filtering of stationary continuous-time linear systems with stochastic uncertainties[J]. IEEE Transactions on Automatic Control, 2001, 46(11): 1788-1793.

[118] Jin S H, Park J B. Robust H_∞ filtering for polytopic uncertain systems via convex optimisation[J]. IEE Proceedings Control Theory and Applications, 2001, 148(1): 55-59.

[119] Xu S Y, Chen T W. Reduced-order H_∞ filtering for stochastic systems [J]. IEEE Transactions on Signal Processing, 2002, 50(12): 2998-3007.

[120] 张群亮，关新平．不确定关联时滞系统的鲁棒 H_∞ 滤波[J]．控制理论与应用，2004，21(2)：267-270.

[121] 王武，杨富文．具有测量数据部分丢失的离散系统的 H_∞ 滤波器设计[J]．自动化学报，2006，32(1)：107-111.

[122] 高会军，王常虹．不确定离散系统的鲁棒 L_2-L_1 及 H_∞ 滤波新方法[J]．中国科学(E辑)，2003，33(8)：695-706.

[123] 伦淑娴．多变量非线性系统的模糊 H_∞ 滤波方法研究[D]．沈阳：东北大学，2005.

[124] 仝云旭．不确定时滞系统的降维滤波器设计[D]．西安：陕西师范大学，2008.

[125] Luan X, Liu F, Shi P. Finite-time filtering for non-linear stochastic systems with partially known transition jump rates[J]. IET Control Theory and Applications, 2010, 4(5): 735-745.

[126]陈珺，庄嘉媚，刘飞．不确定时变时滞模糊系统的有限时间 H_∞ 滤波[J]．控制工程，2011，18(6)：956-961.

[127]严志国，张国山．一类非线性随机不确定系统有限时间 H_∞ 滤波[J]．控制与决策，2012，27(3)：419-430.

[128]Xu J，Sun J T. Finite-time filtering for discrete-time linear impulsive systems[J]. Signal Processing，2012，92(11)：2718-2722.

[129]Zhang Y Q，Liu C X，Song Y D. Finite-time H_∞ filtering for discrete-time Markovian jump systems[J]. Journal of the Franklin Institute，2013，350(6)：1579-1595.

[130]Cheng J，Zhu H，Zhou S M，et al. Finite-time stabilization of H_∞ filtering for switched stochastic systems [J]. Circuits Systems and Signal Processing，2013，32 (4)：1595-1613.

[131]Tong Y X，Wu B W，Liu L，et al. Remark "Finite-time filtering for discrete-time linear impulsive systems"[J]. Signal Processing，2014，94(1)：531-534.

[132]仝云旭，吴保卫．连续时间线性脉冲系统的有限时间滤波[J]．计算机工程与应用，2014，50(8)：48-52.

[133]仝云旭，吴保卫，李文姿．分段脉冲系统的有限时间稳定性与滤波[J]．应用数学，2014，27(4)：738-746.

[134]仝云旭，李桂花，刘婷婷．离散时间分段脉冲系统的有限时间稳定与滤波[J]．计算机工程与应用，2015，51(20)：40-44.

[135]仝云旭，李桂花，刘婷婷，等．离散时间线性脉冲奇异系统的有限时间滤波[J]．山东大学学报(工学版)，2015，45(5)：51-57.

[136]Tong Y X，Li G H，Liu T T，et al. Finite-time stability of linear time-varying singular impulsive systems with variable disturbance [C]. 27th Chinese Control and Decision Conference，Qingdao，2015，2325-2329.

[137]仝云旭，李桂花，陈绍东，等．不确定脉冲系统的有限时间鲁棒滤波[J]．数学的实践与认识，2018，48(19)：235-241.

[138]仝云旭，李桂花，刘婷婷，等．离散时间不确定脉冲系统的有限时间稳定性与滤波[J]．应用数学，2018，31(2)：429-435.

[139]Wang J M，Ma S P，Zhang C H，et al. Finite-time filtering for nonlinear singular systems with nonhomogeneous markov Jumps[J]. IEEE Transactions on Cybernetics，2019，49 (6)：2133-2143.

[140]李振璧，贾汉坤，李学洋．切换奇异时滞系统事件触发机制的有限时间滤波[J]．科学技术与工程，2019，19(23)：144-149.

[141]俞立．鲁棒控制——线性矩阵不等式处理方法[M]．北京：清华大学出版社，2002.

[142]Bassong-Onana A，Darouach M. Optimal filtering for singular systems using orthogonal transformations[J]. Control Theory Adv Tech，1992，8：731-742.

[143] Zhang H, Xie L, Sob Y C. Optimal recursive filtering prediction, and smoothing for singular stochastic discrete-time systems[J]. IEEE Trans. Automat Control, 1999, 44(11): 2154-2158.

[144] Xu S Y, Lam J. Reduced-order H_∞ filtering for singular systems[J]. Systems and Control Letters, 2007, 56(1): 48-57.

[145] Lewis F L. A survey of linear singular systems[J]. Circuits, System Signal Process, 1986, 5(1): 3-36.

[146] Zeng J P, Lin D, Cheng P. Reduced-order controller design for the genernal H_∞ control problem[J]. Int. J. of Systems Science, 2006, 37(5): 287-293.

[147] Xin X. Reduced-order controllers for H_∞ control problem with unstable invariant zeros[J]. Automatica, 2004, 40(2): 319-326.

[148] Zhou K, Doyle J C, Glover K. Robust and optimal control[M]. Englewood Cliff, NJ: Prentice-Hall, 1996: 37-38.

[149] Masubuchi I, Kamitane Y, Ohara A, et al. H_∞ control for descriptor systems: a matrix inequalities approach[J]. Automatica, 1997, 33(4): 152-166.

[150] 陈凌，曾健平．奇异系统的降阶 H_∞ 滤波器的设计[J]．厦门大学学报(自然科学版)，2008，47(4)：489-494.

[151] 陈绍东，杜书德，仝云旭．奇异中立系统降维滤波器的设计[J]．吉林大学学报(理学版)，2017，55(5)：1151-1157.

[152] Chen S D, Niu Z Y. Reduced-order filters for neutral systems with distributed delays[J]. Journal of Discrete Mathematical Sciences and Cryptography, 2017, 20(4): 835-848.

[153] Iwasaki T, Skelton R E. All controllers for the general H_∞ control problems: LMI existence conditions and state formulas[J]. Automatica, 1994, 30(8): 1307-1317.

[154] Liu T T, Wu B W, Liu L L, et al. Asynchronously finite-time control of discrete impulsive switched positive time-delay systems[J]. Journal of the Franklin Institute, 2015, 352(10): 4503-4514.

[155] Farina L, Rinaldi S. Positive linear systems[M]. New York: Wiley, 2000.

[156] Xiang M, Xiang Z R. Finite-time L_1 control for positive swieched linear systems with time-varying delay[J]. Communications in Nonlinear Science and Numerical Simulation, 2013, 18(11): 3158-3166.

[157] 刘婷婷．离散切换正系统的稳定性与镇定性[D]．西安：陕西师范大学，2016.

[158] Xu J, Sun J. Finite-time stability of linear time-varying singular impulsive systems[J]. IET Control Theory and Applications, 2010, 4(10): 2239-2244.

[159] Zhao S W, Sun J, liu L. Finite-time stability of linear time-varying singular systems with impulsive effect[J]. International Journal of Control, 2008, 81(11): 1824-1829.

[160] Lin X, Du H, Li S. Finite-time boundedness and L_2-gain analysis for switched delay

systems with normbounded disturbance[J]. Applied Mathematics and computation, 2011, 217(4): 5982-5993.

[161] Ambrosino R, Calabrese F, Cosentino C, et al. Sufcient conditions for finite-time stability of impulsive dynamical systems[J]. IEEE Transactions on Automatic Control, 2009, 54(4): 861-865.

[162] Pan S, Sun J, Zhao S. Robust filtering for discrete-time piecewise impulsive systems [J]. Signal Processing, 2010, 90(1): 324-330.

[163] DE Oliveira M C, Bernussou J, Geromel J C. A new discrete time robust stability condition[J]. System and Control Letters, 1999, 36(2): 135-141.

[164] Wang Y Y, Xie L H, De Souza C E. Robust control for a class uncertain nonlinear system[J]. System and Control Letters, 1992, 19(2): 139-149.